21世纪高职高专电子技术规划教材

数字电子技术

邱寄帆　唐程山　主编

人民邮电出版社

北　京

图书在版编目(CIP)数据

数字电子技术/邱寄帆,唐程山主编. —北京:人民邮电出版社,2005.9(2017.2 重印)
21 世纪高职高专电子技术规划教材
ISBN 978-7-115-13491-2

Ⅰ. 数…　Ⅱ.①邱…②唐…　Ⅲ. 数字电路—电子技术—高等学校:技术学校—教材
Ⅳ. TN79

中国版本图书馆 CIP 数据核字(2005)第 079206 号

内 容 提 要

　　本书是 2003 年度国家精品课程"数字电子技术"立体化教材的主修教材。本书是在多年教学改革与实践的基础上,依据教育部最新制定的《高职高专电子技术基础课程教学基本要求》编写而成的。

　　本书共 9 章,包括数字电路基础知识、逻辑门电路、组合逻辑电路、触发器、时序逻辑电路、脉冲波形的产生与变换、数/模和模/数转换、存储器和可编程逻辑器件、数字电路的综合训练等内容。本书内容以中规模数字集成电路为主,内容新、覆盖面宽、淡化理论、注重应用、深入浅出、通俗易懂,有许多实际应用举例。各章均有思考题和习题,并有实验和技能训练内容。

　　本书可作为高职高专电气、电子信息、自动化、机电一体化等专业的教材,也可供从事电子技术的工程技术人员参考。

21 世纪高职高专电子技术规划教材

数字电子技术

◆ 主　　编　邱寄帆　唐程山

　　责任编辑　赵慧君

◆ 人民邮电出版社出版发行　　北京市丰台区成寿寺路 11 号
　　邮编　100164　　电子邮件　315@ptpress.com.cn
　　网址　http://www.ptpress.com.cn
　　三河市海波印务有限公司印刷

◆ 开本　787×1092　1/16
　　印张　14.75　　　　　2005 年 9 月第 1 版
　　字数　342 千字　　　2017 年 2 月河北第 28 次印刷
　　　　　　ISBN 978-7-115-13491-2/TN

定价　24.00 元

读者服务热线: (010)81055256　印装质量热线: (010)81055316
反盗版热线: (010)81055315

21 世纪高职高专电子技术规划教材

编 委 会

丛书出版前言

遵照教育部提出的以就业为导向，高职高专教育从专业本位向职业岗位和就业为本转变的指导思想，人民邮电出版社协同一些高职高专院校和相关企业共同开发了21世纪高职高专电子技术规划教材。

随着职业教育在我国的不断深化，各高职高专院校越来越关注人才培养的模式与专业课程设置，越来越关心学生将来的就业岗位，并开始注重培养学生的职业能力。但是我们看到，高职高专院校所培养的人才与市场上需要的技术应用型人才仍存在差距。那么如何在保证知识体系完整性的同时，能在教材中体现正在应用的技术、正在发展的技术和前沿的技术成了本套教材探讨的重点，为此我们在如下几个方面做了努力和尝试。

1. 针对电子类专业基础课程较经典，及知识点又相对统一、固定的特点，采取本科老师与高职高专老师合作编写的方式，借助本科老师在理论方面深厚的功底，在写作质量上进行把关，高职高专老师则发挥其熟悉职业教育教学需求的优势把握教材的广度与深度，力图解决专业基础课程理论与应用相结合的目的。

2. 高职高专教育培养的人才是面向生产、管理第一线的技术型人才，基础课程的教学应以必需、够用为原则，以掌握概念、强化应用为教学重点，注重岗位能力的培养。本套教材在保证基本知识点讲解的同时，掌握"突出基本概念，注重技能训练，强调理论联系实际，加强实践性教学环节"的原则，在内容安排上避免复杂的数学推导和计算。

3. 专业课程引入工程实例，强化培养职业能力。让学生了解在实际工作中利用单片机和PLC做项目的流程，并通过一系列小的实例逐步让学生产生学习兴趣，并了解开发过程，最后通过一个大的完整案例对学生进行综合培训，从而达到对职业能力的培养。

以上这些仅是高职高专教材出版的初步。如何配合学校做好为国家培养人才的工作，出版高质量的教材将是我们不断追求和奋斗的目标。

我们衷心希望，关注高等职业教育的广大读者能对本套教材的不当之处给予批评指正，提出修改意见，同时也热切盼望从事高等职业教育的老师、企业专家和我们联系，共同探讨相关专业的教学方案和教材编写等问题。来信请发至 zhaohuijun@ptpress.com.cn。

21世纪高职高专电子技术规划教材编委会

2005年8月

编 者 的 话

精品课程是具有一流教师队伍、一流教学内容、一流教学方法、一流教材、一流教学管理等特点的示范性课程。实施"高等学校教学质量和教学改革工程"是教育部为不断提高教学质量而推出的一项重大举措，同时也是教育部《2003～2007 年教育振兴行动计划》的重要组成部分。精品课程建设是"质量工程"的重要内容之一，教育部计划用 5 年时间（2003～2007 年）建设 1 500 门国家级精品课程，利用现代化的教育信息技术手段将精品课程的相关内容在网上免费开放，以实现优质教学资源共享，提高人才培养质量。

由成都航空职业技术学院邱寄帆副教授任课程负责人的"数字电子技术"经过多年的教学研究、教学改革和实践，不仅锻炼培养了一批优秀的教师，取得了丰硕的教学研究成果，而且改革后的课程特色鲜明，教育理念创新，教学手段先进。"数字电子技术"课程充分体现了现代教育思想，符合科学性、先进性、创新性和高职高专教学的普遍规律。"数字电子技术"课程注重对学生知识运用能力的考查，教学效果显著，具有示范性和辐射推广作用，在国内同类课程中处于领先地位，被评为 2003 年度国家精品课程。

一流教材的建设是精品课程建设的重要内容。"数字电子技术"立体化教材是一体化设计、多种媒体有机结合的系列出版物，包括数字电子技术、数字电子技术实验与综合实训、数字电子技术学习指导、数字电子技术 CAI、数字电子技术电子课件、数字电子技术网络课程及试题库、资料库等，并通过教学平台，为教师教学、学生自主学习提供完整的教学方案，最大限度地满足教学需要。其中"数字电子技术 CAI"是一套起点高，思路先进的可充分激发学生的想象力和创造力的采用虚拟现实技术的计算机模拟仿真教学软件。软件自带元件库和电路图形编辑器，用户可随心所欲地构造任意电路，仿真演示该电路的工作原理和动态工作过程，以及每个元件的变化细节情况，并得到电路运行的相关结果。

本书特点如下。

1. 全书内容以中规模数字集成电路为主，压缩小规模集成电路的篇幅，大规模集成电路作适当介绍。少量地讲分立元件内容主要是帮助理解基本电路的工作原理。

2. 大幅度减少数字集成电路内部电路分析的内容，把重点放在外部特性、逻辑功能和应用上；主要讲清基本原理，尽量减少理论推导和计算，只保留必不可少的工程估算。

3. 突出应用，注意综合能力的培养。本书在大部分章节都有应用实例，并在"数字电路的综合训练"一章介绍数字电路系统的功能分析、调试、诊断和排除故障的基本方法，培养学生分析问题、解决问题的综合应用能力。为方便使用，本书还附有常用 TTL 和 CMOS 数字集成电路的大量资料。

4. 努力反映现代数字电子技术的新技术、新成果，使教材尽可能跟上数字电子技术的新发展。

5. 全书在内容的安排顺序上，充分考虑了课堂教学的需要，有利于组织教学。

　　数字电子技术立体化教材由成都航空职业技术学院邱寄帆副教授、唐程山副教授担任主编，其中，《数字电子技术》由唐程山编写，《数字电子技术学习指导》由邱寄帆编写，《数字电子技术实验与综合实训》由周兴编写，"数字电子技术CAI"、"数字电子技术网络课程"由邱寄帆负责开发。林训超副教授、魏中副教授、任娟慧讲师等参加了部分编写和开发工作。参加编写和开发工作的还有郭太碧、李明富、王津、张强、陈孝波、蔡昌永、曾友洲、刘惠英、胡　莹、赵仕伟、陈婉茹、陈　蕾、贾　宇、夏一平、张松峰、黄兴国、徐振泉、江兴文、杨　兰、周佳晗、林　松、雷莹、王龙虎等。

　　由于编者水平有限，不足之处在所难免，敬请读者批评指正。

编者
2005 年 8 月

目　录

第1章

数字电路基础知识

1.1　数字电路概述

1.1.1　电子技术的发展与应用

由于物理学的重大突破，电子技术在 20 世纪取得了惊人的进步，特别是近 40 年来，微电子技术和其他高新技术的飞速发展，使工业、农业、科技和国防等领域以及人们的社会生活发生了令人瞩目的变革。21 世纪是信息时代，作为其发展基础之一的电子技术必将以更快的速度前进。

电子技术影响面广、渗透力强、发展速度快且富于生命力，所以其应用非常广泛。在科学研究中，先进的仪器设备离不开电子技术；在传统的机械行业，先进的数控机床、自动化生产线离不开电子技术；在通信、广播、电视、医疗设备、新型武器、交通、电力、航空、宇航等领域离不开电子技术；人们日常生活不可缺少的家用电器也离不开电子技术。以电子技术为基础发展起来的电子计算机及信息技术，对当今世界的发展起到了极大的推动作用，计算机及信息技术的迅速发展和广泛应用，正深刻地改变着整个世界。

电子技术的每一全新的进展与突破，都和电子器件的改进与创新密不可分。1904 年发明的电真空器件（电子管），使电子技术进入兴旺发达的电子管时代。从此，无线电通信、广播、电视、雷达、导航和计算机相继出现，并得到迅速发展。但是，由于电子管组成的电子设备存在体积大、重量重、耗电多、寿命短和抗振性差等缺点，迫使人们去寻找新的电子器件。1948 年发明了半导体器件，使电子技术进入晶体管时代。晶体管具有体积小、重量轻、耗电省、抗振性好和电源电压低等优点，因此，在许多应用领域，晶体管迅速取代了电子管。20 世纪 60 年代，人类制造出集成电路，电子技术进入集成电路时代。集成电路是一种新型的半导体器件，它把晶体管和电阻、电容等元件以及它们之间的连线制作在一块很小的硅片上，构成不同功能的电子电路。由于集成电路的体积更小、重量更轻、耗电更省、可靠性更高，而且还具有成本低、性能优良和便于安装等一系列突出优点，它的发展速度十分迅速。集成电路的发展从小规模、中规模、大规模直到超大规模，现在电子技术已进入超大规模集成电路时代。集成电路的飞速发展，使电子设备的小型化和微型化成为现实，尤其在计算机、卫星通信、宇航和新型武器等领域，集成电路的发展对它们起着非常重要的作用。

电子技术分为模拟电子技术和数字电子技术两大部分。模拟电子技术主要研究模拟信号的产生、传送和处理，数字电子技术主要研究数字信号的产生、传送和处理。

1.1.2　数字电路与模拟电路

电路传输和处理的信号，一般是指随时间变化的电压和电流。对于在时间和幅值上都为连续的信号称为模拟信号，而在时间和幅值上都为离散的信号称为数字信号。处理和传输模拟信号的电路称为模拟电路，处理和传输数字信号的电路则称为数字电路。

数字电路的基本工作信号是用 1 和 0 表示的数字信号，反映在电路上就是高电平和低电平，因此，用于数字电路中的各种半导体器件均工作在开关状态。与模拟电路相比，数字电路具有以下特点。

（1）在数字电路中，通常采用二进制。因此，凡是具有两个稳定状态的元器件，均可用来表示二进制的两个数码。比如晶体管的饱和与截止、开关的闭合与断开、灯泡的亮与灭等。由于数字电路只需要能正确区分两种截然不同的工作状态即可，所以电路对各元器件参数的精度要求不高，允许有较大的分散性，电路结构也比较简单。这一特点，对实现数字电路的集成化十分有利。

（2）抗干扰能力强、精度高。由于数字电路所传送和处理的是二值信息 0 和 1，只要外界干扰在电路的噪声容限范围内，电路就能正常工作，因而抗干扰能力强。另外，可用增加二进制的位数来提高电路的运算精度。

（3）通用性强。可以采用标准的逻辑部件和可编程逻辑器件来实现各种各样的数字电路和系统，使用十分方便灵活。

（4）具有"逻辑思维"能力。数字电路不仅具有算术运算能力，而且还具备一定的"逻辑思维"能力，数字电路能够按照人们设计好的规则，进行逻辑推理和逻辑判断。

由于数字电路具有上述的特点，因而得到十分迅速的发展。数字电路在数字电子计算机、自动控制、数字仪表、通信、电视、雷达、数控技术以及国民经济各领域得到广泛的应用。因此，数字电子技术几乎成为各类专业技术人员所必备的专业基础知识。

1.1.3　数字电路的分类和学习方法

1. 数字电路的分类

因为数字电路具有"逻辑思维"能力，所以数字电路又称为数字逻辑电路。数字电路通常分为两大类，即组合逻辑电路和时序逻辑电路。

如果一个逻辑电路的输出信号只与当时的输入信号有关，而与电路原来的状态无关，则称它为组合逻辑电路。常用的组合逻辑电路有编码器、译码器、数据选择器、加法器、数值比较器等。

如果一个逻辑电路的输出信号不仅与当时的输入信号有关，而且还与电路原来的状态有关，则称它为时序逻辑电路。常用的时序逻辑电路有寄存器和计数器等。

2. 数字电路的学习方法

学习数字电路时，应注意以下几点。

（1）逻辑代数是分析和设计数字电路的重要工具，熟练掌握和运用好这一工具才能使学习顺利进行。

（2）应当重点掌握各种常用数字逻辑电路的逻辑功能、外部特性及典型应用。对其内部电路结构和工作原理的学习，主要是为了加强对数字逻辑电路外特性和逻辑功能的正确理解，不必过于深究。

（3）数字电路的种类虽然繁多，但只要掌握基本的分析方法，便能得心应手地分析各种逻辑电路。

（4）数字电子技术是一门实践性很强的技术基础课。学习时，必须重视习题、实验和课程实习等实践性环节的严格训练。要勇于实践，勤于实践，才能将这门课程的内容真正学到手。

（5）数字电子技术发展十分迅速，数字集成电路的种类和型号越来越多，应逐步提高查阅有关技术资料和数字集成电路产品手册的能力，以便从中获取更多更新的知识和信息。

1.2　数制及编码

1.2.1　数制

人们在生产和生活中，创造了各种不同的计数方法。采用何种方法计数，是根据人们的需要和方便而定的。由数字符号构成且表示物理量大小的数字和数字组合，称为数码。多位数码中每一位的构成方法，以及从低位到高位的进制规则，称为计数制，简称数制。常用的计数制有十进计数制、二进计数制、八进计数制、十六进计数制等，简称十进制、二进制、八进制、十六进制等，下面分别介绍这几种数制。

1. 十进制

十进制是人们最熟悉的一种计数制，它用 0、1、2、3、4、5、6、7、8、9 十个数字符号，按逢十进一的原则计数，十是它的基数。十进制计数制是一种"位置计数法"，例如：

$$(1999)_{10} = (1 \times 10^3 + 9 \times 10^2 + 9 \times 10^1 + 9 \times 10^0)_{10}$$

公式中的注脚 10 表示十进制，或者说以 10 为"基数"，各位数的权为 10 的幂。1、9、9、9 称为系数。

2. 二进制

在数字系统中广泛采用二进计数制，这是因为数字电路工作时，通常只有两种基本状态：比如电位高或低，脉冲有或无，晶体管导通或截止等。二进制中只有 0、1 两个数字符号，按照逢二进一的原则计数，2 是它的基数。二进制也采用"位置计数法"，各位数的权为 2 的幂，它的一般形式为

$$(N)_2 = (b_{n-1}b_{n-2}\cdots\cdots b_1b_0)_2$$
$$= (b_{n-1} \times 2^{n-1} + b_{n-2} \times 2^{n-2} + \cdots\cdots + b_1 \times 2^1 + b_0 \times 2^0)_{10}$$

例如：$(1011101)_2 = (1 \times 2^6 + 0 \times 2^5 + 1 \times 2^4 + 1 \times 2^3 + 1 \times 2^2 + 0 \times 2^1 + 1 \times 2^0)_{10}$
$$= (64 + 0 + 16 + 8 + 4 + 0 + 1)_{10}$$
$$= (93)_{10}$$

从上例看出，7 位二进制数 $(1011101)_2$ 可以表示十进制数 $(93)_{10}$。由于数值越大，二进制数的位数就越多，读写都不方便，而且容易出错。所以，在数字系统中还用到八进制和十六进制。

3. 八进制

在八进制数中，各位系数采用 0～7 共 8 个数字符号，按照逢八进一的原则计数，其基

数是 8，各位的权是 8 的幂。

例如：$(128)_8 = (1 \times 8^2 + 2 \times 8^1 + 8 \times 8^0)_{10}$

$\qquad\qquad = (64 + 16 + 8)_{10}$

$\qquad\qquad = (88)_{10}$

4. 十六进制

在十六进制数中，各位的系数采用 0～9、A、B、C、D、E、F 等十六个数字符号，按逢十六进一的原则计数，基数是 16，各位的权是 16 的幂。

例如：$(5D)_{16} = (5 \times 16^1 + 13 \times 16^0)_{10}$

$\qquad\qquad = (80 + 13)_{10}$

$\qquad\qquad = (93)_{10}$

1.2.2 数制转换

前面已经介绍了二进制数、八进制数、十六进制数转换成十进制数的方法，这里不再重复。下面分别介绍十进制数转换成二进制数以及二进制数与八进制数、十六进制数之间的相互转换。

1. 十进制数转换成二进制数

一个十进制整数用 2 连除，一直到商为 0，每除一次记下余数 0 或 1，把它们从后向前排列，即为所求的二进制数。

例如，将十进制数 217 转换为二进制数。

解： 因为
$$
\begin{array}{lll}
2 \underline{\big|\,217} & \cdots\cdots\cdots & \text{余 } 1 & \quad b_0 \\
2 \underline{\big|\,108} & \cdots\cdots\cdots & \text{余 } 0 & \quad b_1 \\
2 \underline{\big|\,54} & \cdots\cdots\cdots & \text{余 } 0 & \quad b_2 \\
2 \underline{\big|\,27} & \cdots\cdots\cdots & \text{余 } 1 & \quad b_3 \\
2 \underline{\big|\,13} & \cdots\cdots\cdots & \text{余 } 1 & \quad b_4 \\
2 \underline{\big|\,6} & \cdots\cdots\cdots & \text{余 } 0 & \quad b_5 \\
2 \underline{\big|\,3} & \cdots\cdots\cdots & \text{余 } 1 & \quad b_6 \\
2 \underline{\big|\,1} & \cdots\cdots\cdots & \text{余 } 1 & \quad b_7 \\
\quad 0 & & &
\end{array}
$$

所以 $(217)_{10} = (11011001)_2$

2. 二进制与八进制、十六进制之间的转换

（1）二进制与八进制之间的转换

将一个八进制数转换成二进制数很方便，只需用 3 位二进制数去代替每个相应的八进制数字符号即可。例如：

$$(6574)_8 = (110,101,111,100)_2 = (110101111100)_2$$

反之，将二进制数转换成八进制数时，只需将二进制数从低位向高位分成若干组 3 位二进制数，然后用对应的八进制数字符号代替每组的 3 位二进制数即可。例如：

$$(101011100101)_2 = (101,011,100,101)_2 = (5345)_8$$

（2）二进制与十六进制之间的转换

将一个十六进制数转换成二进制数也很简单，只需用 4 位二进制数去代替每个相应的十六进制数字符号即可。例如：

$$(9A7E)_{16} = (1001,1010,0111,1110)_2 = (1001101001111110)_2$$

反之，将二进制数转换成十六进制数，只需将二进制数从低位到高位分成若干组 4 位二进制数，然后用对应的十六进制数字符号代替每位的 4 位二进制数即可。例如：

$$(10111010110)_2 = (101,1101,0110)_2 = (5D6)_{16}$$

表 1-1 为几种进制数的对照表。

表 1-1　　　　　　　　　　几种进制数的对照表

十　进　制	二　进　制	八　进　制	十　六　进　制
0	0000	0	0
1	0001	1	1
2	0010	2	2
3	0011	3	3
4	0100	4	4
5	0101	5	5
6	0110	6	6
7	0111	7	7
8	1000	10	8
9	1001	11	9
10	1010	12	A
11	1011	13	B
12	1100	14	C
13	1101	15	D
14	1110	16	E
15	1111	17	F

1.2.3　编码

在数字电路中，往往用 0 和 1 组成的二进制数码表示数值的大小或者一些特定的信息。这种具有特定意义的二进制数码称为二进制代码。这些代码的编制过程称为编码。编码的形式很多，本节只介绍常用的二—十进制编码（又称 BCD 码）和格雷码。

1. 常用的 BCD 码

二—十进制编码是用一个 4 位二进制代码表示 1 位十进制数字的编码方法。4 位二进制代码有多种状态组合，若从中选取任意十种状态来表示 0~9 十个数字，可以有许多种排列方式。因此，BCD 码有许多种，表 1-2 列出几种常用的 BCD 码。

表 1-2　　　　　　　　　　几种常用的 BCD 码

十　进　制　数	8421 码	5421 码	余 3 码
0	0000	0000	0011
1	0001	0001	0100
2	0010	0010	0101

续表

十 进 制 数	8421 码	5421 码	余 3 码
3	0011	0011	0110
4	0100	0100	0111
5	0101	1000	1000
6	0110	1001	1001
7	0111	1010	1010
8	1000	1011	1011
9	1001	1100	1100

（1）8421 码

从表 1-2 中可以看出，8421 码是选取 0000～1001 这十种状态来表示十进制数 0～9 的，1010～1111 为不用状态。8421 码实际上就是用按自然顺序的二进制数来表示所对应的十进制数字。因此，这种编码最自然和简单，很容易记忆和识别，与十进制数之间的转换也比较方便。8421 码是应用最普遍的一种 BCD 码。

8421 码和一个 4 位二进制数一样，从高位到低位的权依次为 8、4、2、1，故称为 8421 码。在这种编码中，1010～1111 等六种状态是不用的，或称为禁用码。用 8421 码可以十分方便地表示任意一个十进制数。例如，十进制数 1985 用 8421 码表示为

$$(1985)_{10} = (0001\ 1001\ 1000\ 0101)_{8421BCD}$$

（2）5421 码

从表 1-2 中可以看出，5421 码是选取 0000～0100 和 1000～1100 这十种状态，0101～0111 和 1101～1111 等六种状态为禁用码。5421 码也是有权码，从高位到低位的权值依次为 5、4、2、1。

（3）余 3 码

余 3 码是选取 0011～1100 这十种状态，与 8421 码相比，对应相同十进制数均要多 3，故称余 3 码。要将 1 位十进制数转换成余 3 码，只要先将十进制数转换成 8421 码，然后在 8421 码上加 0011（即加 3）即可。

2．其他常用的代码

（1）格雷码

格雷码又称循环码。循环码的一个显著特点是：任意两个相邻的数所对应的代码之间只有一位不同，其余位都相同。比如 8 与 9 所对应的代码为 1100 和 1101，只有最低位不同；0 和 15 之间只有最高位不同。循环码的这个特点，使它在代码的形成与传输时引起的误差比较小。表 1-3 给出了 4 位循环码的编码表。

表 1-3　　　　　　　　　　4 位循环码的编码表

十 进 制 数	循 环 码
0	0000
1	0001
2	0011
3	0010

续表

十 进 制 数	循 环 码
4	0110
5	0111
6	0101
7	0100
8	1100
9	1101
10	1111
11	1110
12	1010
13	1011
14	1001
15	1000

（2）奇偶校验码

信息的正确性对数字系统和计算机有极其重要的意义，但在信息的存储与传送过程中，常由于某种随机干扰而发生错误。所以希望在传送代码时能进行某种校验以判断是否发生了错误，甚至能自动纠正错误。

奇偶校验码是一种具有检错能力的代码。常见的奇偶校验码如表 1-4 所示。由表可见，这种代码由两部分构成：一部分是信息位，可以是任一种二进制代码（表 1-4 中是 8421 码）。另一部分是校验位，它仅有 1 位。校验位数码的编码方式是：作为"奇校验"时，使校验位和信息位所组成的每组代码中含有奇数个 1；作为"偶校验"时，则使每组代码中含有偶数个 1。奇偶校验码能发现奇数个代码位同时出错的情况。

表 1-4　　　　　　　　　　　　奇偶校验码

十 进 制 数	奇 校 验 码		偶 校 验 码	
	信 息 位	校 验 位	信 息 位	校 验 位
0	0000	1	0000	0
1	0001	0	0001	1
2	0010	0	0010	1
3	0011	1	0011	0
4	0100	0	0100	1
5	0101	1	0101	0
6	0110	1	0110	0
7	0111	0	0111	1
8	1000	0	1000	1
9	1001	1	1001	0

奇偶校验码常用于代码的传送过程中，对代码接收端的奇偶性进行检查，与发送端的奇偶性一致，则可认为接收到的代码正确，否则，接收到的一定是错误代码。

（3）字符码

字符码种类很多，是专门用来处理数字、字母及各种符号的二进制代码。其中最常用的是美国标准信息交换码 ASCII 码，它是用 7 位二进制数码来表示字符的，其对应关系如表 1-5 所示。7 位二进制代码可以表示 $2^7 = 128$ 个字符。每个字符都是由代码的高 3 位 $b_6 b_5 b_4$ 和低 4 位 $b_3 b_2 b_1 b_0$ 一起确定的。例如，9 的 ASCII 码为 93H，A 的 ASCII 码为 41H，# 的 ASCII 码为 32H 等。

表 1-5　　　　　　　　　　　美国标准信息交换码（ASCII 码）

字　符　$b_6 b_5 b_4$				000	001	010	011	100	101	110	111
b_3	b_2	b_1	b_0								
0	0	0	0	控		间隔	0	@	P		p
0	0	0	1			!	1	A	Q	a	q
0	0	1	0			"	2	B	R	b	r
0	0	1	1	制		#	3	C	S	c	s
0	1	0	0			$	4	D	T	d	t
0	1	0	1			%	5	E	U	e	u
0	1	1	0			,	6	F	V	f	v
0	1	1	1	符		"	7	G	W	g	w
1	0	0	0			(	8	H	X	h	x
1	0	0	1			)	9	I	Y	i	y
1	0	1	0			*	:	J	Z	j	z
1	0	1	1			+	;	K	[	k	{
1	1	0	0			,	<	L	\	l	|
1	1	0	1			—	=	M	]	m	}
1	1	1	0			.	>	N	^	n	~
1	1	1	1			/	?	O	—	o	DEL

1.3　逻辑函数及其化简

为了便于研究和处理一些复杂的逻辑问题，常常将实际的逻辑问题用逻辑函数来表示。表示逻辑函数的方法有多种：真值表、逻辑表达式、逻辑图和卡诺图。逻辑函数进行运算的数学工具是逻辑代数。下面首先介绍逻辑代数的基本运算和逻辑函数及其表示方法，然后讨论逻辑代数的运算公式和基本规则，最后介绍逻辑函数化简的方法。

1.3.1　逻辑代数的基本运算

1. 三种基本逻辑运算

逻辑代数是进行逻辑分析与综合的数学工具。逻辑代数和普通代数一样，都是用字母

A、B、C……表示变量；不同的是，逻辑代数变量的取值范围仅为"0"和"1"，"0"和"1"并不表示数量的大小，而是表示两种不同的逻辑状态。比如，用"1"和"0"表示是和非、真和假、高电位和低电位、有和无、开和关等。逻辑代数中的变量称为逻辑变量。

（1）与运算

图 1-1（a）电路中有两个开关，不难看出，只有两个开关都闭合时，电灯才亮；只要有一个开关断开，电灯就不亮。如果以开关闭合为条件，以灯亮为结果，图 1-1（a）电路的例子可以表示这样一种因果关系：只有当决定一件事情的条件全部具备时，这件事情才会发生。这种因果关系称为"与"逻辑关系，简称与逻辑。当然"与"的条件可以有多个。若用逻辑表达式来描述，则写为

$$Y = A \cdot B$$

式中的符号"·"读作"与"（或读作"乘"），在不致引起混淆的前提下，"·"常被省略。实现与逻辑的电路称作与门，与逻辑和与门的逻辑符号如图 1-1（b）所示，符号"&"表示与逻辑运算。表 1-6 是与逻辑的真值表，表中用 0 和 1 表示开关 A 和 B 的状态，1 表示开关闭合，0 表示开关断开；灯的状态也用 1 和 0 来表示，1 表示灯亮，0 表示灯不亮。从与逻辑的真值表可以看出，只有 A、B 都为 1，Y 才为 1。

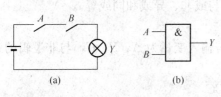

图 1-1 与逻辑的逻辑符号

表 1-6 与逻辑的真值表

A	B	Y
0	0	0
0	1	0
1	0	0
1	1	1

（2）或运算

图 1-2（a）电路中，开关 A 和 B 是并联的，只要有一个开关闭合，电灯就亮；只有当开关全部断开时，灯才灭。由此可以得出这样一种逻辑关系：在决定事情的各个条件中，只要有一个条件具备，这件事情就会发生。这种因果关系称为或逻辑关系，简称或逻辑。或逻辑用逻辑表达式可写为

$$Y = A + B$$

公式中符号"+"读作"或"（或读作"加"）。实现或逻辑的电路称为或门，或逻辑和或门的逻辑符号如图 1-2（b）所示，符号"≥1"表示或逻辑运算。表 1-7 是或逻辑的真值表。从或逻辑的真值表可以看出，只要 A、B 中有 1，Y 就为 1；只有 A、B 都为 0 时，Y 才为 0。

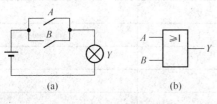

图 1-2 或逻辑的逻辑符号

表 1-7 或逻辑的真值表

A	B	Y
0	0	0
0	1	1
1	0	1
1	1	1

（3）非运算

图 1-3（a）所示电路中，当开关 A 闭合时，灯不亮；当开关 A 断开时，灯就亮。由此可以得出一种逻辑关系：当某一条件具备了，事情不会发生；而此条件不具备时，事情反而发生。这种逻辑关系称为非逻辑关系，简称非逻辑。非逻辑用逻辑表达式描述可写为

$$Y = \overline{A}$$

式中变量上方的符号"—"表示非运算，读作"非"或"反"。实现非逻辑的电路称作非门或反相器，非运算和非门的逻辑符号如图 1-3（b）所示，逻辑符号中用小圆圈"o"表示非，符号中的"1"表示缓冲。表 1-8 为非逻辑的真值表。

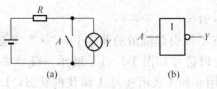

图 1-3　非逻辑的逻辑符号

表 1-8　非逻辑的真值表

A	Y
0	1
1	0

2. 复合逻辑运算

在数字系统中，除应用与、或、非 3 种基本逻辑运算之外，还广泛应用与、或、非的不同组合，最常见的复合逻辑运算有与非、或非、与或非、异或和同或等。

（1）与非运算

"与"和"非"的复合运算称为与非运算，若输入变量为 A、B、C，与非逻辑的逻辑表达式可写为

$$Y = \overline{ABC}$$

实现与非运算的电路称作与非门。与非逻辑和与非门的逻辑符号如图 1-4 所示。表 1-9 为与非逻辑的真值表。从表中可以看出，只有 A、B、C 全为 1，输出才为 0。为分析方便，对与非门的逻辑功能可以归纳为一句口诀："有 0 必 1，全 1 才 0"。

图 1-4　与非逻辑的逻辑符号

表 1-9　　与非逻辑的真值表

A	B	C	Y
0	0	0	1
0	0	1	1
0	1	0	1
0	1	1	1
1	0	0	1
1	0	1	1
1	1	0	1
1	1	1	0

（2）或非运算

"或"和"非"的复合运算称为或非运算，若输入变量为 A、B、C，则或非运算的逻辑表达式为

$$Y = \overline{A + B + C}$$

实现或非逻辑的电路称为或非门。或非逻辑和或非门的逻辑符号如图 1-5 所示。表 1-10 为或非逻辑的真值表。从表中可以看出，只要 A、B、C 中有 1，输出就为 0。或非逻辑也可以归纳为一句口诀："有 1 必 0，全 0 才 1"。

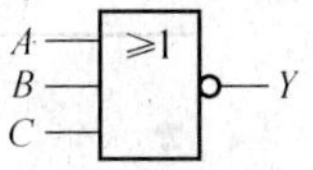

图 1-5　或非逻辑的逻辑符号

表 1-10　　　　　　　　　　　　　　　　　或非逻辑的真值表

A	B	C	Y
0	0	0	1
0	0	1	0
0	1	0	0
0	1	1	0
1	0	0	0
1	0	1	0
1	1	0	0
1	1	1	0

（3）与或非运算

将与门和或门按图 1-6（a）所示进行连接，就能实现与或非逻辑运算。与或非运算的逻辑表达式为

$$Y = \overline{AB + CD}$$

实现与或非逻辑的电路称为与或非门。与或非逻辑和与或非门的逻辑符号如图 1-6（b）所示。

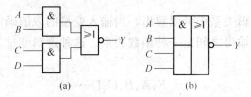

(a)　　　　　　　　(b)

图 1-6　与或非逻辑

（4）异或运算

所谓异或运算，是指两个输入变量取值相同时输出为 0，取值不相同时输出为 1。异或运算可用逻辑表达式表示为

$$Y = A \oplus B = \overline{A}B + A\overline{B}$$

式中符号"$\oplus$"表示异或运算。实现异或运算的电路称为异或门。异或逻辑和异或门的逻辑

符号如图 1-7 所示。逻辑符号中"＝1"表示异或运算。表 1-11 为异或逻辑的真值表。异或逻辑的功能可以用口诀"相同为 0，相异为 1"表示。

图 1-7　异或逻辑的逻辑符号

表 1-11	异或逻辑的真值表	
A	**B**	**Y**
0	0	0
0	1	1
1	0	1
1	1	0

（5）同或运算

同或运算是异或运算的非运算，当输入变量取值相同时输出为 1，而输入变量取值不相同时输出为 0。同或运算的逻辑表达式为

$$Y = A \odot B$$
$$= \overline{A}\overline{B} + AB$$

式中的符号"⊙"表示同或运算。同或运算的逻辑符号如图 1-8 所示。表 1-12 为同或逻辑的真值表。同或逻辑的功能可以用口诀"相同为 1，相异为 0"表示。

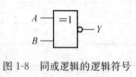

图 1-8　同或逻辑的逻辑符号

表 1-12	同或逻辑的真值表	
A	**B**	**Y**
0	0	1
0	1	0
1	0	0
1	1	1

由于同或运算是异或运算的非运算，所以有

$$\overline{A \oplus B} = A \odot B$$

或

$$\overline{\overline{A}B + A\overline{B}} = \overline{A}\overline{B} + AB$$

1.3.2　逻辑函数及其表示法

1. 逻辑函数

从前面讨论的各种逻辑关系中可以看出，当输入变量的取值确定之后，输出变量的取值便随之而定，因而输入和输出之间是一种函数关系。这种逻辑变量之间的函数关系称为逻辑函数，写作

$$Y = F(A、B、C、D\cdots\cdots)$$

任何一种具体事物的因果关系都可以用一种逻辑函数来描述。

表示逻辑函数的方法有：真值表、逻辑函数表达式、逻辑图和卡诺图。

2. 真值表

真值表是将输入逻辑变量的所有可能取值与相应的输出变量函数值排列在一起而组成的表格。每个输入变量有 0 和 1 两种取值，n 个输入变量就有 2^n 个不同的取值组合。将输入变量的全部取值组合以及相应的输出函数值全部列出来，就可以得到逻辑函数的真值表。

例如逻辑函数 $Y = AB + BC + AC$，式中有 A、B、C 3 个输入变量，共有 8 种取值组合，把它们分别带入逻辑表达式中进行运算，求出相应的输出变量 Y 的值，便可列出如表1-13 所示的真值表。

表 1-13　　　　　　　　　　　　逻辑函数的真值表

A	B	C	Y
0	0	0	0
0	0	1	0
0	1	0	0
0	1	1	1
1	0	0	0
1	0	1	1
1	1	0	1
1	1	1	1

又如，图 1-9 是一个控制楼梯照明灯的电路。两个单刀双掷开关分别装在楼上和楼下。无论在楼上还是在楼下都能单独控制开灯和关灯。设 1 表示灯亮，0 表示灯灭。对于开关，用 1 表示开关向上扳，用 0 表示开关向下扳。该控制楼梯照明灯电路的逻辑函数可以用如表1-14 所示的真值表来表示。

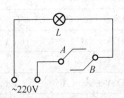

图 1-9　控制楼梯照明灯的电路

表 1-14　控制楼梯照明灯的电路的真值表

A	B	L
0	0	1
0	1	0
1	0	0
1	1	1

一般地说，输入变量的取值组合按照二进制数递增的顺序排列比较好，这样做既不易遗漏，也不会重复。

3. 逻辑表达式

按照对应的逻辑关系，把输出变量表示为输入变量的与、或、非 3 种运算的组合，称之为逻辑函数表达式（简称逻辑表达式）。

从表 1-14 可以看出，输入变量的不同取值组合对应输出变量的惟一状态。如果对应每一个输出变量取值为 1 的输入变量取值组合，将输入变量取值为 1 的用原变量表示，输入变量取值为 0 的用反变量表示，则可写成一个乘积项，再将这些乘积项相加便可得到一个逻辑函数表达式。根据表 1-14 可以写出图 1-9 所示电路表示灯亮的逻辑函数表达式

$$L = \overline{A}\,\overline{B} + AB$$

4. 逻辑图

用相应的逻辑符号将逻辑表达式的逻辑运算关系表示出来，就可以画出逻辑函数的逻辑图。根据上面讲到的图 1-9 所示电路表示灯亮的逻辑表达式，可以画出如图 1-10 所示的逻辑图。

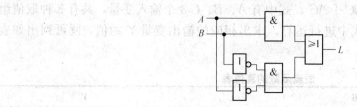

图 1-10　图 1-9 所示电路的逻辑图

从前面 3 种逻辑函数的表示方法很容易看出，既然同一个逻辑函数可以用几种不同的方法描述，那么这几种方法之间必然可以互相转换。对于转换方法，由于比较简单，这里就不详细介绍。至于表示逻辑函数的第 4 种方法——卡诺图，留待讲逻辑函数的卡诺图化简法时再进行介绍。

1.3.3　逻辑代数的公式和运算法则

1. 基本公式

根据与、或、非三种基本运算的特点，可以推导出如表 1-15 所示的逻辑代数的基本公式。这些公式中，有一些是与普通代数不同的，在运用中要特别注意。

表 1-15　　　　　　　　　　逻辑代数的基本公式

01 律	(1) $A \cdot 1 = A$ (3) $A \cdot 0 = 0$	(2) $A + 0 = A$ (4) $A + 1 = 1$
交换律	(5) $A \cdot B = B \cdot A$	(6) $A + B = B + A$
结合律	(7) $A \cdot (B \cdot C) = (A \cdot B) \cdot C$	(8) $A + (B + C) = (A + B) + C$
分配律	(9) $A \cdot (B + C) = A \cdot B + A \cdot C$	(10) $A + (BC) = (A + B)(A + C)$
互补律	(11) $A \cdot \bar{A} = 0$	(12) $A + \bar{A} = 1$
重叠律	(13) $A \cdot A = A$	(14) $A + A = A$
反演律	(15) $\overline{AB} = \bar{A} + \bar{B}$	(16) $\overline{A + B} = \bar{A} \cdot \bar{B}$
还原律	(17) $\bar{\bar{A}} = A$	

表中所列的公式均可用真值表验证其正确性。

比如对于反演律

$$\overline{AB} = \bar{A} + \bar{B}$$

可以把 A、B 的所有取值组合代入上面等式的两边，并将结果填入真值表（表 1-16）中。从表中可以看出，对输入变量的所有取值组合，等式两边的函数值都对应相等，所以等式成立。在逻辑函数的化简变换中经常用到反演律。反演律又称为摩根定理。

表 1-16　　　　　　　　　　反演律真值表

A	B	$\overline{AB}$	$A + B$
0	0	1	1
0	1	1	1
1	0	1	1
1	1	0	0

2. 常用公式

利用基本公式，可以得到以下常用公式，这些公式对于逻辑函数的化简有着重要的作用。

公式 1
$$AB + A\bar{B} = A$$

证明：
$$AB + A\bar{B} = A(B + \bar{B}) = A \cdot 1 = A$$

可见，如果两个乘积项中分别含有 B 和 $\bar{B}$，而其他因子相同时，则可消去变量 B，合并成一项。

公式 2
$$A + AB = A$$

证明：
$$A + AB = A(1 + B) = A \cdot 1 = A$$

可见，两个乘积项中，如果一个乘积项是另一个乘积项（比如 AB）的因子，则另一个乘积项是多余的。

公式 3
$$A + \bar{A}B = A + B$$

证明：
$$A + \bar{A}B = (A + \bar{A})(A + B) = 1 \cdot (A + B) = A + B$$

可见，两个乘积项中，如果一个乘积项的反函数（比如 $\bar{A}$）是另一个乘积项的因子，则这个因子是多余的。

公式 4
$$AB + \bar{A}C + BC = AB + \bar{A}C$$

证明：
$$\begin{aligned}
AB + \bar{A}C + BC &= AB + \bar{A}C + BC(A + \bar{A}) \\
&= AB + \bar{A}C + ABC + \bar{A}BC \\
&= AB(1 + C) + \bar{A}C(1 + B) \\
&= AB + \bar{A}C
\end{aligned}$$

推论：
$$AB + \bar{A}C + BCDE = AB + \bar{A}C$$

从公式 4 和推论可以看出，如果一个与或表达式中的两个乘积项中，一项含原变量（比如 A），另一项含反变量（比如 $\bar{A}$），而这两个乘积项的其他因子是第三个乘积项的因子，则第三个乘积项是多余的。公式 4 又常称为添加项定理。

3. 运算规则

(1) 代入规则

在任何一个逻辑等式中，如果将等式两端的某个变量都以一个逻辑函数代入，则等式仍然成立。这个规则就叫代入规则。

利用代入规则可以扩大公式的应用范围。

例如，将代入规则用于反演律 $\overline{AB} = \bar{A} + B$。令 $Y = BC$，代入等式中的 B，则有
$$\overline{AY} = \bar{A} + \bar{Y}$$

即
$$\overline{A(BC)} = \bar{A} + \overline{BC}$$

故
$$\overline{ABC} = \bar{A} + \bar{B} + C$$

反复运用代入规则，不难得出
$$\overline{ABC\cdots\cdots} = \bar{A} + \bar{B} + \bar{C} + \cdots\cdots$$

同理可得
$$\overline{A + B + C + \cdots\cdots} = \bar{A} \cdot \bar{B} \cdot \bar{C}\cdots\cdots$$

(2) 反演规则

对于任何一个逻辑表达式 Y，若将 Y 中所有的"·"换成"+"，"+"换成"·"；所

有的"0"换成"1","1"换成"0";所有的原变量换成反变量，反变量换成原变量，那么所得到的表达式就是 Y 的反函数 $\overline{Y}$。这个规则叫做反演规则。

例如：已知 $\qquad Y = \overline{A}\,\overline{B} + CD + 0$

则 $\qquad \overline{Y} = (A + B) \cdot (\overline{C} + \overline{D}) \cdot 1$

若 $\qquad Y = A + \overline{B + \overline{C} + \overline{D + \overline{E}}}$

则 $\qquad \overline{Y} = \overline{A} \cdot \overline{\overline{B} \cdot C \cdot \overline{D} \cdot \overline{E}}$

或者 $\qquad \overline{Y} = \overline{A}(B + \overline{C} + \overline{D + E})$

运用反演规则时，要注意运算的优先顺序。

（3）对偶规则

对于任何一个逻辑表达式 Y，如果将是 Y 中所有的"+"换成"·"，所有的"·"换成"+"；所有的"0"换成"1"，所有的"1"换成"0"，那么就可以得到一个新的表达式 Y'，Y' 称为 Y 的对偶式。这就是求对偶式的规则。

例如：

若 $\qquad Y = A(B + C)$

则 $\qquad Y' = A + BC$

若 $\qquad Y = A\overline{B} + A(C + 0)$

则 $\qquad Y' = (A + \overline{B})(A + C \cdot 1)$

若 $\qquad Y = \overline{A(B + \overline{C})}$

则 $\qquad Y' = \overline{A + B\overline{C}}$

运用求对偶式的规则时，同样应注意运算的优先顺序。

对比表 1-15 所列的基本公式可以看出，除还原律之外，其余同一行公式中的单号公式和双号公式两端的表达式是互为对偶式的。由此可知，如果两个表达式相等，那么它们的对偶式也一定相等，这称为对偶定理。利用对偶定理，可以使要证明和记忆的公式数目减少一半。

1.3.4 逻辑函数的公式化简法

1. 化简的意义和最简单的概念

例 1-1 化简逻辑表达式 $Y = A + AB + A\overline{BC} + BC + \overline{B}C$

解： $\qquad Y = A + AB + A\overline{BC} + BC + \overline{B}C$

$\qquad\qquad = A(1 + B + \overline{BC}) + C(B + \overline{B})$

$\qquad\qquad = A + C$

可以看出，如果按照原来的逻辑表达式画逻辑图比较复杂，但化简后再画逻辑图就简单得多。一个逻辑函数可以有多种逻辑表达式。比如：

$\qquad Y = AB + \overline{A}C \qquad$ 与或表达式

可以变换为 $\qquad Y = (A + C)(\overline{A} + B) \qquad$ 或与表达式

$\qquad\qquad = \overline{\overline{A + C} + \overline{\overline{A} + B}} \qquad$ 或非—或非表达式

$\qquad\qquad = \overline{\overline{AB} \cdot \overline{\overline{A}C}} \qquad$ 与非—与非表达式

$\qquad\qquad = \overline{\overline{A}\,C + A\overline{B}} \qquad$ 与或非表达式

最常用的是与或表达式。最简与或表达式应当使乘积项的个数最少，每个乘积项中的变量最少。逻辑表达式化为最简，实现它的逻辑电路图也最简。

下面分别介绍化简逻辑函数的两种方法：公式化简法和卡诺图化简法。

2. 公式化简法

公式化简法是反复利用逻辑代数中的基本公式和常用公式，经过运算进行化简逻辑函数的方法，这种方法又称代数化简法。通常采用的方法有：并项法、吸收法、消去法和配项法。

（1）并项法：利用公式 $A + \bar{A} = 1$ 进行化简，通过合并公因子，消去变量。

例 1-2　化简函数 $Y = A\bar{B}C + AB\bar{C}$

解：
$$Y = A\bar{B}C + AB\bar{C} = A\bar{B}(C + \bar{C}) = A\bar{B}$$

（2）吸收法：利用公式 $A + AB = A$ 进行化简，消去多余项。

例 1-3　化简函数 $Y = A\bar{B} + A\bar{B}CD(E + F)$

解：
$$Y = A\bar{B} + A\bar{B}CD(E + F) = A\bar{B}$$

（3）消去法：利用公式 $A + \bar{A}B = A + B$ 进行化简，消去多余的因子。

例 1-4　化简函数 $Y = AB + \bar{A}C + \bar{B}C$

解：
$$\begin{aligned}
Y &= AB + \bar{A}C + \bar{B}C \\
&= AB + C(\bar{A} + \bar{B}) \\
&= AB + \overline{AB}C \\
&= AB + C
\end{aligned}$$

（4）配项法：在适当的项配上 $A + \bar{A} = 1$ 进行化简。

例 1-5　化简函数 $Y = A\bar{B} + B\bar{C} + \bar{B}C + \bar{A}B$

解：
$$\begin{aligned}
Y &= A\bar{B} + B\bar{C} + \bar{B}C + \bar{A}B \\
&= A\bar{B} + B\bar{C} + \bar{B}C(A + \bar{A}) + \bar{A}B(C + \bar{C}) \\
&= A\bar{B} + B\bar{C} + A\bar{B}C + \bar{A}\bar{B}C + \bar{A}BC + \bar{A}B\bar{C} \\
&= A\bar{B} + B\bar{C} + \bar{A}C(B + \bar{B}) \\
&= A\bar{B} + B\bar{C} + \bar{A}C
\end{aligned}$$

对于例 1-5 也可以利用添加项定理 $AB + \bar{A}C + BC = AB + \bar{A}C$ 进行化简。公式中 BC 是添加项，是多余的，但有时添上之后，有利于化简。这种化简方法称为添加项法。下面采用这种方法化简例 1-5 所给的逻辑函数。

解：
$$\begin{aligned}
Y &= A\bar{B} + B\bar{C} + \bar{B}C + \bar{A}B \\
&= A\bar{B} + B\bar{C} + \bar{B}C + \bar{A}B + \bar{A}C \\
&= A\bar{B} + B\bar{C} + \bar{A}B + \bar{A}C \\
&= A\bar{B} + B\bar{C} + \bar{A}C
\end{aligned}$$

可以看出，利用添加项法可以使化简步骤大大简化。

采用公式法化简，目前尚无一套完整的方法，能否以最快的速度进行化简，与使用者经验和对公式掌握及运用的熟练程度有关。下面举一个综合运用的例子。

例 1-6　化简 $Y = AD + A\bar{D} + AB + \bar{A}C + BD + ACEF + \bar{B}EF + DEFG$

解：
$$\begin{aligned}
Y &= AD + A\bar{D} + AB + \bar{A}C + BD + ACEF + \bar{B}EF + DEFG \\
&= A + AB + \bar{A}C + BD + ACEF + \bar{B}EF + DEFG
\end{aligned}$$

$$= A + \overline{A}C + BD + \overline{B}EF + DEFG$$
$$= A + C + BD + \overline{B}EF + DEFG$$
$$= A + C + BD + \overline{B}EF$$

1.3.5 逻辑函数的卡诺图化简法

卡诺图是按一定规则画出来的方框图，它也是表示逻辑函数的一种方法。更重要的是利用卡诺图可以直观而方便地化简逻辑函数。在介绍卡诺图之前，先讨论一下最小项及最小项表达式。

1. 最小项及最小项表达式

（1）最小项

设 A、B、C 是三个逻辑变量，若由这三个逻辑变量按以下规则构成乘积项：

① 每个乘积项都只含三个因子，且每个变量都是它的一个因子；

② 每个变量都以原变量（A、B、C）或以反变量（$\overline{A}$、$\overline{B}$、$\overline{C}$）的形式出现一次，且仅出现一次。

具备以上条件的乘积项是 $\overline{A}\,\overline{B}\,\overline{C}$、$\overline{A}\,\overline{B}C$、$\overline{A}B\overline{C}$、$\overline{A}BC$、$A\overline{B}\,\overline{C}$、$A\overline{B}C$、$AB\overline{C}$、$ABC$ 共 8 个，我们称这 8 个乘积项为三变量 A、B、C 的最小项。此外，其他乘积项，如 AB、$ABCC$、…都不是最小项。我们可以容易地把最小项的定义推广至 n 个变量。一个变量仅有原变量和反变量两种形式，因此 n 个变量共有 2^n 个最小项。表 1-17 是三变量全部最小项的真值表。

表 1-17				三变量最小项真值表			
$A\,B\,C$	$\overline{ABC}$	$\overline{AB}C$	$\overline{A}B\overline{C}$	$\overline{A}BC$	$A\overline{BC}$	$A\overline{B}C$	$AB\overline{C}$	ABC
0 0 0	1	0	0	0	0	0	0	0
0 0 1	0	1	0	0	0	0	0	0
0 1 0	0	0	1	0	0	0	0	0
0 1 1	0	0	0	1	0	0	0	0
1 0 0	0	0	0	0	1	0	0	0
1 0 1	0	0	0	0	0	1	0	0
1 1 0	0	0	0	0	0	0	1	0
1 1 1	0	0	0	0	0	0	0	1

（2）最小项的性质

由表 1-17 可知，最小项具备下列性质：

① 对于任意一个最小项，只有一组变量取值使它的值为 1，而变量取其余各组值时，该最小项均为 0；

② 任意两个不同的最小项之积恒为 0；

③ 变量全部最小项之和恒为 1。

为了叙述和书写方便，通常对最小项加以编号。编号方法是：把最小项取值为 1 所对应的那一组变量取值组合当成二进制数，与其相应的十进制数，就是该最小项的编号。三变量 A、B、C 的全体最小项编号表示如表 1-18 所示。从表中可以看出，最小项用 "m_i" 表示，下标 "i" 即最小项的编号。

表 1-18			三变量最小项的编号表示		
A	B	C	对应十进制数	最小项名称	编 号
0	0	0	0	$\overline{A}\,\overline{B}\,\overline{C}$	m_0
0	0	1	1	$\overline{A}\,\overline{B}C$	m_1
0	1	0	2	$\overline{A}B\overline{C}$	m_2
0	1	1	3	$\overline{A}BC$	m_3
1	0	0	4	$A\overline{B}\,\overline{C}$	m_4
1	0	1	5	$A\overline{B}C$	m_5
1	1	0	6	$AB\overline{C}$	m_6
1	1	1	7	ABC	m_7

（3）最小项表达式

任何一个逻辑函数都可以表示为最小项之和的形式——标准与或表达式。而且这种形式是惟一的，就是说一个逻辑函数只有一种最小项表达式。

例 1-7 将 $Y = AB + BC$ 展开成为最小项表达式。

解：
$$Y = AB + BC$$
$$= AB(C + \overline{C}) + BC(A + \overline{A})$$
$$= ABC + AB\overline{C} + ABC + \overline{A}BC$$
$$= ABC + AB\overline{C} + \overline{A}BC$$

或者
$$Y(A、B、C) = m_3 + m_6 + m_7$$
$$= \sum m(3,6,7)$$

式中的 $\sum$ 表示连加。

可见，一个逻辑函数可以表示为一个标准的与或表达式。

2. 卡诺图及其画法

（1）卡诺图及其构成原则

如上所述，卡诺图可以看作是把最小项按照一定规则排列而构成的方框图。最小项是组成卡诺图的基本单元，卡诺图中每个小方块对应一个最小项。因为 n 个变量共有 2^n 个最小项，所以 n 变量的卡诺图也应该有 2^n 个小方块。卡诺图中各变量的取值要按一定的规则排列，其规则是，图中任何在几何位置上相邻的最小项，在逻辑上必须相邻，即几何相邻与逻辑相邻必须互相重合。

所谓几何相邻，是指图中在排列位置上紧挨着的那些最小项；所谓逻辑相邻，是指如果两个最小项中除了一个变量取值不同外，其余的都相同，那么就称这两个最小项具有逻辑上的相邻性。例如，在表 1-18 中，$m_5（A\overline{B}C）$ 和 $m_1（\overline{A}\,\overline{B}C）$ 是逻辑相邻的，因为它们只有变量 A 的取值不同。除此之外，m_5 和 m_4、m_7 也是逻辑相邻的。

可见，构成卡诺图的原则是：

① n 变量的卡诺图有 2^n 个小方块；

② 卡诺图中各变量取值要按一定规则排列。

（2）卡诺图的画法

首先以三变量 A、B、C 的卡诺图为例来讨论卡诺图的画法。三变量卡诺图应该有 $2^3 = 8$

个小方块，每个小方块对应一个最小项。为了满足两个相邻最小项中，只有一个变量取值不同，而其余都相同的原则，B、C 变量的取值按 00、01、11、10 的顺序排列，即卡诺图中变量取值的顺序是按照循环码排列的。三变量的卡诺图如图 1-11 所示。在图中，每一个小方块表示一个最小项。为了简化起见，图中各最小项用编号表示，用变量的取值代表变量。

再按上面的方法不难画出四变量的卡诺图，图 1-12 画出了四变量的卡诺图。

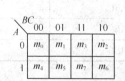

$\dfrac{BC}{A}$	00	01	11	10
0	m_0	m_1	m_3	m_2
1	m_4	m_5	m_7	m_6

图 1-11　三变量卡诺图的画法

$\dfrac{CD}{AB}$	00	01	11	10
00	m_0	m_1	m_3	m_2
01	m_4	m_5	m_7	m_6
11	m_{12}	m_{13}	m_{15}	m_{14}
10	m_8	m_9	m_{11}	m_{10}

图 1-12　四变量卡诺图的画法

卡诺图的重要特点是变量取值的排列符合逻辑上的相邻性，这将是利用卡诺图化简逻辑函数的依据。为此，正确认识卡诺图"逻辑相邻"的特点是十分重要的。下面以四变量卡诺图为例做进一步说明。由图 1-12 可见，各行和各列上下左右相邻的小方块是逻辑相邻的，例如小方块 m_4 和 m_5，只有变量 D 的取值不同；又如 m_4 和 m_{12}，只有变量 A 的取值不同。应当指出，上下左右两边对应的方块也是相邻的，例如 m_0 和 m_8，它们只有变量 A 的取值不同，m_4 和 m_6 只有变量 C 的取值不同。这说明卡诺图呈现"循环相邻"的特性，它类似于一个封闭的球面，如同展开了的世界地图一样。

3. 用卡诺图表示逻辑函数

从逻辑函数的真值表可以画出相应的卡诺图，其方法是，根据真值表填写每一个小方块的值即可。由于真值表和卡诺图变量取值组合是一一对应的，因此，只要在对应输入变量取值组合的每一个小方块中，函数值为 1 的填 1，为 0 的填 0，就可以得到逻辑函数的卡诺图。

例 1-8　已知逻辑函数 Y 的真值表如表 1-19 所示，画出 Y 的卡诺图。

表 1-19　　　　　　　　　　　　　　　逻辑函数 Y 的真值表

A	B	C	Y
0	0	0	0
0	0	1	1
0	1	0	1
0	1	1	0
1	0	0	1
1	0	1	0
1	1	0	0
1	1	1	1

解：首先画一张三变量的卡诺图，然后根据表 1-19 的真值表填写每个小方块，即可得到函数 Y 的卡诺图，如图 1-13 所示。

从逻辑函数的最小项表达式也可以很方便地画出逻辑函数的卡诺图，其方法是，把表达式中所有的最小项在对应的小方块中填入 1，其余的小方块中填入 0。

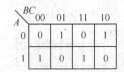

图 1-13 例 1-8 的卡诺图

例 1-9 画出函数 $Y(A、B、C、D) = \sum m(0,3,5,7,9,12,15)$ 的卡诺图。

解： 首先画一张四变量 A、B、C、D 的卡诺图，然后在对应于 m_0、m_3、m_5、m_7、m_9、m_{12} 和 m_{15} 的小方块中填入 1，其余的填入 0，便可得到函数 Y 的卡诺图。函数 Y 的卡诺图如图 1-14 所示。

CD AB	00	01	11	10
00	1	0	1	0
01	0	1	1	0
11	1	0	1	0
10	0	1	0	0

图 1-14 例 1-9 的卡诺图

对于一般形式的逻辑表达式，可以先将表达式变换为与或表达式，然后再变换为最小项表达式，即可画出卡诺图。实际上可以从一般的与或表达式直接画出卡诺图，其方法是，只需把每一个乘积项所包含的那些最小项（该乘积项就是这些最小项的公因子）所对应的小方块都填上 1，剩下的填 0，就可以得到逻辑函数的卡诺图。

4. 卡诺图化简法

由于卡诺图两个相邻最小项中，只有一个变量取值不同，而其余的取值都相同。所以，合并相邻最小项，利用公式 $A + \overline{A} = 1$，可以消去一个或多个变量，从而使逻辑函数得到简化。下面我们讨论利用卡诺图化简逻辑函数的方法——卡诺图化简法（又称图形化简法）。

（1）卡诺图中最小项合并的规律

在卡诺图中，凡是几何相邻的最小项均可以合并，合并时可以消去变量。两个最小项合并成一项时，可以消去一个变量；四个最小项合并成一项时，可以消去两个变量；八个最小项合并成一项时，可以消去三个变量。一般地说，2^n 个最小项合并成一项时，可以消去 n 个变量。

图 1-15、图 1-16 和图 1-17 分别画出了相邻两个最小项、相邻四个最小项和相邻八个最小项合并成一项的一些情况。

（2）利用卡诺图化简逻辑函数

一般可分 3 步进行：首先画出逻辑函数的卡诺图，然后对几何相邻的最小项进行圈组（即合并最小项），最后从圈组写出最简的与或表达式。

为了利用卡诺图化简逻辑函数，应当按照前面所讲的方法，首先画出逻辑函数的卡诺图。但能否利用卡诺图得到函数的最简与或表达式，关键是能否正确圈组。所谓圈组就是对最小项（即卡诺图中为 1 的小方块）进行合并。圈的最小项越多，消去的变量就越多；圈的个数越少，化简后所得到的乘积项就越少。只要按照一定的原则正确圈组，就能得到最简的与或表达式。正确圈组的原则是：

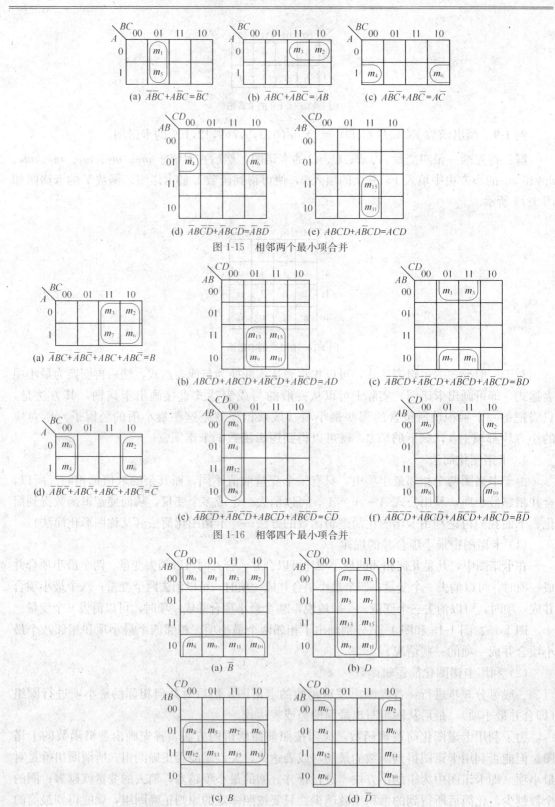

(a) $\overline{A}\overline{B}C+\overline{A}B\overline{C}=\overline{B}C$ (b) $\overline{A}BC+\overline{A}B\overline{C}=\overline{A}B$ (c) $A\overline{B}\overline{C}+A\overline{B}\overline{C}=A\overline{C}$

(d) $\overline{A}B\overline{C}D+\overline{A}B\overline{C}\overline{D}=\overline{A}B\overline{D}$ (e) $ABCD+A\overline{B}CD=ACD$

图 1-15 相邻两个最小项合并

(a) $\overline{A}BC+\overline{A}B\overline{C}+ABC+AB\overline{C}=B$

(b) $AB\overline{C}D+ABCD+A\overline{B}\overline{C}D+A\overline{B}CD=AD$ (c) $\overline{A}\overline{B}\overline{C}D+\overline{A}\overline{B}CD+A\overline{B}\overline{C}D+A\overline{B}CD=\overline{B}D$

(d) $\overline{A}\overline{B}\overline{C}+\overline{A}B\overline{C}+AB\overline{C}+A\overline{B}\overline{C}=\overline{C}$

(e) $\overline{A}\overline{B}\overline{C}\overline{D}+\overline{A}B\overline{C}\overline{D}+AB\overline{C}\overline{D}+A\overline{B}\overline{C}\overline{D}=\overline{C}\overline{D}$ (f) $\overline{A}\overline{B}\overline{C}\overline{D}+\overline{A}\overline{B}C\overline{D}+A\overline{B}\overline{C}\overline{D}+A\overline{B}C\overline{D}=\overline{B}\overline{D}$

图 1-16 相邻四个最小项合并

(a) $\overline{B}$ (b) D

(c) B (d) $\overline{D}$

图 1-17 相邻八个最小项合并

① 必须按 2、4、8……2^n 的规律来圈取值为 1 的相邻最小项，2^n 个最小项合并后消去 2^{n-1} 项，并消去 n 个变量。

② 每个取值为 1 的相邻最小项至少必须圈一次，但可以圈多次。

③ 圈的个数要最少，并要尽可能大。

圈完组后，应当检查是否符合以上原则。尤其要注意，是否漏圈了最小项，是否有多余的圈（每个圈都要有新的方块）。只要能正确的圈组，就能从圈组写出最简的与或表达式。

从圈组写最简与或表达式的方法是：首先将每个圈用一个乘积项表示，圈内各最小项中相同的因子保留，互补的因子消去，然后把所得到的各乘积项相加。下面举例说明利用卡诺图化简逻辑函数的方法。

例 1-10　用卡诺图化简逻辑函数 $Y(A、B、C、D) = \sum m(0,1,2,3,4,5,6,7,8,10,11)$

解：　① 画出函数 Y 的卡诺图，如图 1-18（a）所示。

② 圈组，图 1-18（b）、（c）、（d）画出了 3 种不同的圈组方法，显然图 1-18（d）的圈组是正确的。

③ 写最简与或表达式

由于
$$\sum m(0,1,2,3,4,5,6,7) = \overline{A}$$

$$\sum m(0,2,8,10) = \overline{B}\,\overline{D}$$

$$\sum m(2,3,10,11) = \overline{B}C$$

故
$$Y = \overline{A} + \overline{B}\,\overline{D} + \overline{B}C$$

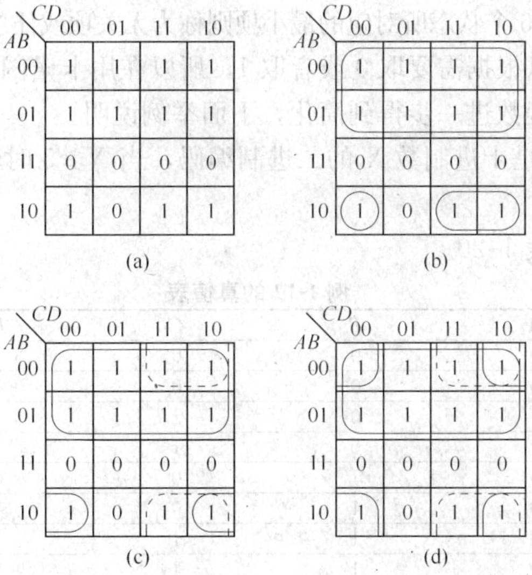

图 1-18　例 1-10 的卡诺图

例 1-11　化简图 1-19（a）卡诺图所表示的逻辑函数。

解：　① 圈组

图 1-19（b）和 1-19（c）是两种圈组方法，图 1-19（b）注意了圈尽可能大，但没有注意圈的个数应最少，实际上中间那个大圈是多余的，图 1-19（c）才是正确的圈组方法。

② 写出最简与或表达式

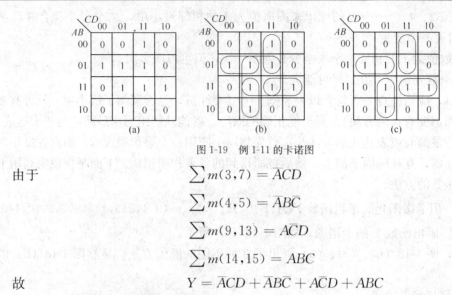

图 1-19　例 1-11 的卡诺图

由于
$$\sum m(3,7) = \overline{A}CD$$
$$\sum m(4,5) = \overline{A}B\overline{C}$$
$$\sum m(9,13) = A\overline{C}D$$
$$\sum m(14,15) = ABC$$

故
$$Y = \overline{A}CD + \overline{A}B\overline{C} + A\overline{C}D + ABC$$

5. 具有无关项的逻辑函数及其化简

在某些实际问题的逻辑关系中，有时会遇到这样的问题：对应于输入变量的某些取值下，输出函数的值可以是任意的，或者这些输入变量的取值根本不会出现。针对这一问题，通常把这些输入变量取值所对应的最小项称为无关项或任意项，用符号"×"表示。例如，当输入变量是一组 8421 码时，由于 1010～1111 这 6 种状态没有被采用，在正常工作时，它们是不会（也不允许）出现的。因此，对于这 6 个输入状态的函数值可以是任意的，既可以取 0，也可以取 1。针对这个具体问题，1010～1111 这 6 个状态所对应的最小项则称为无关项或任意项。

因为无关项的值可以根据需要取 0 或者取 1，所以在用卡诺图化简逻辑函数时，充分利用无关项，可以使逻辑函数进一步得到简化，下面举例说明。

例 1-12　设 $ABCD$ 是十进制数 X 的二进制编码，当 $X \geqslant 5$ 时输出 Y 为 1，求 Y 的最简与或表达式。

解：列真值表，见表 1-20。

表 1-20　　　　　　　　　　　　　例 1-12 的真值表

X	A	B	C	D	Y
0	0	0	0	0	0
1	0	0	0	1	0
2	0	0	1	0	0
3	0	0	1	1	0
4	0	1	0	0	0
5	0	1	0	1	1
6	0	1	1	0	1
7	0	1	1	1	1
8	1	0	0	0	1
9	1	0	0	1	1
/	1	0	1	0	×
/	1	0	1	1	×
/	1	1	0	0	×
/	1	1	0	1	×
/	1	1	1	0	×
/	1	1	1	1	×
					×

$ABCD$ 为 8421 码，$ABCD$ 取值为 0000～0100 时，$Y=0$；取值为 0101～1001 时，$Y=1$。其余 6 组输入取值 1010～1111 是不会出现的，其对应的最小项为无关项，输出用符号 "×" 表示。图 1-20 所示为表 1-20 所对应的卡诺图，其中图 1-20（a）表示不利用无关项化简的情况，图 1-20（b）表示利用无关项化简的情况。

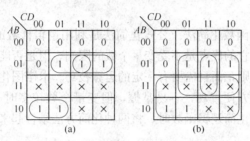

图 1-20　例 1-12 的卡诺图

不利用无关项化简的结果为 $Y = \overline{A}BD + \overline{A}B\overline{C} + A\overline{B}\,\overline{C}$

利用无关项化简的结果为 $Y = A + BD + BC$

可见，充分利用无关项化简后得到的结果要简单得多。注意：我们约定，在圈内的无关项已自动取值为 1，而在圈外无关项取值为 0。

例 1-13　化简逻辑函数

$$Y(A、B、C、D) = \sum m(1,2,5,6,9) + \sum d(10,11,12,13,14,15)$$

式中 d 表示无关项。

解： 画函数的卡诺图，其中对应最小项 m_1、m_2、m_5、m_6、m_9 在小方块中填入 1；而对于无关项 $m_{10} \sim m_{15}$ 在小方块中填入 "×"，其余的填入 0，如图 1-21 所示。

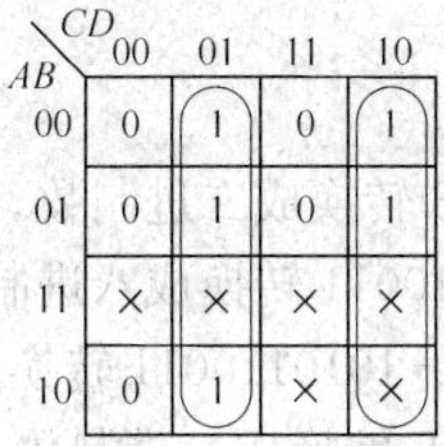

AB＼CD	00	01	11	10
00	0	1	0	1
01	0	1	0	1
11	×	×	×	×
10	0	1	×	×

图 1-21　例 1-13 的卡诺图

在画圈时，将圈内无关项看作 1，其余的无关项看作 0，化简后的最简与或表达式为

$$Y = \overline{C}D + C\overline{D}$$

本 章 小 结

数字电路中广泛采用二进制，二进制的特点是逢二进一，用 0 和 1 表示逻辑变量的两种状态。二进制可以方便地转换成八进制、十进制和十六制。

BCD 码是十进制数的二进制代码表示，常用的 BCD 码是 8421 码。

数字电路的输入变量和输出变量之间的关系可以用逻辑代数来描述，最基本的逻辑运算是与运算、或运算和非运算。

　　逻辑函数有 4 种表示方法：真值表、逻辑表达式、逻辑图和卡诺图。这 4 种方法之间可以互相转换，真值表和卡诺图是逻辑函数的最小项表示法，它们具有惟一性。而逻辑表达式和逻辑图都不是惟一的。使用这些方法时，应当根据具体情况选择最适合的一种方法表示所研究的逻辑函数。

　　本章介绍了两种逻辑函数化简法。公式化简法是利用逻辑代数的公式和规则，经过运算，对逻辑表达式进行化简。它的优点是不受变量个数的限制，但是否能够得到最简的结果，不仅需要熟练地运用公式和规则，而且需要有一定的运算技巧。卡诺图化简法是利用逻辑函数的卡诺图进行化简，其优点是方便直观，容易掌握，但变量个数较多时（5 个以上），则因为图形复杂，不宜使用。在实际化简逻辑函数时，将两种化简方法结合起来使用，往往效果更佳。

思考题与习题

1-1　将下列二进制数表示为十进制数。

　　（1）100101100

　　（2）101011

　　（3）1111111

　　（4）1011110

1-2　将下列十进制数表示为二进制数。

　　（1）28

　　（2）100

　　（3）210

　　（4）321

1-3　将八进制数 34、567、4633 转换成二进制数。

1-4　将二进制数 1011010、11010011 转换成八进制数。

1-5　将二进制数 100100110101、1010110011 转换成十六进制数。

1-6　将十六进制数 7AF4、F9DE 转换成二进制数。

1-7　将十进制数 691 用 8421 码表示。

1-8　写出如图 T1-8 所示逻辑函数的逻辑表达式。

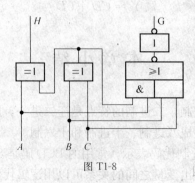

图 T1-8

1-9　用真值表证明下列等式成立。

(1) $\overline{A}B + A\overline{B} = (\overline{A} + \overline{B})(A + B)$

(2) $A \oplus \overline{B} = \overline{A} \oplus B$

(3) $A \oplus 0 = A$

(4) $A \oplus 1 = \overline{A}$

1-10　利用公式和运算规则证明下列等式。

(1) $AB\overline{C} + \overline{A}BC + A\overline{B}C = BC + AC$

(2) $\overline{\overline{AB}C} = AB + \overline{C}$

(3) $(A + B)(\overline{A} + C)(B + C + D) = (A + B)(\overline{A} + C)$

1-11　用公式法将下列函数化简成最简与或表达式。

(1) $Y = A(\overline{A} + B) + B(\overline{B} + C) + B$

(2) $Y = AB + A\overline{B} + \overline{A}B + \overline{A}\overline{B}$

(3) $Y = AB + \overline{AC + \overline{B}C}$

(4) $Y = AB + A\overline{C} + \overline{B}C + B\overline{C} + \overline{B}D + B\overline{D} + ADEF$

(5) $Y = AB + ABD + \overline{A}D + BCD$

(6) $Y = A + B\overline{C} + A\overline{\overline{B}C} + \overline{A}BC$

1-12　用卡诺图化简法将下列函数化简为最简与或表达式。

(1) $Y = A\overline{B} + B\overline{C} + \overline{B}C + \overline{A}B$

(2) $Y = \overline{(A + B)(\overline{A} + B)}$

(3) $Y(A、B、C) = \sum m(0,2,4,6)$

(4) $Y(A、B、C) = \sum m(0,1,2,4,5,6)$

(5) $Y(A、B、C、D) = \sum m(0,2,3,4,8,10,11)$

(6) $Y(A、B、C、D) = \sum m(0,1,4,6,8,9,10,12,13,14,15)$

1-13　充分利用无关项，化简下列函数为最简与或表达式。

(1) $Y(A、B、C、D) = \sum m(0,1,2,3,6,8) + \sum d(10,11,12,13,14,15)$

(2) $Y(A、B、C、D) = \sum m(3,6,8,9,11,12) + \sum d(0,1,2,13,14,15)$

(3) $Y(A、B、C、D) = \sum m(0,1,4,9,12,13) + \sum d(2,3,6,10,11,14)$

(4) $Y(A、B、C、D) = \sum m(13,14,15) + \sum d(1,6,9)$

第 2 章

逻辑门电路

2.1 二极管及三极管的开关特性

数字电路中的晶体二极管、晶体三极管和 MOS 管工作在开关状态。它们在脉冲信号的作用下，不是工作在饱和导通状态就是工作在截止状态，相当于开关的闭合和断开。下面介绍它们工作在开关状态下的一些特性。

2.1.1 二极管的开关特性

1. 静态特性及开关等效电路

图 2-1（a）是硅二极管的伏安特性曲线。从曲线上可以看出，当外加正向电压大于 0.5V 时，二极管开始导通。当正向电压大于 0.7V 以后，曲线变得相当陡峭。所以，一般认为硅二极管正向导通时，其正向压降很小，基本上稳定在 0.7V 左右，其正向导通电阻 R_D 很小（约为几欧姆到几十欧姆）。因此，硅二极管正向导通时，相当于开关处于闭合状态。

当加在硅二极管两端的正向电压小于 0.5V 或者加反向电压时（不考虑反向击穿），硅二极管截止，反向电流极小，反向电阻很大（约几百千欧姆）。此时，硅二极管近似于开路，相当于开关处于断开状态。

由于硅二极管作为开关使用时，大多工作于大信号状态，所以经常将其伏安特性曲线理想化，并用开关等效电路代替二极管的作用。图 2-1（b）是理想化的特性曲线，其中 U_T 称为开启电压，硅二极管约为 0.5～0.7V，锗二极管约为 0.3V。图 2-2 是二极管的开关等效电路，导通时二极管可等效为一个具有压降 U_D 的闭合开关，截止时二极管可等效为一个断开的开关。

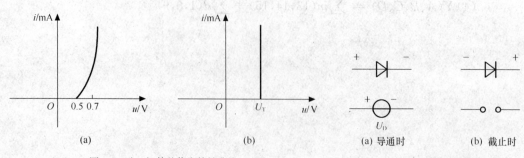

| (a) | (b) | (a) 导通时 | (b) 截止时 |

图 2-1　硅二极管的伏安特性曲线　　　　图 2-2　二极管的开关等效电路

2. 反向恢复时间

二极管从截止变为导通和从导通变为截止都需要一定的时间。通常后者所需的时间长得多。二极管从导通到截止所需的时间，称为二极管的反向恢复时间 t_{re}，一般为纳秒数量级（通常 $t_{re} \leqslant 5\text{ns}$）。如果输入信号的频率非常高，应当考虑选择 t_{re} 小于输入信号负半周持续时间的开关二极管，否则二极管会失去单向导电作用。

2.1.2 三极管的开关特性

在数字电路中，晶体三极管（简称三极管）通常工作在饱和和截止两种开关状态，并在这两种状态之间进行快速转换。了解三极管的静态开关特性及开关等效电路，对分析实际电路十分必要。

1. 三种工作状态的条件及特点

三极管的输出特性曲线如图 2-3（b）所示，它有截止、放大和饱和三个工作区，与此相对应的有截止、放大及饱和三种工作状态。在数字电路中，三极管作为开关元件，主要工作在截止区和饱和区，放大区只是过渡状态。下面以图 2-3（a）所示电路为例，说明三极管工作于三种工作状态的情况。

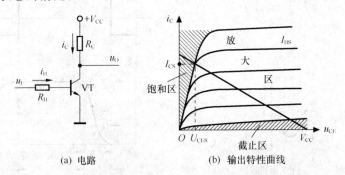

(a) 电路　　　　　(b) 输出特性曲线

图 2-3　三极管的三种工作状态

（1）截止状态

当发射结反偏，三极管 VT 处于截止状态，三极管的三个极可视为断开，其等效电路如图 2-4（a）所示。

（2）放大状态

当 $u_1 > U_T$ 时，发射结正偏，集电结反偏，集电极电流 i_C 随 i_B 而变，并满足 $i_C = \beta i_B$ 的关系（β 是三极管的共射电流放大系数）。

（3）饱和状态

若 u_1 继续增大，当 $i_B \geqslant I_{BS}$（I_{BS} 为临界饱和基极电流）时，i_B 增大 i_C 不再增大，i_C 达到最大值 I_{CS}（I_{CS} 称为集电极饱和电流）。这时，三极管失去放大能力，进入饱和状态。三极管饱和时，集电极和发射极之间的压降 U_{CES} 很小（硅管约为 0.3V，锗管约为 0.1V），且集电结和发射结均处于正偏状态。根据图 2-3（a）电路可以计算出

$$I_{CS} = (V_{CC} - U_{CES})/R_C$$

$$I_{BS} = I_{CS}/\beta$$

通常用饱和深度系数 S 来表示三极管饱和的程度，其表达式为

$$S = I_B/I_{BS}$$

S 越大，饱和越深。通常 S 取 $2\sim5$。

三极管饱和时，对于硅管来说，$U_{BES}=0.7V$，$U_{CES}=0.3V$，三极管 c、e 之间如同具有 0.3V 压降的闭合开关，其等效电路如图 2-4（b）所示。

2. 三极管的开关时间

三极管由饱和转换到截止，或由截止转换到饱和均需要时间，也就是说三极管具有开关时间。三极管从截止转换到饱和导通所需的时间称为开启时间，用 t_{on} 表示；由饱和转换到截止所需的时间称为关闭时间，用 t_{off} 表示。

（1）开启时间 t_{on}

在图 2-5 所示的例子中，当输入信号从 $-U_{B1}$ 跳变到 $+U_{B2}$ 时，三极管不会立即导通，而是先经过一段延迟时间 t_d，这是三极管从截止区进入放大区所需的时间，即 i_C 由 0 上升到 $0.1I_{CS}$ 所需的时间；再经过一段上升时间 t_r，这是三极管从开始导通到进入饱和区所需的时间，即 i_C 从 $0.1I_{CS}$ 上升到 $0.9I_{CS}$ 所需的时间。

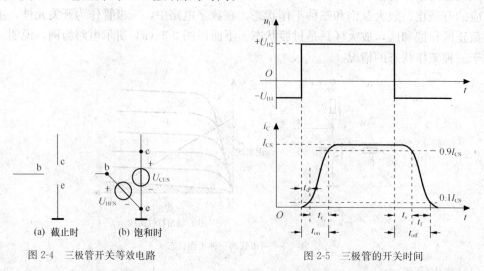

图 2-4　三极管开关等效电路　　　　　图 2-5　三极管的开关时间

开启时间 t_{on} 为延迟时间 t_d 与上升时间 t_r 之和，即 $t_{on}=t_d+t_r$。

（2）关闭时间 t_{off}

当输入信号从 $+U_{B2}$ 跳变到 $-U_{B1}$ 时，三极管也不会立即截止，而是先经过一段存储时间 t_s，这是三极管退出饱和开始进入放大区所需的时间，即从输入信号负跳变瞬间开始到 i_C 下降到 $0.9I_{CS}$ 所需要的时间；再经过一段下降时间 t_f，即 i_C 从 $0.9I_{CS}$ 下降到 $0.1I_{CS}$ 所需的时间，然后 i_C 才会下降为 0，三极管退出放大区进入截止状态。

关闭时间 t_{off} 为存储时间 t_s 与下降时间 t_f 之和，即 $t_{off}=t_s+t_f$。

三极管的开关时间一般在纳秒数量级。通常 $t_{off}>t_{on}$，因此 t_{off} 是影响三极管开关速度的最主要原因。三极管饱和越深，t_s 就越长。

2.2　基本逻辑门电路

基本逻辑运算在第 1 章已做过介绍，本节介绍简单的二极管门电路，作为逻辑门电路的基础。

2.2.1 二极管与门

图 2-6（a）是一个由二极管组成的与门，图 2-6（b）是它的逻辑符号。图中 A、B 为输入端，F 为输出端。输入信号为 +3V 或 0V，电源电压 +V_{cc} 为 +12V。分析电路的工作原理，很容易得出表 2-1 的输入与输出电压之间的关系。

表 2-1　　　　　　　　　　　　电路输入与输出电压的关系

A	B	F
0V	0V	0.7V
0V	3V	0.7V
3V	0V	0.7V
3V	3V	3.7V

如果用逻辑 1 表示高电平（此例为 +3V 及其以上），用逻辑 0 表示低电平（此例为 0.7V 以下），则可以列出图 2-6（a）电路的逻辑真值表，如表 2-2 所示。

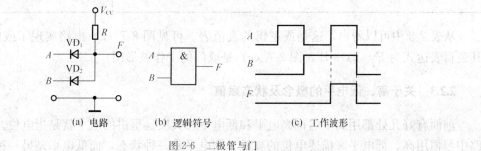

(a) 电路　　　　(b) 逻辑符号　　　　(c) 工作波形

图 2-6　二极管与门

表 2-2　　　　　　　　　　图 2-6（a）电路的逻辑真值表

A	B	F
0	0	0
0	1	0
1	0	0
1	1	1

从表 2-2 中可以看出，这是与逻辑的真值表，可见图 2-6（a）电路实现了与逻辑功能，其逻辑表达式为 $F = AB$，故图 2-6（a）电路称为与门。用波形图可以表示电路的逻辑功能，图 2-6（c）是与门的工作波形图。

2.2.2 二极管或门

图 2-7（a）是一个由二极管组成的或门，图 2-7（b）是它的逻辑符号。按照上面分析

与门的方法，规定逻辑 1 表示高电平（高电平为＋3V）、逻辑 0 表示低电平（低电平为 0V），可以得出图 2-7（a）电路的真值表（见表 2-3）。

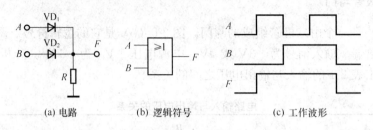

(a) 电路　　　　　　(b) 逻辑符号　　　　　　(c) 工作波形

图 2-7　二极管或门

表 2-3　　　　　　　　　　图 2-7（a）电路的逻辑真值表

A	B	F
0	0	0
0	1	1
1	0	1
1	1	1

从表 2-3 中可以看出，这是或逻辑的真值表。可见图 2-7（a）电路实现了或门的功能，其逻辑表达式为 $F = A + B$，图 2-7（c）是或门的工作波形图。

2.2.3　关于高、低电平的概念及状态赋值

前面有好几处都用到了名词高电平和低电平，其实这里讲的电平就是指电位。在数字电路中习惯用高、低电平来描述电位的高低。高电平是一种状态，而低电平是另一种状态，它们表示的是一定的电压范围。例如在后面讲到的 TTL 电路中，通常规定高电平的额定值为 3V，但从 2V 到 5V 都算高电平；低电平的额定值为 0.3V，但从 0V 到 0.8V 都算作低电平。

在数字电路中，经常用逻辑 0 和逻辑 1 来表示电平的低和高，比如用 0 表示低电平，用 1 表示高电平。这种用逻辑 0 和 1 表示输入、输出电平高低的过程称为逻辑赋值，经过逻辑赋值之后可以得到逻辑电路的真值表，便于进行逻辑分析。

2.2.4　非门（反相器）

图 2-8（a）电路是一个基本反相器电路，它的开关性能已在 2.1 节中讨论过。若满足输入信号为高电平时，三极管 VT 饱和，输出 F 为低电平（约 0.3V）；输入信号为低电平时，三极管 VT 截止，输出为高电平（约为＋V_{cc}），电路就可以实现反相器（非门）的逻辑功能。如果规定逻辑 1 表示高电平、逻辑 0 表示低电平，当输入高电平时，三极管饱和，输出为 0.3V，即输出为逻辑 0；当输入为高电平时，三极管截止，输出为＋V_{cc}，即输出为逻辑 1。可见，输入为 1，则输出为 0；输入为 0，则输出为 1，实现了非门的逻辑功能，图 2-8（b）为电路的逻辑符号，其真值表如表 2-4 所示。

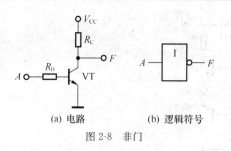

<table>
<tr><td>表 2-4</td><td>图 2-8 电路的真值表</td></tr>
</table>

A	F
0	1
1	0

(a) 电路　　　　(b) 逻辑符号

图 2-8　非门

2.2.5　关于正逻辑和负逻辑的概念

1. 正负逻辑的规定

在数字电路中，输入和输出一般都用电平表示。当对高低电平进行逻辑赋值时，有两种体制，如果用 1 表示高电平，用 0 表示低电平，则称为正逻辑体制，如果用 1 表示低电平，用 0 表示高电平，则称为负逻辑体制。

2. 正负逻辑的转换

对于同一个门电路，可以采用正逻辑，也可以采用负逻辑。但是，逻辑体制确定之后，门的功能也就确定了。同一个门电路，对正、负逻辑而言，其逻辑功能是不同的，例如，正与门相当于负或门，正与非门相当于负或非门。

本书若无特殊说明，一律采用正逻辑体制。

2.3　TTL 反相器

TTL 逻辑门电路是一种数字集成电路。这种门电路于 20 世纪 60 年代问世，经过多次电路结构和工艺方面的改进，至今仍广泛应用于各种数字电路和系统中。由于这种集成门电路的输入和输出结构均采用半导体三极管，故称晶体管—晶体管逻辑门电路，简称 TTL 电路。

TTL 电路的基本环节是反相器。下面分别讨论 TTL 反相器的工作原理、特性曲线及主要参数。

2.3.1　TTL 反相器的工作原理

TTL 反相器的基本电路如图 2-9 所示，该电路由三个部分组成：VT_1 组成的输入级，VT_2 组成的中间级，VT_3、VT_4 和 VD 组成的输出级。下面分析电路的工作原理（主要分析电路的逻辑关系）。

（1）当输入高电平时，$u_1 = 3.6V$，VT_1 处于倒置工作状态，电源 V_{CC} 通过 R_1 和 VT_1 集电极向 VT_2 和 VT_4 提供基极电流，使 VT_2 和 VT_4 饱和，输出为低电平，$u_O = 0.3V$。倒置工作状态是指三极管的发射极和集电极的作用倒置使用的状态，在倒置工作状态，三极管的集电结正偏，而发射结反偏。

（2）当输入为低电平时，$u_1 = 0.3V$，VT_1 发射结导通，u_{B1} 等于输入低电平加上发射结正向压降，即 $u_{B1} = 0.3V + 0.7V = 1V$，$VT_2$ 和 VT_4 均截止，而 V_{CC} 通过 R_2 提供基极电流使 VT_3 和 VD 导通。此时，输出电压为高电平

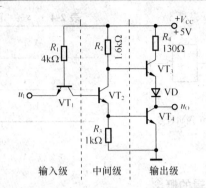

图 2-9　TTL 反相器的基本电路

$$u_O = V_{CC} - U_{BE3} - U_D \approx 5V - 0.7V - 0.7V = 3.6V$$

可见，电路实现了反相器的逻辑功能：输入高电平，输出为低电平；输入低电平，输出为高电平。

（3）采用推拉式输出级有利于提高开关速度和负载能力

图 2-9 电路采用了 VT_3 和 VT_4 组成的推拉式输出级，其中 VT_3 组成射极输出器。这种输出级的优点是，既能提高开关速度，又能提高负载能力。

当输入高电平时，VT_4 饱和。由于 $u_{B3} = u_{C2} = 0.3V + 0.7V = 1V$，$VT_3$ 和 VD 处于截止状态，VT_4 的集电极电流可以全部用来驱动负载。

当输入低电平时，VT_4 截止，VT_3 导通，且 VT_3 为射极输出器，其输出电阻很小，带负载能力很强。

从以上分析可以看出，无论输入为高电平还是低电平，VT_3 和 VT_4 总是处于一管导通而另一管截止的状态，采用推拉式工作方式，带负载能力很强。

另外，由于 VT_1 和 VT_2 的放大作用，反相器的开关速度有较大提高。

2.3.2　TTL 反相器的电压传输特性

输出电压 u_O 与输入电压 u_I 的关系曲线称为电压传输特性。图 2-10 是图 2-9 所示 TTL 反相器电路的电压传输特性。

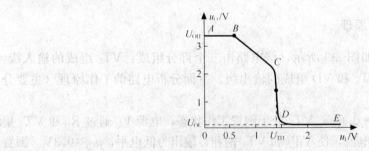

图 2-10　TTL 反相器电路的电压传输特性

1. 曲线分析

由图 2-10 可见，TTL 反相器的电压传输特性分为 AB、BC、CD 和 DE 四段。现分别讨论如下。

AB 段：此时输入电压 u_I 很低（<0.6V），VT_1 的发射结正向偏置。在稳定状态下，

VT_1 饱和，VT_2 和 VT_4 截止，VT_3 导通，电路输出高电平，该段称为截止区，门电路处于关门状态。

BC 段：当输入电压 u_1 增加，使 VT_2 导通，但 VT_4 仍然处于截止状态时，由于 VT_2 的放大作用，使得 $u_1 \uparrow \to u_{B2} \uparrow \to i_{C2} \uparrow \to u_{C2} \downarrow$，$u_O$ 将线性下降。*BC* 段称为线性区。

CD 段：当 u_1 继续增加，VT_2 和 VT_4 同时导通，由于 VT_2 和 VT_4 的放大作用，使得 u_O 迅速下降。*CD* 段称为转折区。

DE 段：由于 u_1 继续增加，使得 VT_2 和 VT_4 均饱和，VT_3 截止，电路输出低电平，*DE* 段称为饱和区，门电路处于开门状态。

2. 结合电压传输特性介绍几个参数

（1）输出高电平 U_{OH}

电压传输特性曲线截止区的输出高电平为 U_{OH}。一般规定，TTL 反相器 U_{OH} 的典型值为 3V。

（2）输出低电平 U_{OL}

电压传输特性曲线饱和区的输出低电平为 U_{OL}。一般规定，TTL 反相器 U_{OL} 的典型值为 0.3V。

（3）开门电平 U_{ON}

在保证输出为额定低电平的条件下，允许的最小输入高电平的数值，称为开门电平 U_{ON}。一般要求 $U_{ON} \leqslant 1.8V$。

（4）关门电平 U_{OFF}

在保证输出为额定高电平的条件下，允许的最大输入低电平的数值，称为关门电平 U_{OFF}。一般要求 $U_{OFF} \geqslant 0.8V$。

（5）阈值电压 U_{TH}

电压传输特性曲线转折区中点所对应的 u_1 值称为阈值电压 U_{TH}（又称门坎电平）。通常 $U_{TH} \approx 1.4V$。

（6）噪声容限

噪声容限也称抗干扰能力，是用来说明门电路抗干扰能力的参数，它反映门电路在多大的干扰电压下仍能正常工作。

① 低电平噪声容限 U_{NL}：

$$U_{NL} = U_{OFF} - U_{IL}$$

式中，U_{IL} 为电路输入的低电平典型值。若 $U_{OFF} = 0.8V$，则有

$$U_{NL} = 0.8 - 0.3 = 0.5 \text{ (V)}$$

② 高电平噪声容限 U_{NH}：

$$U_{NH} = U_{IH} - U_{ON}$$

式中，U_{IH} 为电路输入的高电平典型值。若 $U_{ON} = 1.8V$，则有

$$U_{NH} = 3 - 1.8 = 1.2 \text{ (V)}$$

很显然，U_{NL} 和 U_{NH} 越大，电路的抗干扰能力越强。

2.3.3 TTL 反相器的输入特性和输出特性

为了正确处理 TTL 反相器之间以及 TTL 反相器与其他电路之间的连接问题，必须对 TTL 反相器的输入特性和输出特性有一个清楚的了解。

1. 输入伏安特性

TTL 反相器的输入伏安特性，是指输入电压和输入电流之间的关系曲线。如图 2-11 (a) 所示，在 TTL 反相器输入端加输入电压 u_1，若规定输入电流以流入输入端为正，则可以得到图 2-11 (b) 所示的输入伏安特性曲线。

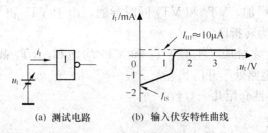

(a) 测试电路　　　　(b) 输入伏安特性曲线

图 2-11　TTL 反相器的输入伏安特性

从曲线可以得到两个重要的电流参数。

(1) 输入短路电流 I_{IS}

当 $u_1 = 0V$ 时，i_1 从输入端流出。由于 VT_2 尚未导通，故有

$$i_1 = -(V_{CC} - U_{BE1})/R_1 = -(5 - 0.7)/4 \text{ mA} \approx -1.1\text{mA}$$

即 $I_{IS} = 1.1\text{mA}$。当 TTL 反相器作为前级电路的负载时，若前级电路输出为低电平，TTL 反相器的输入短路电流 I_{IS} 就是流入（或称灌入）前级电路输出端的负载电流，其大小将直接影响前级电路。

(2) 高电平输入电流 I_{IH}

当输入为高电平时，VT_1 的发射结反偏，集电结正偏，处于倒置工作状态，倒置工作的三极管电流放大系数 $\beta_{反}$ 很小（约在 0.01 以下），所以

$$i_1 = I_{IH} = \beta_{反} \ i_{B2}$$

从曲线也可以看出 I_{IH} 很小，约为 $10\mu A$ 左右。当 TTL 反相器作为前级电路的负载时，若前级电路输出为高电平，TTL 反相器的高电平输入电流 I_{IH} 就是从前级电路输出端流出（或者说拉出）的负载电流。

2. 输入负载特性

输入负载特性是指 TTL 反相器的输入端对地接上电阻 R_1 时，u_1 随 R_1 的变化而变化的关系曲线。当 TTL 反相器输入端接有如图 2-12 (a) 所示的电阻 R_1 时，改变电阻 R_1 的大小可以得到如图 2-12 (b) 所示的输入负载特性曲线。

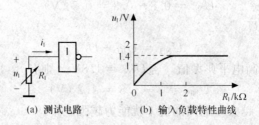

(a) 测试电路　　　　(b) 输入负载特性曲线

图 2-12　输入负载特性曲线

从曲线可以看出，在一定范围内，u_1 随 R_1 的增大而升高。但当输入电压 u_1 达到 1.4V 以后，$u_{B1} = 2.1V$，R_1 增大，由于 u_{B1} 不变，故 $u_1 = 1.4V$ 也不变。这时 VT_2 和 VT_4 饱和导通，输出为低电平。

由以上分析可知，当 R_1 比较小时，门电路处于关门状态，输出为高电平；当 R_1 较大时，门电路处于开门状态，输出为低电平；当 R_1 不大不小时，门电路工作在线性区或转折区。由输入负载特性引入两个名词：

关门电阻 R_{OFF}——在保证门电路输出为额定高电平的条件下，所允许的 R_1 的最大值称为关门电阻。典型的 TTL 门电路 $R_{OFF} \approx 0.7 \mathrm{k\Omega}$。

开门电阻 R_{ON}——在保证门电路输出为额定低电平的条件下，所允许的 R_1 的最小值称为开门电阻。典型的 TTL 门电路 $R_{ON} \approx 2 \mathrm{k\Omega}$。

3. 输出特性

输出特性是指输出电压与输出电流之间的关系曲线。

(1) 输出高电平时的输出特性

TTL 反相器输出高电平时的输出特性可从图 2-13 (a) 所示的电路分析得到，图 2-13 (b) 画出了输出高电平时的输出特性曲线。当输入为低电平时，VT_2、VT_4 截止，VT_3、VD 导通，输出为高电平。当输出端空载时，$U_{OH} = 3.6 \mathrm{V}$；如果输出端接有负载电阻 R_L，则形成从输出端拉出的负载电流 i_L（这种负载称为拉电流负载）。从曲线中看出，当负载电流 i_L 小于 5 mA 时，u_O 基本不变；当 i_L 过大时，U_{OH} 降低。一般负载电流 i_L 小于 10 mA，门电路可以正常工作。电路在正常使用时，应当控制负载电流 i_L 的大小，以保证电路输出的高电平在允许的范围内。

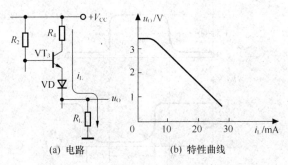

(a) 电路　　　　(b) 特性曲线

图 2-13　输出高电平时的输出特性

(2) 输出低电平时的输出特性

TTL 反相器输出低电平时的输出特性可从图 2-14 (a) 所示的电路分析而得到，图 2-14 (b) 画出了输出高电平时的输出特性曲线。

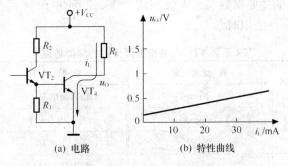

(a) 电路　　　　(b) 特性曲线

图 2-14　输出低电平时的输出特性

当输入高电平时，VT_2、VT_4 饱和，VT_3 截止，输出为低电平。当输出端空载时，U_{OL}

约为 0.1V；当外接负载电阻 R_L 时，形成灌入输出端的负载电流 i_L（这种负载称为灌电流负载）。从曲线中看出，随着负载电流 i_L 增加，U_{OL} 也会增加，但上升比较慢。一般灌电流在 20 mA 以下时，电路可以正常工作。典型 TTL 反相器的灌电流负载为 12.8 mA。

2.3.4　TTL 反相器的主要参数

TTL 反相器的许多参数已经在讨论它的各种特性时介绍过，下面主要介绍 TTL 反相器的平均传输延迟时间。

1. 平均传输延迟时间 t_{Pd}

TTL 反相器是由三极管构成的，而三极管存在开关时间，所以在 TTL 反相器的输入端加上矩形波时，输出端的波形相对于输入波形有一段延迟。传输延迟时间 t_{Pd} 是表征门电路开关速度的参数。

图 2-15 画出了 TTL 反相器输入波形和对应的输出波形。从图中可以看出，输入波形从低电平转换到高电平时，输出波形要延迟一段时间才从高电平转换到低电平，这段时间用 t_{PHL} 来表示；输入波形从高电平转换到低电平时，输出波形要延迟一段时间才从低电平转换到高电平，这段时间用 t_{PLH} 来表示。通常用平均延迟时间 t_{Pd} 来表示门电路的开关速度：

$$t_{Pd} = (t_{PLH} + t_{PHL})/2$$

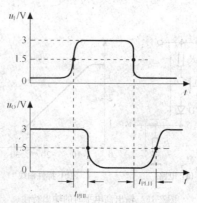

图 2-15　TTL 反相器的平均延迟时间

2. TTL 门电路主要参数的典型数据

前面我们以 TTL 反相器为例介绍了 TTL 门电路的主要参数，实际上后面将要介绍的其他类型 TTL 门电路的主要参数与此大致相同。表 2-5 列出了 74 系列 TTL 门电路主要参数的典型数据，供大家在使用时参考。

表 2-5　　　　　　　　　　74 系列 TTL 门电路主要参数的典型数据

参 数 名 称	典 型 数 据	参 数 名 称	典 型 数 据
导通电源电流 I_{CCL}	≤10 mA	输入漏电流 I_{IH}	≤70μA
截止电源电流 I_{CCH}	≤5 mA	开门电平 U_{ON}	≤1.8 V
输出高电平 U_{OH}	≥3 V	关门电平 U_{OFF}	≥0.8 V
输出低电平 U_{OL}	≤0.35 V	平均传输时间 t_{Pd}	≤30 ns
输入短路电流 I_{IS}	≤2.2 mA		

2.4　其他类型 TTL 门电路

2.4.1　TTL 与非门

1. TTL 与非门的电路结构及工作原理

图 2-9 所示的基本 TTL 反相器很容易改变成为多输入端的与非门。它的主要特点是在电路的输入端采用了多发射极的三极管，如图 2-16 所示。多发射极三极管的每一个发射极能各自独立形成正向偏置的发射结，并可使三极管进入放大或饱和区。

图 2-17（a）电路是一个采用了多发射极管的三输入 TTL 与非门电路。不难看出，当任一个输入端为低电平时，VT_1 的发射结将正向导通，使得 VT_2、VT_4 截止，结果导致输出为高电平。只有当全部输入端为高电平时，VT_1 处于倒置工作状态，VT_2、VT_4 均饱和，VT_3 截止，使输出为低电平。

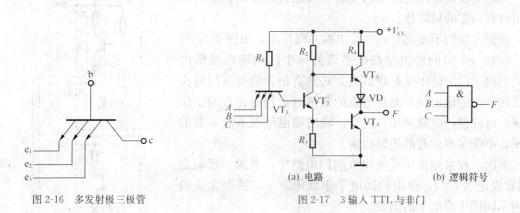

图 2-16　多发射极三极管　　　　　　图 2-17　3 输入 TTL 与非门

对于图 2-17（a）电路，若输入有低电平，则输出为高电平；只有输入全为高电平，输出才为低电平，实现了与非门的逻辑功能。故图 2-17（a）电路可用图 2-17（b）的逻辑符号来表示。

2. TTL 门电路的改进系列

图 2-17（a）介绍的是最基本的 TTL 与非门。为了提高工作速度，降低功耗，提高抗干扰能力，各生产厂家对门电路作了多次改进。国际上常用的有 SN54/74 标准系列、SN54H/74H 高速系列、SN54S/74S 肖特基系列、SN54LS/74LS 低功耗肖特基系列以及 SN54ALS/74ALS 低功耗肖特基高速系列。

74 系列与 54 系列的电路具有完全相同的电路结构和电气性能参数。所不同的是，54 系列比 74 系列的工作温度范围更宽，电源允许的工作范围更大。74 系列的工作环境温度规定范围为 0～70℃，电源电压工作范围为 5V±5%；而 54 系列的工作环境温度为 −55℃～125℃，电源电压工作范围为 5V±10%。

为了便于比较，表 2-6 中列出了不同系列 TTL 门电路的平均传输延迟时间和功耗，供读者在选用时参考。

系 列 参 数	54/74	54H/74H	54S/74S	54LS/74LS	54ALS/74ALS
t_{Pd}（ns）	10	6	4	10	4
P/门（mw）	10	22.5	20	2	1

表 2-6 　　　　　　　　　　不同系列 TTL 门电路的比较

除了与非门，TTL 门电路的产品还有很多。比如 74LS04 是六反相器，74LS00 是四 2 输入与非门，74LS02 是四 2 输入或非门、74LS32 是四 2 输入或门等。

对于不同系列的 TTL 器件，只要器件型号的后几位数码一样，则它们的逻辑功能、外形尺寸、引脚排列就完全相同。例如，7420、74H20、74S20、74LS20 都是二 4 输入与非门，都采用 14 条引脚双列直插式封装，而且各引脚的位置也是相同的。

2.4.2 集电极开路门（OC 门）

1. 集电极开路门的电路结构

虽然推拉式输出电路结构具有负载能力很强的优点，但使用时有一定的局限性。

首先，我们不能把它们的输出端并联使用。由图 2-18 可见，倘若一个门的输出是高电平而另一个门的输出是低电平，当两个门的输出端并联以后，必然有很大的电流同时流过这两个门的输出级，而且电流的数值远远超过正常的工作电流，可能使门电路损坏。同时，输出端也呈现不高不低的电平，不能实现应有的逻辑功能。

其次，在采用推拉式输出级的门电路中，电源一经确定（通常规定为 5V），输出的高电平也就固定了，因而无法满足对不同输出高电平的需要。

集电极开路门（简称 OC 门）就是为克服以上局限性而设计的一种 TTL 门电路。OC 门的输出级是集电极开路的。图 2-19（a）所示电路是一个集电极开路的 TTL 与非门，图 2-19（b）所示逻辑符号中的"◇"表示集电极开路。

应当说明，如图 2-19 所示的 TTL 门电路必须外接集电极负载电阻，才能实现与非门的逻辑功能。

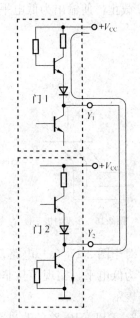

图 2-18　推拉式输出级并联的情况

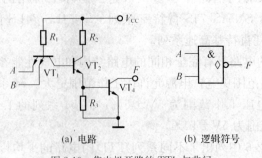

(a) 电路　　　　　　(b) 逻辑符号

图 2-19　集电极开路的 TTL 与非门

2. OC 门的应用举例

（1）OC 门的输出端并联，实现线与功能

图 2-20 电路是两个集电极开路的与非门并联使用的实例。R_L 为外接负载电阻。

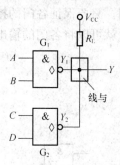

图 2-20　OC 门的输出端并联实现线与功能

不难看出，$Y_1 = AB$、$Y_2 = CD$，但 Y_1 和 Y_2 并联之后，只要 Y_1 和 Y_2 中有一个是低电平，Y 就是低电平；只有 Y_1 和 Y_2 都为高电平，Y 才是高电平。可见，$Y = Y_1 \cdot Y_2$，Y 和 Y_1、Y_2 之间的连接方式称为"线与"。显然有

$$Y = Y_1 \cdot Y_2 = \overline{AB} \cdot \overline{CD} = \overline{AB + CD}$$

也就是说，将两个 OC 门结构的与非门按照线与方式连接之后可以实现与或非逻辑功能。

可以将若干个 OC 门的输出端并联使用，但应考虑各种情况，选择好 R_L 的数值。

（2）用 OC 门实现电平转换

图 2-21 是一个用 OC 门实现电平转换的电路。由于外接电阻 R_L 接 +15V 电源电压，从而使门电路的输出高电平转换为 +15V。但是，应当注意选用输出管耐压比较高的 OC 门电路，否则会因为电压过高造成输出管损坏。

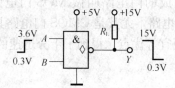

图 2-21　用 OC 门实现电平转换的电路

2.4.3　三态输出门电路（TS 门）

三态输出门（简称 TS 门）是在普通门的基础上附加控制电路而构成的。图 2-22 给出了三态门的电路图及逻辑符号，逻辑符号中的"▽"表示输出为三态。

从图 2-22（a）中可以看出，当控制端 $\overline{EN}$ 为低电平时，P 点为高电平，二极管 VD 截止，电路的工作状态和普通的与非门没有区别，$Y = \overline{AB}$，输出可能是高电平也可能是低电平，输出状态由 A、B 输入的状态而定。而当控制端 $\overline{EN}$ 为高电平时，P 点为低电平，二极管 VD 导通，使得 VT_3 和 VT_4 均截止，输出端呈现高阻状态。这样，门电路的输出就有三种可能出现的状态：高阻、高电平、低电平。故将这种门电路叫做三态输出门。

因为当控制端 $\overline{EN} = 0$ 时，门电路为正常的与非工作状态，所以称控制端低电平有效。图 2-22（b）是图 2-22（a）电路的逻辑符号。由于 $\overline{EN}$ 是低电平有效，故在输入端加"○"

表示。有些三态门控制端是高电平有效，当 $EN=1$ 时，门电路处于工作状态，其逻辑符号如图 2-22（c）所示。

三态输出门的主要用途是实现总线传输，图 2-23 就是一个实际例子。图中 $G_1 \sim G_n$ 均为控制端高电平有效的三态输出与非门。只要保证各门的控制端 EN 轮流为高电平，且在任何时刻只有一个门的控制端为高电平，就可以将各门的输出信号互不干扰地轮流送到公共的传输线——数据总线上。

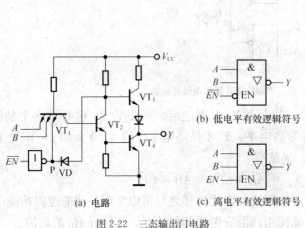

(b) 低电平有效逻辑符号

(a) 电路

(c) 高电平有效逻辑符号

图 2-22　三态输出门电路

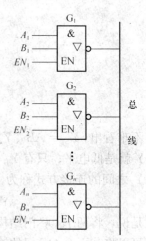

图 2-23　用三态门实现总线传输

2.5　CMOS 门电路

以 MOS 管作为开关元件构成的门电路叫做 MOS 门电路，就逻辑功能而言，它们与 TTL 门电路并无区别。MOS 门电路，尤其是 CMOS 门电路具有制造工艺简单、集成度高、抗干扰能力强、功耗低、价格便宜等优点，得到了十分迅速的发展。

2.5.1　CMOS 反相器

1. MOS 管的开关特性

（1）NMOS 管的开关特性

NMOS 管有增强型和耗尽型两种，在数字电路中，采用增强型的比较多。NMOS 管的电路符号和转移特性如图 2-24 所示，通常源极 S 和衬底 B 连在一起，漏极 D 接正电源。栅极 G 加正向电压并超过开启电压 U_T（即 $u_{GS} > U_T$）时，NMOS 管导通（导通电阻相当小）；当 $u_{GS} < U_T$ 时，NMOS 管截止。

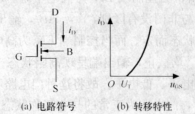

(a) 电路符号　　　(b) 转移特性

图 2-24　NMOS 管的电路符号及转移特性

（2）PMOS 管的开关特性

图 2-25 是增强型 PMOS 管的电路符号和转移特性。与 NMOS 管不同，通常 PMOS 管的漏极 D 接负电源。栅极 G 加反向电压并低于开启电压 U_T（即 $u_{GS} < U_T$，U_T 为负值）时，PMOS 管导通（导通电阻相当小）；$u_{GS} > U_T$ 时，PMOS 管截止。

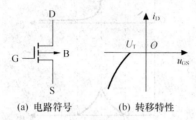

(a) 电路符号　　　(b) 转移特性

图 2-25　PMOS 管的电路符号和转移特性

2. CMOS 反相器的工作原理

CMOS 反相器的基本电路结构如图 2-26 所示。其中 VT_P 为 PMOS 管，VT_N 为 NMOS 管。VT_P 的源极接 $+V_{DD}$，VT_N 的源极接地，VT_P 和 VT_N 的漏极相连作为输出端，两管的栅极相连作为输入端。设 VT_P 和 VT_N 的开启电压 $|U_{TP}| = U_{TN}$，且小于 V_{DD}。通常将 VT_P 称为负载管，VT_N 称为驱动管。

（1）当 $u_I = U_{IL} = 0V$ 时，VT_N 截止，VT_P 导通，$u_O = U_{OH} \approx V_{DD}$。

（2）当 $u_I = U_{IH} = V_{DD}$ 时，VT_N 导通，VT_P 截止，$u_O = U_{OL} \approx 0V$。

可见，图 2-26 电路实现了反相器的功能。

不难看出，无论 u_I 为高电平还是低电平，VT_P 和 VT_N 总是一管导通而另一管截止，流过 VT_P 和 VT_N 的静态电流极小（纳安数量级），因而 CMOS 反相器的静态功耗极小。这是 CMOS 电路最突出的优点之一。

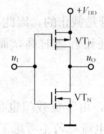

图 2-26　CMOS 反相器

3. 电压传输特性和电流传输特性

CMOS 反相器的电压传输特性和电流传输特性如图 2-27 所示。下面简单分析 CMOS 反相器的这两种特性。

（1）AB 段：$u_I < U_{TN}$，VT_N 截止、VT_P 导通，输出 u_O 为高电平，$U_{OH} \approx V_{DD}$。由于驱动管截止，该段称为截止区。该区 i_D 为 0。

（2）BC 段：$U_{TN} < u_I < V_{DD} - |U_{TP}|$，$VT_P$ 和 VT_N 均导通，由于在这一段，VT_P 将从导通转变为截止，而 VT_N 将从截止转变为导通，故该段称为转折区。若两管对称，当输入 $u_I = V_{DD}/2$ 时，输出 $u_O = V_{DD}/2$。故 CMOS 反相器的阈值电压 $U_{TH} \approx V_{DD}/2$。

（3）CD 段：$u_I > V_{DD} - |U_{TP}|$，VT_N 导通，VT_P 截止，输出 u_O 为低电平，$U_{OL} \approx 0V$。由于驱动管 VT_N 导通，故该段称为导通区。

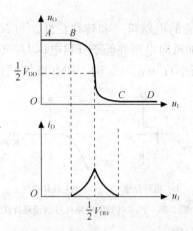

图 2-27　CMOS 反相器的电压传输特性和电流传输特性

从 CMOS 反相器的电压传输特性可以看到，不仅 CMOS 反相器的 U_{TH} 为 $V_{DD}/2$，而且转折区的变化率很大，因此，它非常接近于理想的开关特性。CMOS 反相器的抗干扰能力很强，输入噪声容限可达到 $V_{DD}/2$。

从 CMOS 反相器的电流传输特性可以看到，在 BC 段，由于 VT_P 和 VT_N 同时导通，VT_P 和 VT_N 均有电流 i_D 流过，而且在 $u_1 = V_{DD}/2$ 时，i_D 达到最大值，在使用时应尽量避免 CMOS 反相器长期工作在 BC 段。也就是说，在使用 CMOS 反相器时应当充分考虑到它的动态功耗，否则会造成电路的损坏。

4. CMOS 电路的优点

根据以上分析，不难看出 CMOS 电路有以下优点。

（1）功耗小

在静态时，VT_P 和 VT_N 总有一管是截止的，因此 CMOS 电路静态电流很小，约为纳安数量级。虽然 CMOS 电路的动态功耗比静态时高，而且工作频率越高动态功耗越大，但 CMOS 电路仍比双极型的功耗小得多。

（2）负载能力强

CMOS 电路在带同类门的情况下，由于负载门也是 CMOS 电路，输入电阻值很高，几乎不从前级取电流，也不会向前级灌电流，若不考虑工作速度，门的带负载能力几乎是无限的。考虑到 MOS 管存在输入电容，CMOS 电路可以带 50 个同类门以上。

（3）电源电压范围宽

CMOS 电路通常使用的电源电压和 TTL 电路一样为 5V，但多数 CMOS 电路可在 3～18V 的电源电压范围内正常工作。CMOS 电路的电源电压范围宽，给使用上带来许多方便。电源电压低对于减小功耗十分有利，电源电压高可以提高电路的抗干扰能力。

2.5.2　其他类型的 CMOS 门电路

1. CMOS 或非门

图 2-28 为两输入端的 CMOS 或非门电路，其中，两个 NMOS 管 VT_{N1} 和 VT_{N2} 并联作为驱动管，两个 PMOS 管 VT_{P1} 和 VT_{P2} 串联作为负载管。

当 A、B 输入中只要有一个为高电平，则对应的驱动管导通、负载管截止，输出为低电平；只有当输入全为低电平时，两个驱动管均截止，两个负载管均导通，输出才为高电平。因此该电路具有或非逻辑功能，即 $Y = \overline{A + B}$。

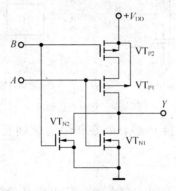

图 2-28　CMOS 或非门

2. CMOS 与非门

图 2-29 电路为二输入端与非门，它的两个驱动管串联，而负载管并联。

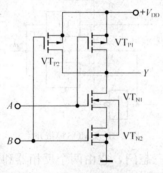

图 2-29　CMOS 与非门

当输入 A、B 中有低电平时，则对应的驱动管截止、负载管导通，输出为高电平；当时输入全为高电平时，两个驱动管均导通，负载管均截止，输出为低电平。因此，该电路具有与非逻辑功能，即 $Y = \overline{AB}$。

3. CMOS 传输门

CMOS 传输门与 CMOS 反相器一样，也是构成各种逻辑电路的一种 CMOS 基本单元。

（1）电路结构

CMOS 传输门如图 2-30 所示。它由 PMOS 的 VT_P 和 NMOS 的 VT_N 互补并联而成。VT_P 的漏极与 VT_N 的源极相连，VT_P 的源极与 VT_N 的漏极相连，两个连接点分别作为输入端和输出端；VT_P 的衬底接 V_{DD}，VT_N 的衬底接地（或电源的负端）。C 和 $\overline{C}$ 是一对互补的控制信号。由于 VT_P 和 VT_N 在结构上对称，所以图中的输入和输出端可以互换，故又称双向开关。

（2）工作原理

若 $C = 1$（接 V_{DD}）、$\overline{C} = 0$（接地），当 $0 < u_1 < (V_{DD} - |U_T|)$ 时，VT_N 导通；而当 $|U_T| < u_1 < V_{DD}$ 时，VT_P 导通；因此，u_1 在 $0 \sim V_{DD}$ 之间变化时，VT_P 和 VT_N 至少有一管导通，使传输门 TG 导通。

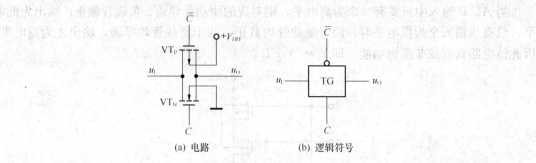

(a) 电路　　　　　　　(b) 逻辑符号

图 2-30　CMOS 传输门

若 $C = 0$（接地）、$\overline{C} = 1$（接 V_{DD}），u_I 在 $0 \sim V_{DD}$ 之间变化时，VT_P 和 VT_N 均截止，即传输门 TG 截止。

（3）应用举例

图 2-31 是一个 CMOS 模拟开关，它由两个 CMOS 传输门和一个反相器构成，C 为控制端。当 $C = 0$ 时，TG_1 导通、TG_2 截止，$u_O = u_{I1}$；当 $C = 1$ 时，TG_1 截止、TG_2 导通，$u_O = u_{I2}$。这样实现了单刀双掷开关的功能。

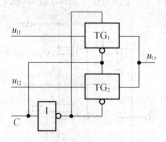

图 2-31　CMOS 模拟开关

图 2-32（a）是一个 CMOS 三态门，它由两个反相器和一个 CMOS 传输门构成。当 $\overline{EN} = 0$ 时，TG 导通，$F = \overline{A}$；当 $\overline{EN} = 1$ 时，TG 截止，F 为高阻输出，从而实现了三态输出。可见，图 2-32（a）是一个三态输出的 CMOS 反相器，图 2-32（b）是其逻辑符号。

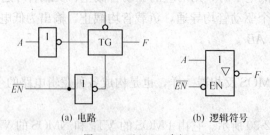

(a) 电路　　　　　　　(b) 逻辑符号

图 2-32　CMOS 三态门

2.6　CMOS 门电路和 TTL 门电路的使用知识及相互连接

2.6.1　CMOS 门电路的使用知识

1. 输入电路的静电保护

CMOS 电路的输入端设置了保护电路，给使用者带来很大方便。但是，这种保护还是有限的。由于 CMOS 电路的输入阻抗高，极易产生感应较高的静电电压，从而击穿 MOS 管栅极极薄的绝缘层，造成器件的永久损坏。为避免静电损坏，应注意以下几点。

（1）所有与 CMOS 电路直接接触的工具、仪表等必须可靠接地。

（2）存储和运输 CMOS 电路，最好采用金属屏蔽层做包装材料。

2. 多余的输入端不能悬空

输入端悬空极易产生感应较高的静电电压，造成器件的永久损坏。对多余的输入端，可以按功能要求接电源或接地，或者与其他输入端并联使用。

2.6.2 TTL 门电路的使用知识

1. 多余或暂时不用的输入端不能悬空

多余或暂时不用的输入端不能悬空，可按以下方法处理：

（1）与其他输入端并联使用。

（2）将不用的输入端按照电路功能要求接电源或接地。比如将与门、与非门的多余输入端接电源，将或门、或非门的多余输入端接地。

2. 电路的安装应尽量避免干扰信号的侵入

为保证电路稳定工作，安装电路时应尽量避免干扰信号的侵入，可按以下方法处理：

（1）在每一块插板的电源线上，并接几十微法的低频去耦电容和 $0.01\sim0.047\mu F$ 的高频去耦电容，以防止 TTL 电路的动态尖峰电流产生干扰。

（2）整机装置应有良好的接地系统。

2.6.3 TTL 门电路和 CMOS 门电路的相互连接

在数字系统中，往往由于工作速度或者功耗指标的要求，需要采用多种逻辑器件混合使用，最常见的就是 TTL 和 CMOS 两种器件混合使用。由于 TTL 和 CMOS 电路的电压和电流参数各不相同，因此，需要采用接口电路。一般需要考虑两个问题：一是要求电平匹配，即驱动门要为负载门提供符合标准的输出高电平和低电平；二是要求电流匹配，即驱动门要为负载门提供足够大的驱动电流。下面我们分别进行讨论。

1. TTL 门驱动 CMOS 门

首先看电平匹配问题，TTL 门作为驱动门，它的 $U_{OH} \geq 2.4V$，$U_{OL} \leq 0.5V$；CMOS 门作为负载门，它的 $U_{IH} \geq 3.5V$，$U_{IL} \leq 1V$。可见，TTL 门的 U_{OH} 不符合要求。再看电流匹配问题，由于 CMOS 电路输入电流几乎为 0，故不存在问题。图 2-33 电路很好地解决了电平匹配问题，它在 TTL 门电路的输出端外接了一个上拉电阻 R_P，使 TTL 门电路的 $U_{OH} \approx 5V$。

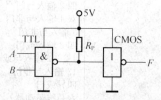

图 2-33 TTL 门驱动 CMOS 门

若电源电压不一致（因为 CMOS 电路的电源电压可选 3V～18V），可选用电平转换电路（如 CC40109）或者采用 TTL 的 OC 门实现电平转换。

2. CMOS 门驱动 TTL 门

首先看电平是否匹配。CMOS 门电路作为驱动门，它的 $U_{OH} \approx 5V$，$U_{OL} \approx 0V$；TTL 门电路作为负载门，它的 $U_{IH} \geqslant 2.0V$，$U_{IL} \leqslant 0.8V$。看来电平匹配是符合要求的。再看电流是否匹配，CMOS 门电路允许的最大灌电流为 0.4mA，而 TTL 门电路的 $I_{IS} \approx 1.4mA$，显然驱动电流不足。具体的解决办法也不难，只要选用缓冲器（比如 CC4009）就可以了，它的驱动电流可达 4mA。

CMOS 电路常用的是 4000 系列，后几位的序号不同，逻辑功能也不同。CMOS 的 54HC/74HC 系列产品可以直接驱动 TTL 电路。

为了方便读者选用，现将 TTL 和 CMOS 系列门电路的主要参数列于表 2-7 之中。这些参数的测试条件在器件手册中有具体说明，此处就不再介绍了。由于生产厂家不同，同一类型产品的性能会有较大差别，故表中提供的参数仅供定性参考。

表 2-7　　　　　　　　　　　　　各种系列门电路的主要参数

参　数 ＼ 系　列	TTL		CMOS	
	74	74LS	4000	74HC
V_{CC}（V）	5	5	5	5
U_{IH}（V）	$\geqslant 2$	$\geqslant 2$	$\geqslant 3.5$	$\geqslant 3.5$
U_{IL}（V）	$\leqslant 0.8$	$\leqslant 0.8$	$\leqslant 1.5$	$\leqslant 1$
U_{OH}（V）	$\geqslant 2.4$	$\geqslant 2.7$	$\geqslant 4.6$	$\geqslant 4.4$
U_{OL}（V）	$\leqslant 0.4$	$\leqslant 0.5$	$\leqslant 0.05$	$\leqslant 0.1$
I_{IH}（μA）	$\leqslant 40$	$\leqslant 20$	$\leqslant 0.1$	$\leqslant 0.1$
I_{IL}（mA）	$\leqslant 1.6$	$\leqslant 0.4$	$\leqslant 0.1 \times 10^{-3}$	$\leqslant 0.1 \times 10^{-3}$
I_{OH}（mA）	$\leqslant 0.4$	$\leqslant 0.4$	$\leqslant 0.51$	$\leqslant 4$
I_{OL}（mA）	$\leqslant 16$	$\leqslant 8$	$\leqslant 0.51$	$\leqslant 4$
t_{pd}（ns）	10	10	45	10
$P/$门（mW）	10	2	5×10^{-3}	1×10^{-3}

表 2-8 列出部分常用 TTL 和 CMOS 系列集成门电路的型号和功能，供读者选用时参考。

表 2-8　　　　　　　　　　　　　部分常用集成门电路

系　列	型　号	名　　称	主　要　功　能
TTL	74LS00	四 2 输入与非门	
	74LS02	四 2 输入或非门	
	74LS04	六反相器	
	74LS05	六反相器	OC 门
	74LS08	四 2 输入与门	
	74LS13	双 4 输入与非门	施密特触发
	74LS30	8 输入与非门	
	74LS32	四 2 输入或门	
	74LS64	4-2-3-2 输入与或非门	
	74LS133	13 输入与非门	OC 输出
	74LS136	四异或门	同相、三态、公共控制
	74LS365	六总线驱动器	反相、三态、两组控制
	74LS368	六总线驱动器	

系　列	型　号	名　称	主 要 功 能
CMOS	CC4001	四 2 输入或非门	
	CC4011	四 2 输入与非门	
	CC4030	四异或门	
	CC4049	六反相器	
	CC4066	四双向开关	
	CC4071	四 2 输入或门	
	CC4073	三 3 输入与门	
	CC4077	四异或非门	
	CC4078	8 输入或 / 或非门	可扩展
	CC4086	2-2-2-2 输入与或非门	
	CC4097	双 8 选 1 模拟开关	三态、有选通端
	CC4502	六反相器 / 缓冲器	

本 章 小 结

门电路是构成各种复杂数字电路的基本逻辑单元，掌握各种门电路的逻辑功能和电气特性，对于正确使用数字集成电路是十分必要的。

本章介绍了目前应用最广泛的 TTL 和 CMOS 两类集成逻辑门电路。在学习这些集成电路时，应把重点放在它们的外部特性上。外部特性包含两个内容，一个是输出与输入间的逻辑关系，即所谓逻辑功能；另一个是外部的电气特性，包括电压传输特性、输入特性、输出特性等。本章也讲了一些集成电路的内部结构和工作原理，目的是帮助读者加深对器件外特性的理解，以便更好地利用这些器件。

实验　测试集成门电路的逻辑功能和主要参数

1. 实验目的

(1) 掌握集成门电路逻辑功能和主要参数的测试方法。

(2) 掌握数字逻辑实验箱的使用方法。

2. 实验任务

(1) 测试 TTL 与非门 74LS00 的静态参数。

① 低电平输出电源电流 I_{CCL} 。

② 低电平输入电流 I_{IL} 。

③ 高电平输入电流 I_{IH} 。

④ 测量并绘出电压传输特性曲线，并从曲线中读出 U_{OH} 、U_{OL} 、U_{ON} 、U_{OFF} 和 U_{TH} 等的数值。

(2) 门电路逻辑功能测试：利用数字逻辑实验箱测试与非门、或非门、异或门的逻辑功能。

思考题与习题

2-1 输入信号的波形如图 T2-1（a）所示，试画出图（b）中 $Y_1 \sim Y_6$ 的波形图（不考虑门电路的传输延迟时间）。

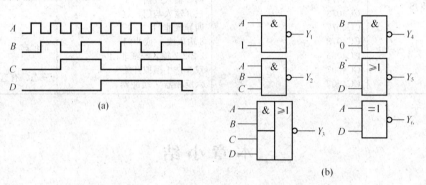

图 T2-1

2-2 指出图 T2-2 中各门电路的输出是什么状态（高电平、低电平或高阻状态）。已知这些门电路均为 74 系列 TTL 门电路。

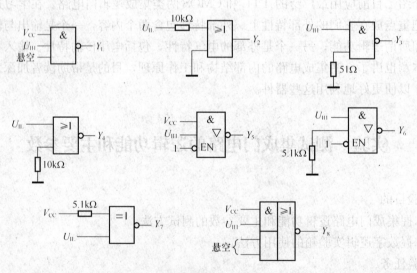

图 T2-2

2-3 试说明在下列情况下，用内阻为 $20\text{k}\Omega/\text{V}$ 的三用表的 5V 量程去测量如图 T2-3 所示的 74 系列与非门 U_{12} 端的电压应为多少。

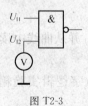

图 T2-3

  (1) U_{I1} 悬空。

  (2) U_{I1} 接 0V。

  (3) U_{I1} 接 3V。

  (4) U_{I1} 接 5.1Ω 电阻到地。

  (5) U_{I1} 接 10kΩ 电阻到地。

2-4　试说明下列各种门电路中，哪些可以将输出端并联使用（输入端的状态不一定相同）。

  (1) 具有推拉式输出级的电路。

  (2) TTL 的 OC 门。

  (3) TTL 的三态门。

  (4) 普通的 CMOS 门。

  (5) CMOS 三态门。

2-5　CMOS 门电路不宜将输入端悬空使用，请说明原因。

2-6　请对应于输入波形画出图 T2-6 所示电路在下列两种情况下的输出波形。

  (1) 忽略所有门的传输延迟时间。

  (2) 考虑每个门都有传输延迟时间 t_{pd}。

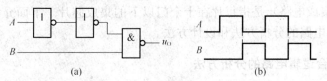

图 T2-6

2-7　电路如图 T2-7 所示，试分别列出电路的功能真值表以及输出端 F_1 和 F_2 的逻辑表达式，并说明电路实现的逻辑功能。

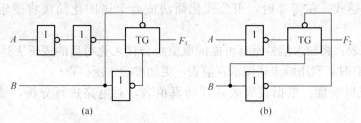

图 T2-7

2-8　图 T2-8 电路是用 TTL 门驱动发光二极管（LED）的实用电路。已知 LED 的正向导通电压为 2V，正向工作电流为 10mA，请分析电路的工作原理，并估算限流电阻 R 的数值。

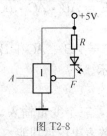

图 T2-8

第 3 章

组合逻辑电路

数字电路可分为两大类：一类是组合逻辑电路，另一类是时序逻辑电路。在组合逻辑电路中，任意时刻的输出仅仅取决于当时的输入信号，而与电路原来的状态无关。

本章首先结合实例讨论小规模集成电路（SSI）构成组合逻辑电路的分析方法和设计方法；然后重点介绍几种中规模集成电路（MSI）的组合逻辑电路器件，如编码器、译码器、数据选择器、加法器和数值比较器等，并讨论它们的应用。

3.1 SSI 组合逻辑电路的分析和设计

SSI（小规模集成电路）是指每片在十个门以下的集成芯片。下面介绍以小规模集成门电路构成组合逻辑电路的分析方法和设计方法。

3.1.1 SSI 组合逻辑电路的分析方法

所谓组合逻辑电路的分析，就是根据给定的逻辑电路图，求出电路的逻辑功能。分析的主要步骤如下：

（1）由逻辑图写表达式：可从输入到输出逐级推导，写出电路输出端的逻辑表达式。

（2）化简表达式：在需要时，用公式化简法或者卡诺图化简法将逻辑表达式化为最简式。

（3）列真值表：将输入信号所有可能的取值组合代入化简后的逻辑表达式中进行计算，列出真值表。（有时，利用画卡诺图求真值表，更加准确方便。）

（4）描述逻辑功能：根据逻辑表达式和真值表，对电路进行分析，最后确定电路的功能。

下面举例说明组合逻辑电路的分析方法。

例 3-1 试分析图 3-1 所示电路的逻辑功能。

解： 第一步：由逻辑图可以写输出 F 的逻辑表达式为

$$F = \overline{\overline{AB} \cdot \overline{AC} \cdot \overline{BC}}$$

第二步：可变换为

$$F = AB + AC + BC$$

第三步：列出真值表如表 3-1 所示。

第四步：确定电路的逻辑功能。

从表 3-1 所示的真值表可以看出，三个变量输入，只有两个及两个以上变量取值为 1 时，输出才为 1。可见电路可实现多数表决逻辑功能。

表 3-1		例 3-1 的真值表	
A	**B**	**C**	**F**
0	0	0	0
0	0	1	0
0	1	0	0
0	1	1	1
1	0	0	0
1	0	1	1
1	1	0	1
1	1	1	1

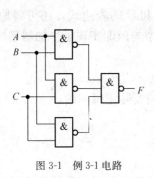

图 3-1　例 3-1 电路

例 3-2　分析图 3-2（a）所示电路的逻辑功能。

解：为了方便写表达式，可在图中标注一些中间变量，比如 F_1、F_2 和 F_3，则

$$S = \overline{F_2 F_3}$$
$$= \overline{\overline{AF_1} \cdot \overline{BF_1}}$$
$$= \overline{\overline{A\,\overline{AB}} \cdot \overline{B\,\overline{AB}}}$$
$$= A\,\overline{AB} + B\,\overline{AB}$$
$$= (\overline{A} + \overline{B})(A + B)$$
$$= \overline{A}B + A\overline{B}$$
$$= A \oplus B$$
$$C = \overline{F_1} = \overline{\overline{AB}} = AB$$

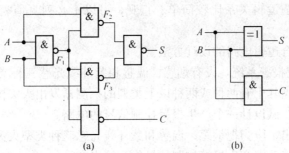

(a)   (b)

图 3-2　例 3-2 电路

图 3-2（a）电路的真值表如表 3-2 所示。

表 3-2		例 3-2 电路的真值表	
A	**B**	**S**	**C**
0	0	0	0
0	1	1	0
1	0	1	0
1	1	0	1

分析表 3-2 可以看出，如果将 A、B 看成两个 1 位的二进制数，则电路可实现两个 1 位二进制数相加的功能。S 是它们的和，C 是向高位的进位。由于这一加法器电路没有考虑低位的进位，所以称该电路为半加器。根据分析得到的 S 和 C 的表达式，还可将原电路图改画成图 3-2（b）所示的逻辑图，只用了一个异或门和一个与门即实现了半加器逻辑功能。

3.1.2 SSI 组合逻辑电路的设计方法

与分析过程相反，组合逻辑电路的设计是根据给定的实际逻辑问题，求出实现其逻辑功能的最简单的逻辑电路。

组合逻辑电路的设计可以按以下步骤进行。

（1）分析设计要求，设置输入和输出变量

分析的目的是要搞清楚设计要求，建立逻辑关系。通常是把引起事件的原因定为输入变量，而把事件的结果作为输出变量。用 0、1 两种状态分别代表输入变量和输出变量的两种不同状态。

（2）列真值表

根据分析得到输入、输出之间的逻辑关系，列出真值表。

（3）写出逻辑表达式，并化简

根据真值表写出逻辑表达式，或者画出相应的卡诺图，并进行化简，以得到最简的逻辑表达式。根据采用逻辑门电路类型的不同，可将化简结果变换成所需要的形式。

（4）画逻辑电路图

根据化简变换得到的逻辑表达式，画出逻辑电路图。

当然，这些步骤并不是固定不变的程序。在实际设计时，应根据具体情况和问题的难易程度进行取舍。例如，有的设计要求是以真值表的形式给出，显然就不必再重新设置逻辑变量了；又如，有的问题逻辑关系比较简单、直观，可以不必列真值表而直接写出逻辑表达式来。

下面举例说明组合逻辑电路的设计方法。

例 3-3 有一火灾报警系统，设有烟感、温感和紫外线光感三种类型的火灾探测器。为了防止误报警，只有当其中有两种或两种以上类型的探测器发出火灾检测信号时，报警系统才产生报警控制信号。试设计一个产生报警控制信号的电路。

解： 比较容易看出，应当把烟感、温感和紫外线光感三种类型火灾探测器发出的检测信号作为输入变量，而将系统产生报警控制信号作为输出变量。

因此，令 A、B、C 分别代表以烟感、温感和紫外线光感三种火灾探测器发出的检测信号，用 1 表示有火灾，用 0 表示无火灾；令 Y 代表报警控制信号，用 1 表示发出火灾报警控制信号，用 0 表示不发出火灾报警控制信号。

根据以上分析可以列出如表 3-3 所示的真值表。

表 3-3　　　　例 3-3 的真值表

A	B	C	Y
0	0	0	0
0	0	1	0

续表

A	B	C	Y
0	1	0	0
0	1	1	1
1	0	0	0
1	0	1	1
1	1	0	1
1	1	1	1

由表 3-3 可以写出逻辑表达式

$$Y = \overline{A}BC + A\overline{B}C + AB\overline{C} + ABC$$

经过化简，可得到最简式

$$Y = AB + AC + BC$$

经过适当变换可以用与非门实现，其逻辑图与例 3-1 相同。

如果作以下变换：

$$Y = \overline{\overline{AB} + \overline{AC} + \overline{BC}}$$

则可利用一个与或非门加一个非门就可以实现，其逻辑电路图如图 3-3 所示。

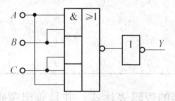

图 3-3　例 3-3 的逻辑电路图

人们为解决实践上遇到的各种逻辑问题，设计了许多逻辑电路。然而，我们发现，其中有些逻辑电路经常、大量出现在各种数字系统当中。为了方便使用，各厂家已经把这些逻辑电路制造成中规模集成的组合逻辑电路产品。比较常用的有编码器、译码器、数据选择器、加法器和数值比较器等。下面分别进行介绍。

3.2　编　码　器

用二进制代码表示文字、符号或者数码等特定对象的过程，称为编码。实现编码的逻辑电路，称为编码器。

3.2.1　普通编码器

目前经常使用的编码器有普通编码器和优先编码器两种。在普通编码器中，任何时刻只允许输入一个编码信号，否则输出将发生混乱。

现以一个 3 位二进制普通编码器作为例子，说明普通编码器的工作原理。图 3-4 是一个 3 位二进制普通编码器的方框图，它的输入是 $I_0 \sim I_7$ 等 8 个信号，输出是 3 位二进制代码

$Y_2Y_1Y_0$。因此又称为 8 线—3 线编码器。编码器的输入与输出的对应关系如表 3-4 所示，输入信号为 1 表示对该输入进行编码。

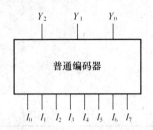

图 3-4　普通编码器的方框图

表 3-4　　　　　　　　　　　　　　　　编码器的输入与输出的对应关系

输　　入								输　　出		
I_0	I_1	I_2	I_3	I_4	I_5	I_6	I_7	Y_2	Y_1	Y_0
1	0	0	0	0	0	0	0	0	0	0
0	1	0	0	0	0	0	0	0	0	1
0	0	1	0	0	0	0	0	0	1	0
0	0	0	1	0	0	0	0	0	1	1
0	0	0	0	1	0	0	0	1	0	0
0	0	0	0	0	1	0	0	1	0	1
0	0	0	0	0	0	1	0	1	1	0
0	0	0	0	0	0	0	1	1	1	1

根据表 3-4 可以写出编码器的逻辑表达式，并且画出逻辑电路图。请读者自行分析后得出逻辑表达式和逻辑电路图。

3.2.2　优先编码器

在实际的产品中，均采用优先编码器。图 3-5 是 8 线—3 线优先编码器 74LS148 的逻辑符号，表 3-5 是 74LS148 电路的功能表。

图 3-5　74LS148 的逻辑符号

表 3-5　　　　　　　　　　　　　　　　74LS148 电路的功能表

输　　入									输　　出				
$\bar{S}$	$\bar{I}_0$	$\bar{I}_1$	$\bar{I}_2$	$\bar{I}_3$	$\bar{I}_4$	$\bar{I}_5$	$\bar{I}_6$	$\bar{I}_7$	$\bar{Y}_2$	$\bar{Y}_1$	$\bar{Y}_0$	$\bar{Y}_S$	$\bar{Y}_{EX}$
1	×	×	×	×	×	×	×	×	1	1	1	1	1
0	1	1	1	1	1	1	1	1	1	1	1	0	1
0	×	×	×	×	×	×	×	0	0	0	0	1	0

续表

输　入									输　出				
$\bar{S}$	$\bar{I}_0$	$\bar{I}_1$	$\bar{I}_2$	$\bar{I}_3$	$\bar{I}_4$	$\bar{I}_5$	$\bar{I}_6$	$\bar{I}_7$	$\bar{Y}_2$	$\bar{Y}_1$	$\bar{Y}_0$	$\bar{Y}_S$	$\bar{Y}_{EX}$
0	×	×	×	×	×	×	0	1	0	0	1	1	0
0	×	×	×	×	×	0	1	1	0	1	0	1	0
0	×	×	×	×	0	1	1	1	0	1	1	1	0
0	×	×	×	0	1	1	1	1	1	0	0	1	0
0	×	×	0	1	1	1	1	1	1	0	1	1	0
0	×	0	1	1	1	1	1	1	1	1	0	1	0
0	0	1	1	1	1	1	1	1	1	1	1	1	0

在优先编码器中，允许同时输入两个以上的编码信号。不过在设计优先编码器时已经将所有的输入信号按照优先顺序排了队，当几个输入信号同时出现时，只对其中优先权最高的一个进行编码。

下面根据功能表 3-5 分析电路的逻辑功能。

1. 编码输入端 $\bar{I}_0 \sim \bar{I}_7$

从 8 线—3 线优先编码器 74LS148 的功能表可以看出，输入信号 $\bar{S}$ 为 0 表示发出编码信号，故逻辑符号输入端 $\bar{I}_0 \sim \bar{I}_7$ 上面均有 "—" 号，这表示编码输入低电平有效。从功能表中看出，$\bar{I}_7$ 的优先权最高，而 $\bar{I}_0$ 的优先权最低，只要 $\bar{I}_7 = 0$，就对 $\bar{I}_7$ 进行编码，而不管其他输入信号为何种状态。

2. 编码输出端 $\bar{Y}_2$、$\bar{Y}_1$、$\bar{Y}_0$

从功能表可以看出，74LS148 编码器的编码输出是反码。比如，对 $\bar{I}_0$ 编码，应当输出 000，而电路输出的是 111；对 $\bar{I}_5$ 编码，应当是 101，而电路输出为 010，这点请读者注意。为此，$\bar{Y}_2$、$\bar{Y}_1$、$\bar{Y}_0$ 上面均有 "—" 号，这表示输出为反码。

3. 选通输入端 $\bar{S}$

只有在 $\bar{S} = 0$ 时，编码器才处于工作状态；而在 $\bar{S} = 1$ 时，编码器处于禁止状态，所有输出端均被封锁为高电平。

4. 选通输出端 $\bar{Y}_S$ 和扩展输出端 $\bar{Y}_{EX}$

$\bar{Y}_S$ 和 $\bar{Y}_{EX}$ 是为扩展编码器功能而设置的。

从功能表可以看出，只有当所有编码输入端都是 1（即没有编码输入），并且 $\bar{S} = 0$ 时，$\bar{Y}_S$ 才为 0。可见，$\bar{Y}_S = 0$ 表示 "电路工作，但无编码输入"。

从功能表还可以看出，只要任何一个编码输入端有 0，且 $\bar{S} = 0$，则 $\bar{Y}_{EX}$ 为 0。因此，$\bar{Y}_{EX} = 0$ 表示 "电路工作，且有编码输入"。

图 3-6 所示的电路是一个用两片 74LS148 接成的 16 线—4 线优先编码器。

图 3-6 所示的电路中编码输入为 $\bar{A}_0 \sim \bar{A}_{15}$，且为低电平输入有效。$\bar{A}_0 \sim \bar{A}_{15}$ 中，$\bar{A}_{15}$ 优先权最高，$\bar{A}_0$ 优先权最低。用片 II 的 $\bar{Y}_S$ 控制片 I 的 $\bar{S}$ 端，是因为片 II 的输入信号优先权均比片 I 的输入信号高。当片 II "无编码输入" 时，片 II 的 $\bar{Y}_S = 0$，即片 I 的 $\bar{S} = 0$，使片 I 处

于工作状态。也就是说，只有当 $\overline{A}_8 \sim \overline{A}_{15}$ 中"无编码输入"时，$\overline{A}_0 \sim \overline{A}_7$ 才可能被编码。由于编码器的输出端加了与非门和反相器，使编码器的输出变为原码。

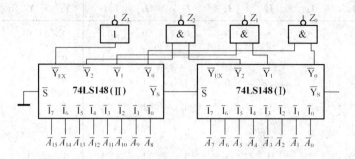

图 3-6　用 74LS148 接成的 16 线—4 线优先编码器

将片 Ⅱ 的 $\overline{Y}_{EX}$ 输出反相后作为编码输出端 Z_3，是因为 $\overline{Y}_{EX} = 0$ 表示该片"有编码输入"，而若片 Ⅱ "有编码输入"则应有 $Z_3 = 1$。故将 $\overline{Y}_{EX}$ 取反，使得编码输出的最高位 $Z_3 = 1$。

3.3　译　码　器

译码是编码的逆过程。将编码时赋予代码的特定含义"翻译"出来，叫做译码。实现译码功能的电路称为译码器。译码器可以将输入的代码译成对应的输出信号，以表示其原意。常用的译码器有二进制译码器、二—十进制译码器和显示译码器等。

3.3.1　二进制译码器

二进制译码器的输入是一组二进制代码，输出是一组与输入代码相对应的高、低电平信号。

图 3-7 是一个 3 位二进制译码器的方框图。它的输入是 3 位二进制代码、有 8 种状态，8 个输出端分别对应其中一种输入状态。因此，又把 3 位二进制译码器称为 3 线—8 线译码器。

图 3-7　3 位二进制译码器的方框图

图 3-8（a）是 3 线—8 线译码器 74LS138 的内部电路图，图 3-8（b）是 74LS138 的逻辑符号。表 3-6 是 74LS138 的功能表。分析内部电路图或者直接分析表 3-6 所示的功能表，可以弄清 74LS138 的逻辑功能，以便正确使用。

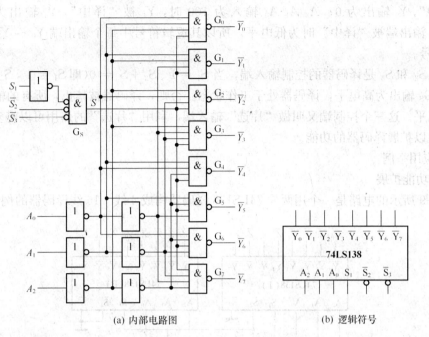

(a) 内部电路图　　　　　　　　　　　　(b) 逻辑符号

图 3-8　74LS138 3 线—8 线译码器

表 3-6　　　　　　　　　　　　　　　　**74LS138 的功能表**

输　　入					输　　出							
S_1	$\bar{S}_2+\bar{S}_3$	A_2	A_1	A_0	$\bar{Y}_0$	$\bar{Y}_1$	$\bar{Y}_2$	$\bar{Y}_3$	$\bar{Y}_4$	$\bar{Y}_5$	$\bar{Y}_6$	$\bar{Y}_7$
×	1	×	×	×	1	1	1	1	1	1	1	1
0	×	×	×	×	1	1	1	1	1	1	1	1
1	0	0	0	0	0	1	1	1	1	1	1	1
1	0	0	0	1	1	0	1	1	1	1	1	1
1	0	0	1	0	1	1	0	1	1	1	1	1
1	0	0	1	1	1	1	1	0	1	1	1	1
1	0	1	0	0	1	1	1	1	0	1	1	1
1	0	1	0	1	1	1	1	1	1	0	1	1
1	0	1	1	0	1	1	1	1	1	1	0	1
1	0	1	1	1	1	1	1	1	1	1	1	0

1. 74LS138 的逻辑功能

从图 3-8 可以看出，74LS138 有 3 个译码输入端（又称地址输入端）A_2、A_1、A_0，8 个译码输出端 $\bar{Y}_0 \sim \bar{Y}_7$，以及三个控制端（又称使能端）S_1、$\bar{S}_2$、$\bar{S}_3$。

译码输入端 $A_2 A_1 A_0$ 有 8 种用二进制代码表示的输入组合状态。当译码器处于工作状态时，每输入一组二进制代码将使对应的一个输出端为低电平，而其他输出端均为高电平。也可以说对应的输出端被"译中"。比如，当 $A_2 A_1 A_0$ 输入为 000 时，输出端 $\bar{Y}_0$

被"译中"，$\overline{Y}_0$ 输出为 0；$A_2 A_1 A_0$ 输入为 100 时，$\overline{Y}_4$ 被"译中"，$\overline{Y}_4$ 输出为 0。因为 74LS138 输出端被"译中"时为低电平，所以其逻辑符号中每个输出端 $\overline{Y}_0 \sim \overline{Y}_7$ 上方均有"—"符号。

S_1、$\overline{S}_2$ 和 $\overline{S}_3$ 是译码器的控制输入端，当 $S_1 = 1$、$\overline{S}_2 + \overline{S}_3 = 0$（即 $S_1 = 1$，$\overline{S}_2$ 和 $\overline{S}_3$ 均为 0）时，G_S 输出为高电平，译码器处于工作状态。否则，译码器被禁止，所有的输出端被封锁在高电平。这三个控制端又叫做"片选"输入端，利用"片选"的作用可以将多片电路连接起来，以扩展译码器的功能。

2. 应用举例

(1) 功能扩展

图 3-9 所示的电路是一个用两片 74LS138 译码器构成 4 线—16 线译码器的例子。

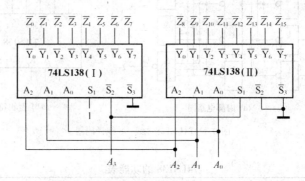

图 3-9 用 74LS138 译码器构成 4 线—16 线译码器

从图中不难看出，片 I 的 8 个输出端作为低位的输出，片 II 的 8 个输出端作为高位的输出。两片的 A_2、A_1、A_0 分别并联作为 4 线—16 线译码器地址输入的 A_2、A_1、A_0，而将片 I 的 $\overline{S}_2$ 和片 II 的 S_1 并联作为 4 线—16 线译码器地址输入的高位 A_3。当 $A_3 = 0$ 时，片 I 工作，片 II 禁止，$\overline{Z}_0 \sim \overline{Z}_7$ 可以被"译中"；当 $A_3 = 1$ 时，片 I 禁止，片 II 工作，$\overline{Z}_8 \sim \overline{Z}_{15}$ 可以被"译中"，从而实现了 4 线—16 线译码器的逻辑功能。

(2) 实现组合逻辑函数

用 3 线—8 线译码器 74LS138 可以实现各种组合逻辑函数。如果把地址输入端作为逻辑函数的输入变量，那么译码器的每个输出端都与某一个最小项相对应，只要加上适当的门电路，就可以利用译码器实现组合逻辑函数。

例 3-4 试用 74LS138 译码器实现逻辑函数

$$F(A、B、C) = \sum m(1,3,5,6,7)$$

解：因为

$$F(A、B、C) = \sum m(1,3,5,6,7)$$
$$= m_1 + m_3 + m_5 + m_6 + m_7$$
$$= \overline{\overline{m}_1 \cdot \overline{m}_3 \cdot \overline{m}_5 \cdot \overline{m}_6 \cdot \overline{m}_7}$$
$$= \overline{\overline{Y}_1 \cdot \overline{Y}_3 \cdot \overline{Y}_5 \cdot \overline{Y}_6 \cdot \overline{Y}_7}$$

所以，将 $\overline{Y}_1$、$\overline{Y}_3$、$\overline{Y}_5$、$\overline{Y}_6$、$\overline{Y}_7$ 经一个与非门输出，A_2、A_1、A_0 分别作为输入变量 A、B、C，并正确连接控制输入端使译码器处于工作状态，则可实现题目要求的组合逻辑函数。电路图见图 3-10。

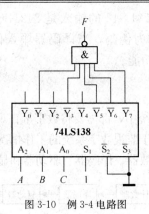

图 3-10 例 3-4 电路图

3.3.2 二—十进制译码器

二—十进制译码器的逻辑功能是将输入的 BCD 码译成 10 个输出信号。

图 3-11 所示为二—十进制译码器 74LS42 的逻辑符号，表 3-7 是其功能表。

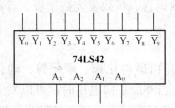

图 3-11 74LS42 译码器的逻辑符号

表 3-7 74LS42 译码器的功能表

输 入				输 出									
A_3	A_2	A_1	A_0	$\bar{Y}_0$	$\bar{Y}_1$	$\bar{Y}_2$	$\bar{Y}_3$	$\bar{Y}_4$	$\bar{Y}_5$	$\bar{Y}_6$	$\bar{Y}_7$	$\bar{Y}_8$	$\bar{Y}_9$
0	0	0	0	0	1	1	1	1	1	1	1	1	1
0	0	0	1	1	0	1	1	1	1	1	1	1	1
0	0	1	0	1	1	0	1	1	1	1	1	1	1
0	0	1	1	1	1	1	0	1	1	1	1	1	1
0	1	0	0	1	1	1	1	0	1	1	1	1	1
0	1	0	1	1	1	1	1	1	0	1	1	1	1
0	1	1	0	1	1	1	1	1	1	0	1	1	1
0	1	1	1	1	1	1	1	1	1	1	0	1	1
1	0	0	0	1	1	1	1	1	1	1	1	0	1
1	0	0	1	1	1	1	1	1	1	1	1	1	0
1	0	1	0	1	1	1	1	1	1	1	1	1	1
1	0	1	1	1	1	1	1	1	1	1	1	1	1
1	1	0	0	1	1	1	1	1	1	1	1	1	1
1	1	0	1	1	1	1	1	1	1	1	1	1	1
1	1	1	0	1	1	1	1	1	1	1	1	1	1
1	1	1	1	1	1	1	1	1	1	1	1	1	1

从表 3-7 可以看出，译码器 74LS42 的输入是 8421BCD 码，输出端"译中"时为低电平。对 8421BCD 码以外的代码称为伪码，当译码器输入伪码时，所有输出端均为高电平，可见这个译码器具有拒绝伪码的功能。

3.3.3 显示译码器

在数字测量仪表和各种数字系统中，都需要将数字量直观地显示出来，一方面供人们直接读取测量和运算的结果，另一方面用于监视数字系统的工作情况。数字显示电路是数字设备不可缺少的部分。数字显示电路通常由计数器、译码器、驱动器和显示器等部分组成，如图 3-12 所示。

图 3-12　数字显示电路的组成方框图

下面分别介绍显示器和译码器。

1. 数字显示器件

数字显示器件是用来显示数字、文字或者符号的器件，常见的有辉光数码管、荧光数码管、液晶显示器、发光二极管数码管、场致发光数字板、等离子体显示板等等。本书主要讨论发光二极管数码管。

(1) 发光二极管

发光二极管（简称 LED）是由磷砷化镓、磷化镓、砷化镓等特殊半导体材料制成的。这些半导体材料制作的 PN 结，当外加正向电压时，可以发出可见光来。目前，利用这样的 PN 结已经制成能发出红、绿、黄、橙等多种颜色的发光二极管。

LED 具有许多优点，它不仅有工作电压低（1.5V～3V）、体积小、寿命长、可靠性高等优点，而且响应速度快（≤100ns）、亮度比较高。

LED 可以直接由门电路驱动，其电路见图 3-13。图 3-13 所示为 TTL 门电路驱动 LED 的电路，图 3-13（a）是输出为低电平时，LED 发光，称为低电平驱动；图 3-13（b）是输出为高电平时，LED 发光，称为高电平驱动，采用高电平驱动方式的 TTL 门最好选用 OC 门。调节限流电阻 R，可以改变流过 LED 的电流，从而控制 LED 发光的亮度。一般 LED 的工作电流选在 5mA～10mA，但不允许超过最大值（通常为 50mA）。

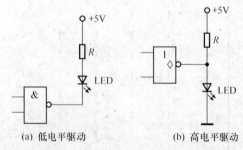

(a) 低电平驱动　　　　(b) 高电平驱动

图 3-13　发光二极管的驱动电路

(2) LED 数码管

LED 数码管又称为半导体数码管，它是由多个 LED 按分段式封装制成的。图 3-14（a）是一个七段显示 LED 数码管外形图。LED 数码管有两种形式，即共阴型和共阳型。共阴型 LED 数码管，是将内部所有 LED 的阴极连在一起引出来，作为公共阴极；共阳型 LED 数码管是将内部所有 LED 的阳极连在一起引出来，作为公共阳极。具体电路如图 3-14（b）和（c）所示。

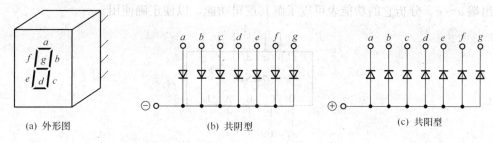

(a) 外形图　　　　　　(b) 共阴型　　　　　　(c) 共阳型

图 3-14　七段显示 LED 数码管

因为 LED 工作电压较低，工作电流也不大，所以可以直接用七段显示译码器驱动 LED 数码管。但是，要正确选择驱动方式。对共阴型 LED 数码管，应采用高电平驱动方式；对共阳型 LED 数码管，应采用低电平驱动方式。

2. 七段显示译码器

LED 数码管通常采用图 3-15 所示的七段字形显示方式来表示 0～9 十个数字。七段显示译码器应当把输入的 BCD 码，翻译成驱动七段 LED 数码管各对应段所需的电平。

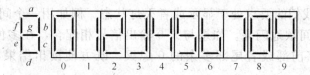

图 3-15　七段数码管字形显示方式

74LS49 是一种七段显示译码器，图 3-16 所示为它的逻辑符号，表 3-8 是它的功能表。

表 3-8　　　　　　　　　　　　　　74LS49 的功能表

输　入					输　出							字形
I_B	D	C	B	A	a	b	c	d	e	f	g	
1	0	0	0	0	1	1	1	1	1	1	0	0
1	0	0	0	1	0	1	1	0	0	0	0	1
1	0	0	1	0	1	1	0	1	1	0	1	2
1	0	0	1	1	1	1	1	1	0	0	1	3
1	0	1	0	0	0	1	1	0	0	1	1	4
1	0	1	0	1	1	0	1	1	0	1	1	5
1	0	1	1	0	0	0	1	1	1	1	1	6
1	0	1	1	1	1	1	1	0	0	0	0	7
1	1	0	0	0	1	1	1	1	1	1	1	8
1	1	0	0	1	1	1	1	0	0	1	1	9
1	1	0	1	0	0	0	0	1	1	0	1	⊏
1	1	0	1	1	0	0	1	1	0	0	1	⊐
1	1	1	0	0	0	1	0	0	0	1	1	⊔
1	1	1	0	1	1	0	0	1	0	1	1	⊔
1	1	1	1	0	0	0	0	1	1	1	1	ヒ
1	1	1	1	1	0	0	0	0	0	0	0	暗
0	×	×	×	×	0	0	0	0	0	0	0	暗

从图 3-16 看出，74LS49 电路有 4 个译码输入端 D、C、B、A，1 个控制输入端 I_B，7 个输出端 $a\sim g$。分析它的功能表可以了解其逻辑功能，以便正确使用。

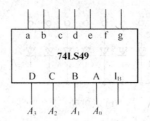

图 3-16　74LS49 的逻辑符号

译码输入端 D、C、B、A 应当输入 8421BCD 码，对应每一个编码，相应的输出端为高电平，以驱动七段显示的 LED 数码管。由于电路输出端"译中"时为高电平，因此，应当选用共阴型的 LED 数码管。若译码输入为 8421BCD 码的禁用码 1010～1110，数码管则显示相应的符号；若输入为 1111，数码管各段均不发光，处于灭灯状态。

I_B 是灭灯控制端，当 $I_B=1$ 时，译码器处于正常译码工作状态；若 $I_B=0$，不管 D、C、B、A 输入什么信号，译码器各输出端均为低电平，处于灭灯状态。利用 I_B 信号，可以控制数码管按照我们的要求处于显示或者灭灯状态。例如用一个间歇的脉冲信号来控制 I_B，则数码管会间歇地闪亮。如果与灭 0 输出信号相配合，在多位数的显示系统中，可以利用 I_B 把数字前部或者尾部多余的 0 熄灭，既方便读出结果，又可减少电源的消耗。

图 3-17 所示为一个用七段显示译码器 74LS49 驱动共阴型 LED 数码管的实用电路。

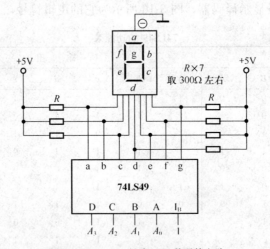

图 3-17　74LS49 驱动 LED 数码管电路

3.4　数据选择器

数据选择器又称多路选择器，其功能是在多个输入的数据中选择其中所需要的一个数据输出，其作用相当于多路开关。常见的数据选择器有 4 选 1、8 选 1、16 选 1 电路。

3.4.1 数据选择器的工作原理

图 3-18 是一个 4 选 1 数据选择器的逻辑电路图。电路中，Y 是输出端，$D_0 \sim D_3$ 是数据输入端，A_1、A_0 是地址输入端。由 $A_1 A_0$ 的四种状态 00、01、10、11 分别控制四个与门的开闭。显然，任何时刻只有一种 $A_1 A_0$ 的取值将一个与门打开，使对应的那一路输入数据通过，并从 Y 端输出。S 是控制输入端（又称使能端），当 $S=0$ 时，所有的与门都被封锁，无论地址输入端是什么状态，Y 输出总是为 0；当 $S=1$ 时，封锁解除，由地址码决定哪一路输入数据从 Y 输出。

从以上工作原理的分析，不难得出图 3-18 所示电路的功能表，其功能表如表 3-9 所示。

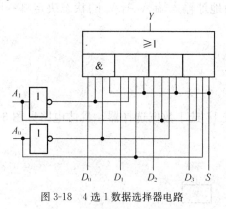

图 3-18　4 选 1 数据选择器电路

表 3-9　图 3-18 所示电路的功能表

输	入		输 出
S	A_1	A_0	Y
0	×	×	0
1	0	0	D_0
1	0	1	D_1
1	1	0	D_2
1	1	1	D_3

3.4.2　8 选 1 数据选择器 74LS151

74LS151 是一种典型的数据选择器，它有 3 个地址输入端 A_2、A_1、A_0，8 个数据输入端 $D_0 \sim D_7$，两个互补输出的数据输出端 Y 和 $\bar{Y}$，还有一个控制输入端 $\bar{S}$。8 选 1 数据选择器 74LS151 的逻辑符号如图 3-19 所示，功能表如表 3-10 所示。

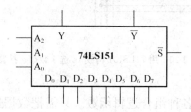

图 3-19　74LS151 的逻辑符号

表 3-10　　　　　74LS151 的功能表

输	入			输	出
$\bar{S}$	A_2	A_1	A_0	Y	$\bar{Y}$
1	×	×	×	0	1
0	0	0	0	D_0	$\bar{D_0}$
0	0	0	1	D_1	$\bar{D_1}$
0	0	1	0	D_2	$\bar{D_2}$

续表

输		入		输	出
$\bar{S}$	A_2	A_1	A_0	Y	$\bar{Y}$
0	0	1	1	D_3	$\bar{D}_3$
0	1	0	0	D_4	$\bar{D}_4$
0	1	0	1	D_5	$\bar{D}_5$
0	1	1	0	D_6	$\bar{D}_6$
0	1	1	1	D_7	$\bar{D}_7$

从表 3-10 所示的功能表可以看出，$\bar{S}$ 为低电平有效。当 $\bar{S}=1$ 时，电路处于禁止状态，Y 始终为 0；当 $\bar{S}=0$ 时，电路处于工作状态，由地址输入端 $A_2A_1A_0$ 的状态决定哪一路信号送到 Y 和 $\bar{Y}$ 输出。

3.4.3 应用举例

1. 功能扩展

用两片 8 选 1 数据选择器 74LS151，可以构成 16 选 1 数据选择器，具体电路见图 3-20。电路的工作原理比较简单，请读者自行分析。

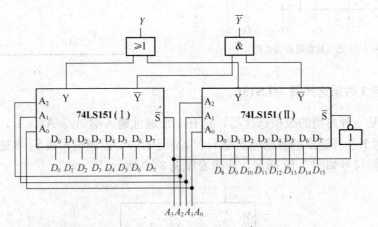

图 3-20　用 74LS151 构成 16 选 1 数据选择器

2. 实现组合逻辑函数

利用数据选择器可以实现各种组合逻辑函数。只需把数据选择器的地址输入作为输入变量，并按要求把数据输入端接成所需状态，便可实现各种功能的组合逻辑函数。下面以 8 选 1 电路 74LS151 的应用为例，说明用数据选择器实现组合逻辑函数的方法。

例 3-5　试用 8 选 1 电路实现 $F = \bar{A}\bar{B}C + \bar{A}BC + A\bar{B}C + ABC$。

解：因为题目要求实现的是一个三变量逻辑函数，故只需将 A、B、C 分别从 A_2、A_1、A_0 输入作为输入变量，把 Y 端作为输出 F。

由于逻辑表达式中的各乘积项均为最小项，故可改写为

$$F(A、B、C) = m_0 + m_3 + m_5 + m_7$$

根据 8 选 1 电路的功能，只要令

$$D_0 = D_3 = D_5 = D_7 = 1$$
$$D_1 = D_2 = D_4 = D_6 = 0$$
$$\overline{S} = 0$$

便可实现题目要求的逻辑函数，具体电路见图 3-21。

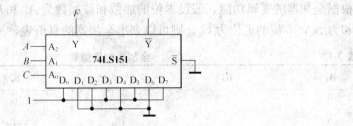

图 3-21 例 3-5 电路图

例 3-6 试用 8 选 1 电路实现三变量多数表决电路。

解： 假设三变量为 A、B、C，则应有如表 3-11 所示的真值表。

表 3-11 例 3-6 的真值表

A	B	C	F
0	0	0	0
0	0	1	0
0	1	0	0
0	1	1	1
1	0	0	0
1	0	1	1
1	1	0	1
1	1	1	1

显然

$$F(A、B、C) = \sum m(3,5,6,7)$$

只要在 8 选 1 电路中，将 A、B、C 从 A_2、A_1、A_0 输入，且令

$$D_3 = D_5 = D_6 = D_7 = 1$$
$$D_0 = D_1 = D_2 = D_4 = 0$$
$$\overline{S} = 0$$
$$F = Y$$

便可实现三变量多数表决电路，具体电路图请读者自行画出。

3.5 加 法 器

算术运算是数字系统的基本功能，更是计算机中不可缺少的组成单元。本节介绍实现加法运算的逻辑电路。

3.5.1 全加器

在本章的 3.1 节我们讨论过半加器电路，半加器是不考虑低位进位的加法器。全加器能把本位两个加数和来自低位的进位三者相加，并根据求和结果给出该位的进位信号。

根据全加器的逻辑功能，假设本位的加数和被加数为 A_n 和 B_n，低位的进位为 C_{n-1}，本位的和为 S_n，本位的进位为 C_n，则可以列出全加器的真值表，见表 3-12。

表 3-12		全加器的真值表		
A_n	B_n	C_{n-1}	S_n	C_n
0	0	0	0	0
0	0	1	1	0
0	1	0	1	0
0	1	1	0	1
1	0	0	1	0
1	0	1	0	1
1	1	0	0	1
1	1	1	1	1

根据表 3-12 所示的真值表并利用卡诺图可以写出 S_n 和 C_n 的逻辑表达式

$$S_n = A_n \oplus B_n \oplus C_{n-1}$$
$$C_n = (A_n \oplus B_n)C_{n-1} + A_n B_n$$

由 S_n 和 C_n 的表达式可以画出如图 3-22（a）所示的全加器的逻辑电路图。图 3-22（b）是全加器的逻辑符号。

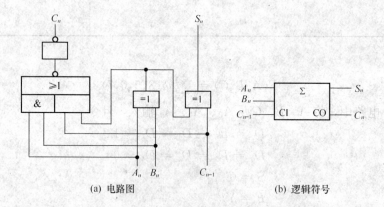

(a) 电路图　　　　　　　　(b) 逻辑符号

图 3-22　全加器

3.5.2 多位加法器

前面介绍的全加器可以实现两个 1 位二进制数的相加，要实现多位二进制数的相加，可选用多位加法器电路。74LS283 电路是一个 4 位加法器电路，可实现两个 4 位二进制数的相加，其逻辑符号如图 3-23 所示。图中 CI 是低位的进位，CO 是向高位的进位。该电路可以实现 $A_3 A_2 A_1 A_0$ 和 $B_3 B_2 B_1 B_0$ 两个二进制数的相加，而且可以考虑低位的进位以及向高位的进位，S_3、S_2、S_1、S_0 是对应各位的和。

多位加法器除了可以实现加法运算功能之外，还可以实现组合逻辑电路。图 3-24 所示的电路是由 74LS283 构成的代码转换电路，其功能是将 8421BCD 码转换成余 3 码。我们知道，余 3 码是 8421BCD 码加 3（即 0011），将 8421 BCD 码 $DCBA$ 从 $A_3A_2A_1A_0$ 输入，$B_3B_2B_1B_0$ 接成 0011，则在加法器的各位和 $S_3S_2S_1S_0$ 可以得到余 3 码 $Y_3Y_2Y_1Y_0$。

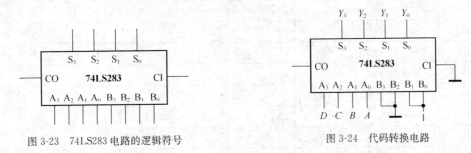

图 3-23　74LS283 电路的逻辑符号　　　　　图 3-24　代码转换电路

3.6　数值比较器

在数字系统中，特别是在计算机中，经常需要比较两个数字的大小。能够实现比较数字大小的电路，称为数值比较器。

首先，让我们看一下两个 1 位数 A 和 B 相比较的情况。

(1) $A>B$：只有当 $A=1$、$B=0$ 时，$A>B$ 才为真。

(2) $A<B$：只有当 $A=0$、$B=1$ 时，$A<B$ 才为真。

(3) $A=B$：只有当 $A=B=0$ 或 $A=B=1$ 时，$A=B$ 才为真。

如果要比较两个多位二进制数 A 和 B 的大小，则必须从高向低逐位进行比较。

74LS85 是一个 4 位数值比较器电路，其逻辑符号如图 3-25 所示。从图中看出，除两个 4 位二进制数的输入端以及三个比较结果的输出端之外，还有级联输入的 $I_{A>B}$、$I_{A<B}$ 和 $I_{A=B}$ 等三个输入端。

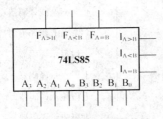

图 3-25　74LS85 的逻辑符号

对两个 4 位二进制数 A 和 B 进行比较，有三种可能的结果：即 $A>B$、$A<B$ 和 $A=B$，分别用 $F_{A>B}$、$F_{A<B}$ 和 $F_{A=B}$ 表示。比较时，先从高位开始。

若 $A_3>B_3$，不论低位大小如何，则 $A>B$。

若 $A_3<B_3$，不论低位大小如何，则 $A<B$。

若 $A_3=B_3$，$A_2>B_2$，则 $A>B$。

若 $A_3=B_3$，$A_2<B_2$，则 $A<B$。

依次类推，可以得到表 3-13 所示 4 位数值比较器电路 74LS85 的功能表。

表 3-13 74LS85 的功能表

输　　　入				级 联 输 入			输　　出		
A_3, B_3	A_2, B_2	A_1, B_1	A_0, B_0	$I_{A>B}$	$I_{A<B}$	$I_{A=B}$	$F_{A>B}$	$F_{A<B}$	$F_{A=B}$
1　0	×	×	×	×	×	×	1	0	0
0　1	×	×	×	×	×	×	0	1	0
$A_3=B_3$	1　0	×	×	×	×	×	1	0	0
$A_3=B_3$	0　1	×	×	×	×	×	0	1	0
$A_3=B_3$	$A_2=B_2$	1　0	×	×	×	×	1	0	0
$A_3=B_3$	$A_2=B_2$	0　1	×	×	×	×	0	1	0
$A_3=B_3$	$A_2=B_2$	$A_1=B_1$	1　0	×	×	×	1	0	0
$A_3=B_3$	$A_2=B_2$	$A_1=B_1$	0　1	×	×	×	0	1	0
$A_3=B_3$	$A_2=B_2$	$A_1=B_1$	$A_0=B_0$	1	0	0	1	0	0
$A_3=B_3$	$A_2=B_2$	$A_1=B_1$	$A_0=B_0$	0	1	0	0	1	0
$A_3=B_3$	$A_2=B_2$	$A_1=B_1$	$A_0=B_0$	0	0	1	0	0	1
$A_3=B_3$	$A_2=B_2$	$A_1=B_1$	$A_0=B_0$	×	×	1	0	0	1

$I_{A>B}$、$I_{A<B}$ 和 $I_{A=B}$ 是低位比较的结果，也叫做级联输入，表 3-13 中也考虑了级联输入的情况。利用级联输入，可以很容易扩展比较器的位数。

前面介绍了各种中规模组合逻辑电路，表 3-14 列出了部分常用的中规模组合逻辑电路的型号、名称和主要功能，可供读者在选用时参考。

表 3-14 部分常用中规模组合逻辑电路

系　列	型　　号	名　　称	主　要　功　能
TTL	74LS147	10 线—4 线优先编码器	
	74LS148	8 线—3 线优先编码器	
	74LS149	8 线—8 线优先编码器	
	74LS42	4 线—10 线译码器	BCD 输入
	74LS154	4 线—16 线译码器	BCD 输入、开路输出
	74LS46	七段显示译码器	BCD 输入、开路输出
	74LS47	七段显示译码器	BCD 输入、带上拉电阻
	74LS48	七段显示译码器	BCD 输入、OC 输出
	74LS49	七段显示译码器	反码输出
	74LS150	16 选 1 数据选择器	原、反码输出
	74LS151	8 选 1 数据选择器	
	74LS153	双 4 选 1 数据选择器	原、反码输出，三态
	74LS251	8 选 1 数据选择器	
	74LS85	4 位数值比较器	
	74LS866	8 位数值比较器	

续表

系　　列	型　　号	名　　称	主要功能
	CC40147	10 线—4 线优先编码器	BCD 输出
	CC4532	8 线—3 线优先编码器	
	CC4555	双 2 线—4 线译码器	
	CC4514	4 线—16 线译码器	有地址锁存
	CC4511	七段显示译码器	锁存输出、BCD 输入
CMOS	CC4055	七段显示译码器	BCD 输入、驱动液晶显示器
	CC4056	七段显示译码器	BCD 输入、有选通、锁存
	CC4519	四 2 选 1 数据选择器	
	CC4512	8 路数据选择器	
	CC4063	4 位数值比较器	
	CC4585	8 位数值比较器	

3.7　中规模组合逻辑电路的分析

中规模集成电路（MSI）组合逻辑电路的分析是指以中规模集成器件为核心的组合逻辑电路的分析。由于 MSI 器件的多样性和复杂性，前面介绍的小规模集成门构成的组合逻辑电路的分析方法显然已无能为力。本节将 MSI 电路按功能块进行划分，逐块分析各功能块电路，最后得出整个电路功能的分析方法，此方法称为功能块级的电路分析，并适用于更加复杂的逻辑电路分析。功能块组合逻辑电路的分析比较灵活，但需要尽可能多地掌握各种功能电路，才能熟练地运用这一方法。

3.7.1　中规模组合逻辑电路的分析步骤

图 3-26 所示为具体分析步骤，仅供参考。

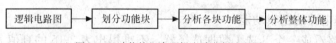

图 3-26　功能块组合逻辑电路分析流程图

（1）划分功能块

首先根据电路的复杂程度和器件类型，视情形将电路划分为一个或多个逻辑功能块。功能块内部，可以是单片或多片 MSI 或 SSI 以及扩展组合的电路。分成几个功能块和怎样划分功能块，这取决于对常用功能电路的熟悉程度和经验。画出功能块电路框图有助于进一步的分析。

（2）分析功能块的逻辑功能

利用前面学过的常用功能电路的知识，分析各功能块逻辑功能。如有必要，可写出每个功能块的逻辑表达式式或逻辑功能表。

（3）分析整体逻辑电路的功能

在对各功能块电路分析的基础上，最后对整个电路进行整体功能的分析。如有必要，可以写出输入与输出的逻辑函数式，或列出功能表。但应该注意，即使电路只有一个功能块，整体电路的逻辑功能也不一定是这个功能块原来的逻辑功能。

下面举例说明 MSI 组合逻辑电路的分析方法。

3.7.2　中规模组合逻辑电路的分析举例

例 3-7　图 3-27 是由双 4 选 1 数据选择器 74LS153 和门电路组成的组合逻辑电路。试分析输出 Z 与输入 X_3、X_2、X_1、X_0 之间的逻辑关系。

解：（1）划分功能块

本题只有一块 MSI 电路，可以只划分一个功能块。

（2）分析功能块的功能

通过查 74LS153 的功能表，知道它是一块双 4 选 1 数据选择器。其中：A_1、A_0 是地址输入端，Y 是输出端；74LS153 的逻辑功能与本书 3.4.1 介绍的 4 选 1 数据选择器相同，但不同的是，74LS153 的控制输入端 $\overline{S}$ 为低电平有效；数据选择器处于禁止状态时，输出为 0。

图 3-27 所示电路的输出端是 Z，$Z = 1Y + 2Y$；输入端为 X_3、X_2、X_1、X_0。不难看出，当 $X_3 = 1$ 时，$2\overline{S} = 1$、$1\overline{S} = 0$，数据选择器 2 处于禁止状态，而数据选择器 1 处于工作状态；当 $X_3 = 0$ 时，数据选择器 1 处于禁止状态，数据选择器 2 处于工作状态。

显然，图 3-27 所示电路构成了一个 8 选 1 数据选择器，其输出为 Z，地址输入端为 X_3、X_1 和 X_0。图 3-27 电路可用图 3-28 的功能框图来表示。

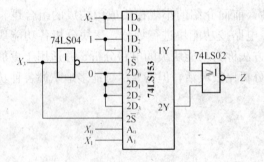

图 3-27　例 3-7 电路图

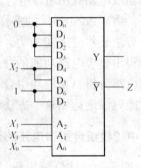

图 3-28　8 选 1 功能框图

（3）分析整体电路的逻辑功能

把图 3-27 电路看成一个 8 选 1 数据选择器，不难得出表 3-15 的真值表。该真值表就是例 3-7 电路的功能表。

表 3-15　　　　　　　　　　　　　　例 3-7 电路的功能表

X_3	X_2	X_1	X_0	Z
0	×	×	×	1
1	0	0	0	1
1	0	0	1	1
1	0	1	0	0
1	0	1	1	0
1	1	0	0	0

续表

X_3	X_2	X_1	X_0	Z
1	1	0	1	0
1	1	1	0	0
1	1	1	1	0

　　从分析电路的功能表可以看出，当 $X_3X_2X_1X_0$ 为 8421BCD 码 0000～1001 时，电路的输出为 1，否则输出为 0。可见例 3-7 所示的电路可以实现检测 8421BCD 码的逻辑功能。

　　例 3-8　图 3-29 所示电路由 4 位二进制超前进位全加器 74LS283、数值比较器 74LS85、七段显示译码器 74LS47 及 LED 数码管组成，请分析该电路的逻辑功能。

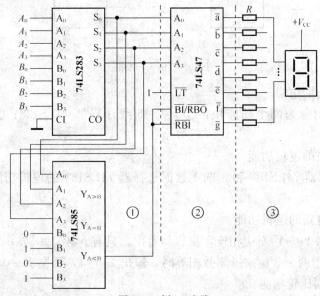

图 3-29　例 3-8 电路

　　解：（1）划分功能块

　　电路可分成三个功能块：①加法运算及比较电路；②译码电路；③显示电路。

　　（2）分析各功能块的逻辑功能

　　由本书 3.5.2 介绍的 4 位加法器 74LS283 可知，$S_3S_2S_1S_0$ 是 $A_3A_2A_1A_0$ 与 $B_3B_2B_1B_0$ 的和，当其和<1010 时，比较电路输出 $Y_{A<B}=1$。

　　74LS47 七段显示译码器的输出选中时为低电平，可以直接驱动共阳型 LED 数码管。$\overline{LT}$、$\overline{RBI}$ 和 $\overline{BI}/\overline{RBO}$ 是辅助控制信号。$\overline{LT}$ 是试灯输入，工作时应使 $\overline{LT}=1$；$\overline{RBI}$ 是灭零输入；$\overline{BI}$ 是熄灭信号输入，$\overline{RBO}$ 是灭零输出，$\overline{BI}$ 和 $\overline{RBO}$ 在芯片内部是连在一起的。当 $\overline{LT}=1$ 时，若 $\overline{RBI}$、$\overline{BI}$ 和 $\overline{RBO}$ 均为 1，数码管正常显示 0～9；若 $\overline{RBI}$、$\overline{BI}$ 和 $\overline{RBO}$ 均为 0，数码管熄灭。

　　显示电路由共阳型七段 LED 数码管构成，可显示十进制数 0～9，R 是限流电阻。

　　（3）分析整个电路的逻辑功能

　　不难看出，图 3-29 电路可以实现 1 位十进制数的加法运算，并由数码管显示相加的结果。当相加的结果大于 9（即二进制 1001）时，数码管不显示，处于灭灯状态。

例3-9 图3-30所示是3线—8线译码器74LS138和8选1数据选择器74LS151组成的电路，试分析电路的逻辑功能。

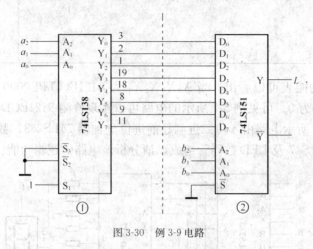

图3-30 例3-9电路

解：（1）划分功能块

显然，电路可划分为两个功能块：①3线—8线译码器74LS138；②8选1数据选择器74LS151。

（2）分析功能块的逻辑功能

3线—8线译码器74LS138和8选1数据选择器74LS151的逻辑功能，前面均已介绍过，这里不再重述。

（3）分析整体电路的逻辑功能

由于$D_0 \sim D_7$和$Y_0 \sim Y_7$对应相连，很容易看出，只有$b_2 b_1 b_0 = a_2 a_1 a_0$时，$L=1$；否则，$L=0$。也就是说，当两个3位二进制数相等时，输出$L$为1，否则$L=0$。该电路实现了两个3位二进制数的同比较功能。

本 章 小 结

组合逻辑电路是一种应用很广的逻辑电路。本章介绍了组合逻辑电路的分析和设计方法，还介绍了几种常用的中规模（MSI）组合逻辑电路器件。

本章总结出了采用集成门电路构成组合逻辑电路的分析和设计的一般方法，只要掌握这些方法，就可以分析任何一种给定电路的功能，也可以根据给定的功能要求设计出相应的组合逻辑电路。

本章介绍了编码器、译码器、数据选择器、加法器和数值比较器等MSI组合逻辑电路器件的功能，并讨论了利用译码器、数据选择器和加法器实现组合逻辑函数的方法。对于MSI组合逻辑电路，主要应熟悉电路的逻辑功能。了解其内部电路只是帮助理解器件的逻辑功能。只有熟悉MSI组合逻辑电路的功能，才能正确应用好电路。

本章通过举例，介绍了基于功能块的MSI组合逻辑电路的分析方法。熟悉这种方法，对MSI组合逻辑电路的分析很有帮助。

实验　组合逻辑电路

1. 实验目的

（1）学会组合逻辑电路的实验分析方法。

（2）应用 MSI 器件实现组合逻辑电路。

2. 实验任务

（1）测试由集成门电路构成的组合逻辑电路的功能。

（2）用 3 线—8 线译码器 74LS138 实现组合逻辑函数，并测试电路的功能。

（3）用 8 选 1 数据选择器 74LS151 实现组合逻辑函数，并测试电路的功能。

思考题与习题

3-1　试分析图 T3-1 电路的逻辑功能。

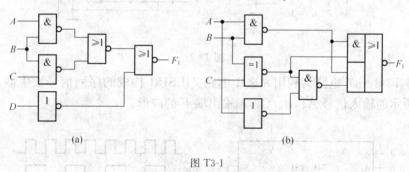

(a)　　　　　　　　　　　　　　　　(b)

图 T3-1

3-2　用与非门设计一个四变量多数表决电路。

3-3　设计一个判断两个数 A、B 大小的电路。已知 A 和 B 均为 2 位的二进制数，$A = A_1A_0$、$B = B_1B_0$。

3-4　已知某组合逻辑电路的输入 A、B、C 与输出 Y 的波形如图 T3-4 所示。请写出输出逻辑表达式，并画出逻辑电路图。

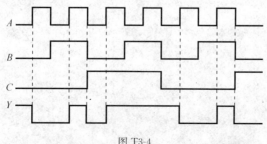

图 T3-4

3-5　用 3 线—8 线译码器 74LS138 及门电路实现下列逻辑函数。

（1）$F_1 = \overline{A}BC + A\overline{B}C + BC$

(2) $F_2 = AB\overline{C} + \overline{A}B$

(3) $F_3(A,B,C) = \sum m(2,3,4,7)$

3-6 用 8 选 1 数据选择器 74LS151 实现下列逻辑函数。

(1) $F_1 = AB + AC + BC$

(2) $F_2(A,B,C) = \sum m(1,2,3,5,7)$

(3) $F_3(A,B,C,D) = \sum m(0,5,8,9,10,11,14,15)$

3-7 请分析图 T3-7 所示电路，要求列出真值表、写出逻辑表达式。

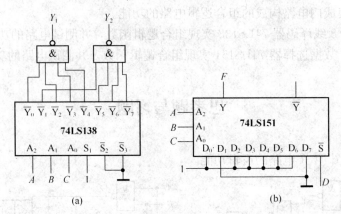

图 T3-7

3-8 图 T3-8（a）电路为利用 8 选 1 电路 74LS151 构成的序列信号发生器。试对应图 T3-8（b）所示的输入信号 A、B、C，画输出端 F 的波形。

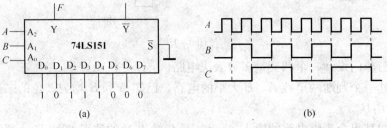

图 T3-8

第4章

触 发 器

在数字系统中，除了能够进行逻辑运算和算术运算的组合逻辑电路外，还需要具有记忆功能的时序逻辑电路。时序逻辑电路的输出状态，不仅与当时的输入有关，而且还与电路原来的状态有关。触发器是时序逻辑电路的基本单元，下一章将要讨论的各种时序逻辑电路都要用到触发器。

本章在介绍几种常用触发器的基础上，研究不同电路结构触发器的触发方式，并讨论不同类型触发器的逻辑功能和外部特性。

4.1 基本 RS 触发器

基本 RS 触发器又称为直接复位—置位触发器，是各种触发器电路结构中最简单的一种，也是构成其他触发器的最基本单元。

1. 电路组成

图 4-1（a）所示为由两个与非门交叉连接组成的基本 RS 触发器。

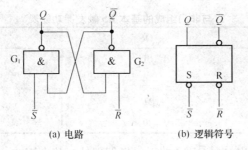

(a) 电路　　　　　　(b) 逻辑符号

图 4-1　与非门组成的基本 RS 触发器

基本 RS 触发器有两个输出端，一个称为 Q 端，另一个称为 $\overline{Q}$ 端。在正常情况下，这两个输出端总是逻辑互补的，即一个为 0 状态时，另一个为 1 状态。并且规定 $Q=1$、$\overline{Q}=0$ 为触发器的 1 状态；$Q=0$、$\overline{Q}=1$ 为触发器的 0 状态。

基本 RS 触发器有两个输入端 $\overline{R}$ 和 $\overline{S}$，$\overline{R}$ 称为置 0 端（或复位端），$\overline{S}$ 称为置 1 端（或置位端）。"$\overline{R}$" 和 "$\overline{S}$" 文字符号上面的 "—" 号，表示这种触发器输入信号为低电平有效。图 4-1（b）所示是基本 RS 触发器的逻辑符号，从图中可以看出，由于 $\overline{R}$ 和 $\overline{S}$ 是低电平有效，故在输入端加 "○" 符号。

2. 工作原理

按照输入信号 $\overline{R}$ 和 $\overline{S}$ 不同状态的组合，触发器的输出与输入之间存在如下关系。

（1）当 $\bar{R} = \bar{S} = 1$ 时，假设触发器原来处于 0 状态，即 $Q = 0$、$\bar{Q} = 1$。从图 4-1（a）中可以看出，门 G_1 的两个输入端均为 1，则有 $Q = 0$；$Q = 0$ 反馈到门 G_2 的输入端，使得 $\bar{Q} = 1$，触发器保持 0 状态不变。同理，当 $\bar{R} = \bar{S} = 1$ 时，若假设触发器原来处于 1 状态，则触发器将保持 1 状态不变。

这说明，当 $\bar{R} = \bar{S} = 1$ 时，触发器能够维持原来的状态不变，且无论处于哪个状态都是稳定的。

（2）当 $\bar{R} = 0$、$\bar{S} = 1$ 时，由于门 G_2 的输入端有 0，其输出端 $\bar{Q}$ 不管原状态是 0 或是 1 都将为 1 状态，即 $\bar{Q} = 1$；而门 G_1 因输入端全为 1，其输出端 Q 为 0 状态，即触发器将为 0 状态。

这说明，当 $\bar{R} = 0$、$\bar{S} = 1$ 时，不管触发器原来的状态如何，触发器都将被置为 0 状态，即 $Q = 0$、$\bar{Q} = 1$ 的状态。这种情况称为触发器置 0。

（3）当 $\bar{S} = 0$、$\bar{R} = 1$ 时，由于门 G_1 的输入端有 0，其输出端 Q 不管原状态是 0 或是 1 都将为 1 状态，即 $Q = 1$；而门 G_2 因输入端全是 1，使 $\bar{Q}$ 为 0 状态。触发器被置为 1 状态，即 $Q = 1$、$\bar{Q} = 0$ 的状态。这种情况称为触发器置 1。

（4）若 $\bar{S} = 0$、$\bar{R} = 0$，此时将出现 $Q = \bar{Q} = 1$ 的情况，触发器既不是 0 状态，也不是 1 状态。当 $\bar{S}$ 和 $\bar{R}$ 端同时回到 1 时，触发器究竟稳定在哪种状态不能预先确定。通常在实际应用时，应避免 $\bar{S}$ 和 $\bar{R}$ 端同时为 0 的这种状态。

基本 RS 触发器对触发信号要求并不严格，只要负脉冲的持续时间大于两个门的传输延迟时间即可，这样，待两个输出端 Q 和 $\bar{Q}$ 都翻转完毕，电路就会稳定在新的状态。即使触发低电平信号消失了，电路靠两个门的互锁反馈将稳定在新状态上，可见基本 RS 触发器具有记忆功能。

根据上述分析，由与非门组成的基本 RS 触发器的功能如表 4-1 所示。

表 4-1　　　　　　　　　　与非门组成的基本 RS 触发器功能表

$\bar{S}$	$\bar{R}$	Q
1	1	不变
1	0	0
0	1	1
0	0	不定

从表 4-1 中可看出：当 $\bar{S} = \bar{R} = 1$ 时，触发器保持原状态不变，处于保持状态；当 $\bar{S} = 1$、$\bar{R} = 0$ 时，触发器置 0，处于 0 状态；当 $\bar{S} = 0$、$\bar{R} = 1$ 时，触发器置 1，处于 1 状态；当 $\bar{S} = \bar{R} = 0$ 时，触发器处于不定状态。触发器的不定状态有两种含义，一是 $Q = \bar{Q} = 1$，触发器既不是 0 状态，也不是 1 状态；二是 $\bar{S}$、$\bar{R}$ 同时回到 1 时，触发器的新状态不能预先确定。

设触发器初始状态为 0（即 $Q = 0$、$\bar{Q} = 1$），根据给定输入信号波形，可相应画出触发器输出端 Q 的波形，如图 4-2 所示。这种波形图也称为时序图。从图中可以看出，当触发器的输入 $\bar{R} = \bar{S} = 0$ 时，$Q = \bar{Q} = 1$；接着同时出现 $\bar{R} = \bar{S} = 1$ 时，则 Q 和 $\bar{Q}$ 的状态不能预先确定，通常用虚线或阴影注明，以表示触发器处于不定状态。直至输入信号出现置 0 或置 1 信号时，输出端的波形才可以确定。

用两个或非门交叉耦合也可以构成基本 RS 触发器。其逻辑电路和逻辑符号如图 4-3 所示。这种基本 RS 触发器具有如图 4-1 所示电路同样的功能，只是触发器靠输入信号的高电平触发，其工作原理请读者自行分析。今后若不加说明，本书提到的基本 RS 触发器，均指由与非门组成的基本 RS 触发器。

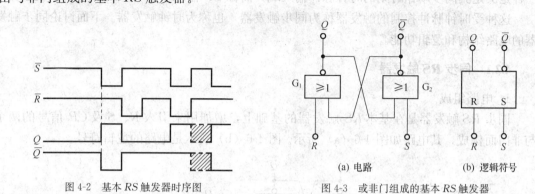

图 4-2　基本 RS 触发器时序图　　　　图 4-3　或非门组成的基本 RS 触发器

3. 应用举例

基本 RS 触发器除了作为各种复杂触发器的基本组成部分之外，还可直接组成应用电路。下面举一简单的应用实例。

运用基本 RS 触发器，可以消除机械开关振动引起的干扰脉冲，图 4-4 所示为机械开关接通时的电路和输出电压波形图。从图中可以看出，由于机械开关的振动会使输出电压在开关断开和接通瞬间产生"毛刺"，这种干扰信号会导致电路工作出错，在实际工作中是不允许的。

利用基本 RS 触发器的记忆功能可以消除上述机械开关振动所产生的影响。开关与触发器的连接方法如图 4-5（a）所示。设单刀双掷开关 S 原来与 B 点接通，这时触发器的状态为 0。从图 4-5（b）可以看出，当开关由 B 拨向 A 时，尽管 A 点和 B 点的波形产生了毛刺，但并不影响触发器的置 1。同样，当开关由 A 拨向 B 时，机械开关输出电压波形的毛刺，也不影响触发器的置 0。于是，在机械开关的控制下，触发器输出的电压波形不会产生毛刺。

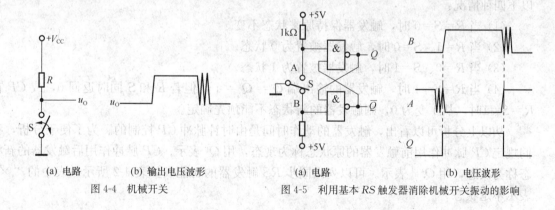

图 4-4　机械开关　　　　　　　　图 4-5　利用基本 RS 触发器消除机械开关振动的影响

4.2　同步触发器

基本 RS 触发器的动作特点是当输入端的置 0 或置 1 信号一出现，输出状态就可随之而发生变化。触发器状态的转换没有一个统一的节拍，这不仅使电路的抗干扰能力下降，而且也不便于多个触发器同步工作。在实际使用中，经常要求触发器按一定的节拍动作，于是设计产生了同步触发器。这种触发器有两种输入端：一种是决定其输出状态的信号输入端；另一种是决定其同步动作时刻的时钟脉冲输入端，简称 CP 输入端。

这种受时钟脉冲控制的触发器称为同步触发器，也称为时钟触发器。下面讨论同步触发器的电路结构和逻辑功能。

4.2.1 同步 RS 触发器

1. 电路组成

同步 RS 触发器是在基本 RS 触发器的基础上，增加用来引入 R、S 及 CP 信号的两个与非门而构成，其电路如图 4-6（a）所示。图 4-6（b）所示是电路的逻辑符号。

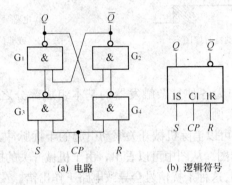

(a) 电路　　　　(b) 逻辑符号

图 4-6　同步 RS 触发器

2. 工作原理

由图 4-6（a）电路可知，在 $CP=0$ 期间，因 G_3、G_4 输出端均为 1，即 $\overline{R}=\overline{S}=1$，则无论 R 和 S 为何种状态，基本 RS 触发器状态维持不变。

在 $CP=1$ 期间，R 和 S 端信号经 G_3、G_4 倒相后被引导到基本 RS 触发器的输入端，有以下四种情况：

（1）当 $R=S=0$ 时，触发器保持原来状态不变。

（2）当 $R=1$、$S=0$ 时，触发器被置为 0 状态。

（3）当 $R=0$、$S=1$ 时，触发器被置为 1 状态。

（4）当 $R=S=1$ 时，触发器的输出端 $Q=\overline{Q}=1$，但若 R 和 S 同时返回 0，或 CP 在 $R=S=1$ 时，从 1 变为 0，则触发器的新状态不能预先确定。

从以上分析可以看出，触发器的动作时间是由时钟脉冲 CP 控制的。为了便于分析，我们规定 CP 脉冲作用前触发器的原状态称为现态，用 Q^n 表示；CP 脉冲作用后触发器的新状态称为次态，用 Q^{n+1} 表示。可以列出同步 RS 触发器的功能表如表 4-2 所示，表中的"×"表示不定状态。

表 4-2　　　　　　　　　　　　同步 RS 触发器功能表

CP	S	R	Q^{n+1}
1	0	0	Q^n
1	0	1	0
1	1	0	1
1	1	1	$\times$

图 4-7 所示为同步 RS 触发器的工作波形（又称为时序图）。

从同步 RS 触发器的时序图中可以看出，触发器是靠 R 和 S 的高电平触发的，而且触发器状态的改变时间受 CP 信号的控制，只有 $CP=1$ 时，触发器的状态才由输入信号 R 和 S 来决定。这种触发方式称为电平触发方式。

同步 RS 触发器在 $CP=1$ 期间，只要输入信号 R、S 的状态发生变化，触发器的输出状态就会随之改变，因而不能保证在一个 CP 脉冲期间内触发器只翻转一次。同步触发器在一个 CP 脉冲作用后，出现两次或两次以上翻转的现象称为空翻，其工作波形如图 4-8 所示。

在数字电路的许多应用场合，不允许触发器存在空翻现象。下面介绍几种能克服空翻的触发器。

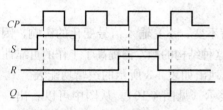

图 4-7　同步 RS 触发器的时序图

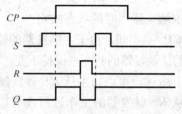

图 4-8　同步 RS 触发器的空翻现象

4.2.2　主从 RS 触发器

为了克服同步触发器可能产生的空翻现象，提高触发器工作的可靠性，在同步 RS 触发器的基础上设计了一种主从结构的 RS 触发器。

1. 电路组成

主从 RS 触发器由两级触发器构成，其中一级触发器接输入信号，其状态直接由输入信号决定，称为主触发器；另一级触发器的输入与主触发器的输出连接，其状态由主触发器的状态决定，称为从触发器。图 4-9（a）所示为由两个同步 RS 触发器和一个反相器构成的主从 RS 触发器，F_1 为从触发器，F_2 为主触发器。F_1 的输出端 Q 和 $\overline{Q}$ 就是主从 RS 触发器的输出，F_2 的输出为 Q' 和 $\overline{Q}'$。图 4-9（b）所示是主从 RS 触发器的逻辑符号，CP 端有小圆圈，表示触发器靠 CP 下降沿触发（若无小圆圈，表示触发器靠 CP 上升沿触发）。

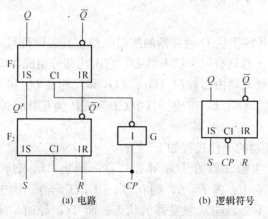

(a) 电路　　　　　　　　(b) 逻辑符号

图 4-9　主从 RS 触发器

2. 工作原理

（1）当 $CP=1$ 时，由于 G 的反相，从触发器 F_1 的输出状态保持不变，主触发器 F_2 的输出状态由 R 和 S 来决定。

（2）当 CP 由 1 跳到 0 时（或称 CP 脉冲下降沿到来时），主触发器 F_2 的输出状态保持不变，从触发器 F_1 的输出状态由 F_2 的状态决定。此时，由于 $CP=0$，输入信号 R 和 S 状态的变化不会影响主从触发器的输出状态。

由以上分析可以看出，主从触发器是分两步进行工作的。

第一步，$CP=1$ 期间，主触发器的输出状态由输入信号 R 和 S 的状态确定，从触发器的输出状态保持不变，即主从触发器的状态保持不变。

第二步，当 CP 从 1 变为 0 时，主触发器的输出状态送入从触发器中，从触发器的输出状态由主触发器当时的状态决定。

在 $CP=0$ 期间，由于主触发器的输出状态保持不变，不受输入信号变化的影响，因而受其控制的从触发器的状态也保持不变。由此可见，这种结构的触发器提高了工作的可靠性。

综上所述，可以将主从 RS 触发器的工作原理列出如表 4-3 所示的逻辑功能表。

主从 RS 触发器的工作过程还可以用时序图表示（见图 4-10）。从图中可以看出，主从 RS 触发器状态的更新发生在 CP 脉冲的下降沿，触发器的新状态由 CP 脉冲下降沿到来之前的 R、S 信号决定。

表 4-3　主从 RS 触发器功能表

S	R	Q^{n+1}
0	0	Q^n
0	1	0
1	0	1
1	1	$\times$

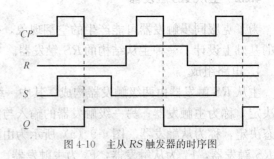

图 4-10　主从 RS 触发器的时序图

4.2.3　CMOS 主从 D 触发器

由 CMOS 传输门和反相器构成的主从 D 触发器，也是一种克服了空翻的同步触发器。下面介绍它的电路组成和工作原理。

1. 电路组成

图 4-11（a）为 CMOS 主从 D 触发器的逻辑电路，其逻辑符号如图 4-11（b）所示。从图中可以看出，该种触发器只有一个输入端 D，它由两部分组成，虚线左边为主触发器，虚线右边为从触发器。主触发器由传输门 TG_1、TG_2 和反相器 G_1 和 G_2 组成，从触发器由传输门 TG_3、TG_4 和反相器 G_3、G_4 组成。其中 CP 和 $\overline{CP}$ 为互补时钟脉冲。

2. 工作原理

CMOS 主从 D 触发器的工作过程如下。

（1）当 $CP=1$ 时，主触发器的 TG_1 导通、TG_2 截止，输入信号 D 送入主触发器。若 $D=1$，则有 $\overline{Q'}=0$，$Q'=1$；若 $D=0$，则有 $\overline{Q'}=1$，$Q'=0$。由于从触发器的传输门 TG_3 截止，主触发器的状态不会影响从触发器的状态；而 TG_4 导通，使反相器 G_3 的输入端和 G_4 的输出端经 TG_4 连通，维持从触发器原来的状态不变。

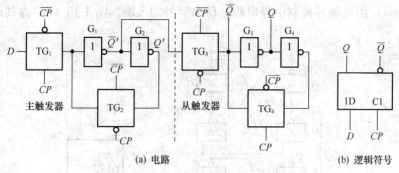

(a) 电路　　　　　　　　　　(b) 逻辑符号

图 4-11　CMOS 主从 D 触发器

（2）当 CP 由 1 跳变到 0 时，TG_1 截止、TG_2 导通，输入信号通道被封锁，同时，TG_2 将 G_1 的输入端和 G_2 的输出端连通，使主触发器的状态维持不变。从触发器的传输门 TG_3 导通、TG_4 截止，主触发器的状态送入从触发器。不难看出，若 $\overline{Q'} = 0$、$Q' = 1$，则有 $Q = 1$、$\overline{Q} = 0$；若 $\overline{Q'} = 1$、$Q' = 0$，则有 $Q = 0$、$\overline{Q} = 1$。

如上所述，图 4-11（a）所示的主从 D 触发器的工作过程分为两步。第一步，$CP = 1$ 时，主触发器接收 D 的信号，并有 $Q' = D$，而从触发器是维持原来的状态不变。第二步，CP 从 1 变为 0，主触发器的状态送入从触发器，使 $Q = Q'$。在 $CP = 0$ 期间，输入信号不能进入主触发器。表 4-4 列出了该触发器的功能表。从表中可以看出，触发器的新状态 Q^{n+1} 由 CP 脉冲下降沿到来之前输入信号 D 的状态决定。可见，该触发器是靠 CP 的下降沿触发的，其时序图如图 4-12 所示。若将所有传输门的控制信号 CP 和 $\overline{CP}$ 对换，则可做成靠 CP 上升沿触发的触发器。

表 4-4　CMOS 主从 D 触发器的功能表

D	Q^{n+1}
0	0
1	1

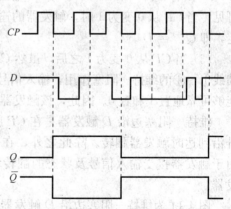

图 4-12　CMOS 主从 D 触发器的时序图

4.2.4　边沿触发器

为了进一步提高触发器工作的可靠性，增强抗干扰能力，人们又设计了一种边沿触发器。边沿触发器是指靠 CP 脉冲上升沿或下降沿进行触发的触发器。靠 CP 脉冲上升沿触发的触发器称为正边沿触发器，靠 CP 脉冲下降沿触发的触发器称为负边沿触发器。边沿触发器的类型很多，下面以边沿 D 触发器为例，介绍边沿触发器的工作方式。

1. 电路组成

图 4-13（a）为靠 CP 脉冲上升沿触发的 D 触发器电路。其中，G_1 和 G_2 组成基本 RS

触发器，$G_3 \sim G_6$ 组成脉冲控制引导电路，D 为信号输入端。图 4-13（b）为其逻辑符号。

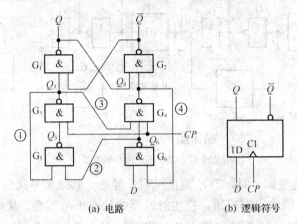

(a) 电路　　　　　　(b) 逻辑符号

图 4-13　维持—阻塞边沿 D 触发器

2. 工作原理

按照 D 触发器的逻辑功能应当有：不论 Q^n 是何种状态，均有 $Q^{n+1} = D$。图 4-13（a）电路的工作原理为：

（1）当 $CP=0$ 时，由于 G_3、G_4 被封锁，基本 RS 触发器的输入端均为 1，使得触发器的输出状态保持不变。

（2）当 CP 从 0 变为 1 时，G_3、G_4 打开，它们的输出由 G_5、G_6 决定。此瞬间，若 $D=0$，则有 $G_6=1$、$G_5=0$，使 G_3 输出为 1，G_4 输出为 0，基本 RS 触发器被置为 0 状态；若 $D=1$，则有 $G_6=0$、$G_5=1$，使 G_3 输出为 0，G_4 输出为 1，基本 RS 触发器被置为 1 状态。可见，当 CP 从 0 变为 1 时，触发器的输出状态将由 CP 上升沿到来之前那瞬间 D 的状态决定，即 $Q^{n+1} = D$。

（3）当 CP 从 0 变为 1 之后，虽然 $CP=1$，门 G_3、G_4 是打开的，但由于电路中几条反馈线①～④的维持—阻塞作用，输入信号 D 的变化不会影响触发器的置 1 和置 0，使触发器能够可靠地置 1 和置 0。因此，该触发器称为维持—阻塞触发器。

维持—阻塞边沿 D 触发器是在 CP 脉冲上升沿到来之前接受 D 输入信号，CP 脉冲上升沿到达时触发器翻转。除此之外，在 CP 的其他任何时刻，触发器都将保持状态不变。由于触发器接受输入信号及状态的翻转均是在 CP 脉冲上升沿前后完成的，故称为边沿触发器。

图 4-14 为维持—阻塞边沿 D 触发器的时序图，从图中可以清楚的看出输入 CP、D 与输出 Q 之间的逻辑关系。

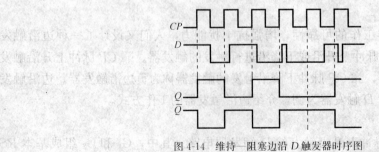

图 4-14　维持—阻塞边沿 D 触发器时序图

4.3 触发器的逻辑功能

常用的同步触发器有 RS 触发器、JK 触发器、D 触发器、T 触发器和 T' 触发器等几种。这几种触发器可以实现不同的逻辑功能。触发器的逻辑功能通常用功能表、时序图、状态转换表、特性方程和状态转换图来表示，下面分别进行介绍。

4.3.1 RS 触发器

以主从 RS 触发器为例分析 RS 触发器的逻辑功能。

1. 状态转换表

状态转换表是表示触发器的现态 Q^n、输入信号和次态 Q^{n+1} 之间转换关系的表格，它对分析触发器的逻辑功能很有帮助。从本书 4.2.2 讨论的主从 RS 触发器工作原理及功能表可以得出如表 4-5 所示的状态转换表。

表 4-5 RS 触发器状态转换表

S	R	Q^n	Q^{n+1}
0	0	0	0
0	0	1	1
0	1	0	0
0	1	1	0
1	0	0	1
1	0	1	1
1	1	0	$\times$
1	1	1	$\times$

2. 特性方程

把输入信号和 Q^n 作为变量，Q^{n+1} 作为变量所对应的函数，可以写出触发器的 Q^{n+1} 逻辑函数表达式。该表达式称为触发器的特性方程。

由表 4-5，将 Q^{n+1} 作为输出变量，把 R、S 和 Q^n 作为输入变量，可以画出图 4-15 所示的 Q^{n+1} 卡诺图，经化简后可得出 RS 触发器 Q^{n+1} 的逻辑函数表达式为

$$Q^{n+1} = S + \overline{R}Q^n$$

$$RS = 0$$

式中 $RS = 0$ 是指不允许将 R、S 同时取为 1，所以称为约束条件。该表达式又可称为触发器的状态方程。

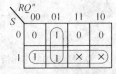

图 4-15 RS 触发器的 Q^{n+1} 卡诺图

3. 状态转换图

触发器状态的转换还可以用图形来表示。两个圆圈表示触发器的两个状态 0 和 1，用箭头表示状态转换的方向，在箭头旁边用文字或符号表示实现转换所必备的条件，这种图称为触发器的状态转换图。RS 触发器的状态转换图如图 4-16 所示。

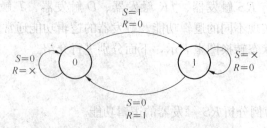

图 4-16　RS 触发器的状态转换图

RS 触发器的功能表和时序图前面已经介绍过了，这里不再重复。

4.3.2　D 触发器

在本书 4.2 节中讨论过两种不同结构的 D 触发器，根据 D 触发器的功能表，不难分析得出它的状态转换表、特性方程和状态转换图。

1. 状态转换表

D 触发器的状态转换表如表 4-6 所示。

表 4-6　　　　　　　　　　**D 触发器的状态转换表**

D	Q^n	Q^{n+1}
0	0	0
0	1	0
1	0	1
1	1	1

2. 特性方程

由表 4-6 可以写出 D 触发器的特性方程为

$$Q^{n+1} = D$$

从 D 触发器的状态转换表和特性方程可以看出，Q^{n+1} 的状态只与数据输入 D 有关，而与 Q^n 的状态无关。

3. 状态转换图

图 4-17 所示为 D 触发器的状态转换图。

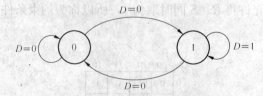

图 4-17　D 触发器的状态转换图

D 触发器的功能表和时序图前面已经介绍过了，这里不再重复。

4.3.3 JK 触发器

JK 触发器是一种多功能触发器，在实际中应用很广。JK 触发器是在 RS 触发器基础上改进而来，在使用中没有约束条件。常见的 JK 触发器有主从结构的，也有边沿型的。JK 触发器有靠 CP 下降沿触发的，也有靠 CP 上升沿触发的，其逻辑符号如图 4-18 所示。

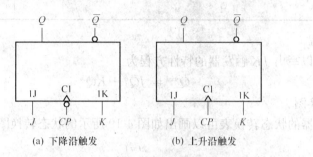

(a) 下降沿触发 　　　　(b) 上升沿触发

图 4-18　JK 触发器的逻辑符号

下面讨论 JK 触发器的逻辑功能。

1. 功能表

JK 触发器具有保持、置 0、置 1 和翻转四种功能，其功能表如表 4-7 所示。

表 4-7 　　　　　　　　　　　　　　JK 触发器功能表

J	K	Q^{n+1}
0	0	Q^n
0	1	0
1	0	1
1	1	$\overline{Q^n}$

从表中看出：

(1) 当 $J = K = 0$ 时，JK 触发器处于保持状态，$Q^{n+1} = Q^n$。

(2) 当 $J = 0$、$K = 1$ 时，JK 触发器处于置 0 状态，不管 Q^n 为何种状态，均有 $Q^{n+1} = 0$。

(3) 当 $J = 1$、$K = 0$ 时，JK 触发器处于置 1 状态，不管 Q^n 为何种状态，均有 $Q^{n+1} = 1$。

(4) 当 $J = K = 1$ 时，JK 触发器处于翻转状态，$Q^{n+1} = \overline{Q^n}$。也就是说，来一个 CP 脉冲 JK 触发器就翻转一次。触发器的这种工作状态又称为计数状态，由触发器的翻转次数可以计算出时钟脉冲的个数。

2. 状态转换表

从 JK 触发器的功能表不难得出它的状态转换表（见表 4-8）。

表 4-8 　　　　　　　　　　　　　　JK 触发器状态转换表

J	K	Q^n	Q^{n+1}
0	0	0	0
0	0	1	1
0	1	0	0
0	1	1	0

续表

J	K	Q^n	Q^{n+1}
1	0	0	1
1	0	1	1
1	1	0	1
1	1	1	0

3. 特性方程

由表 4-8 可以写出 JK 触发器的特性方程为

$$Q^{n+1} = J\bar{Q}^n + \bar{K}Q^n$$

4. 状态转换图

从 JK 触发器的状态转换表可以画出如图 4-19 所示的状态转换图。

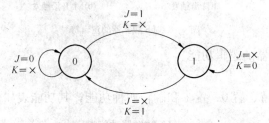

图 4-19 JK 触发器的状态转换图

5. 时序图

图 4-20 所示为靠 CP 下降沿触发的 JK 触发器的时序图。从图中可以看出，JK 触发器在 CP 的下降沿更新状态，其新状态由 CP 下降沿到来之前的 J、K 输入信号来决定。同理可以画出靠 CP 上升沿触发 JK 触发器的时序图，请读者自行分析。

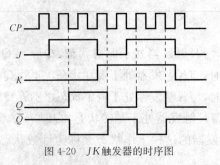

图 4-20 JK 触发器的时序图

4.3.4 T 触发器

T 触发器是具有保持和翻转功能的电路，其逻辑功能如下。

1. 功能表

表 4-9 为 T 触发器的功能表。

表 4-9 T 触发器的功能表

T	Q^{n+1}
0	Q^n
1	Q^n

从表 4-9 可以看出，当 $T=0$ 时，T 触发器处于保持状态，即 $Q^{n+1}=Q^{n}$。当 $T=1$ 时，T 触发器处于翻转状态，即 $Q^{n+1}=\overline{Q^{n}}$，具有计数功能。

2. 状态转换表

表 4-10 为 T 触发器的状态转换表。

表 4-10　　　　　　　　　　　　　T 触发器的状态转换表

T	Q^{n}	Q^{n+1}
0	0	0
0	1	1
1	0	1
1	1	0

3. 特性方程

由表 4-10 可以写出 T 触发器的特性方程为

$$Q^{n+1}=T\overline{Q^{n}}+\overline{T}Q^{n}=T\oplus Q^{n}$$

4. 状态转换图

图 4-21 所示为 T 触发器的状态转换图。

分析表 4-8 不难发现，如果将 JK 触发器的 J、K 接在一起作为输入端 T，就可以实现 T 触发器的逻辑功能，如图 4-22 所示。

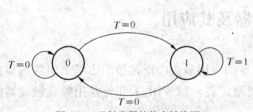

图 4-21　T 触发器的状态转换图

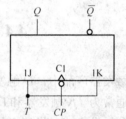

图 4-22　JK 触发器接成 T 触发器

5. T' 触发器

（1）T' 触发器的功能

从 T 触发器的功能可以看出，当 $T=1$ 时，每来一个 CP 脉冲，T 触发器就翻转一次，显然能实现计数功能。因此，把 $T=1$ 时的 T 触发器称为计数型触发器，又叫做 T' 触发器。表 4-11 为 T' 触发器的状态转换表。

表 4-11　　　　　　　　　　　　　T' 触发器的状态转换表

T	Q^{n}	Q^{n+1}
1	0	1
1	1	0

由表 4-11 可以写出 T' 触发器的特性方程为

$$Q^{n+1}=\overline{Q^{n}}$$

（2）JK 触发器的计数形式

只需将 JK 触发器的 $J=K=1$，就可以构成 T' 触发器，即构成 JK 触发器的计数形式。图 4-23（a）为 JK 触发器的计数形式，图 4-23（b）所示为其工作波形。

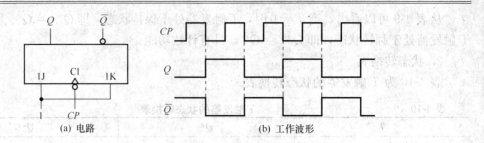

(a) 电路   (b) 工作波形

图 4-23 JK 触发器的计数形式

（3）D 触发器的计数形式

对比 D 触发器和 T' 触发器的特性方程不难看出，只要令 $D = \overline{Q^n}$，D 触发器就可以构成 T' 触发器，即构成 D 触发器的计数形式。图 4-24（a）为 D 触发器的计数形式，图 4-24（b）所示为其工作波形。

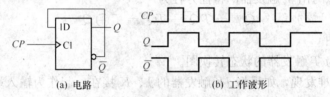

(a) 电路   (b) 工作波形

图 4-24   接成计数形式的 D 触发器

4.4   集成触发器及其应用

在集成触发器产品中，D 触发器和 JK 触发器的应用最为广泛，目前市场上出售的集成触发器产品通常为 JK 触发器和 D 触发器两种类型。表 4-12 列出了部分常用集成触发器的型号、名称和触发方式，供读者使用时参考。

表 4-12   部分常用集成触发器

系 列	型 号	名 称	触 发 方 式
TTL	74LS74	双 D 触发器	上升沿触发
	74LS76	双 JK 触发器	下降沿触发
	74LS174	六 D 触发器	上升沿触发
	74LS175	四 D 触发器	上升沿触发
	74LS107	双 JK 触发器	下降沿触发
	74LS112	双 JK 触发器	下降沿触发
	74LS113	双 JK 触发器	下降沿触发
	74LS109	双 JK 触发器	上升沿触发
	74LS373	八 D 锁存器	三态输出高电平触发
CMOS	CC4013	双 D 触发器	上升沿触发
	CC4027	双 JK 触发器	上升沿触发
	CC4042	四 D 触发器	可选择上升（或下降）沿触发
	CC4096	三输入端 JK 触发器	上升沿触发
	CC40174	六 D 触发器	可选择上升（或下降）沿触发

4.4.1 集成 JK 触发器

集成 JK 触发器是在一片芯片上构成的。这种触发器在电子技术中已广泛应用，常用的有 74LS112、CC4027 等。下面以 74LS112 为例，介绍其逻辑功能及其应用。

1. 74LS112 的外引脚图和逻辑符号

74LS112 为边沿触发的双 JK 触发器，其外引脚图和逻辑符号如图 4-25 所示。图中 $\overline{S}_D$、$\overline{R}_D$ 分别为异步置 1 端和异步置 0 端，均为低电平有效。74LS112 功能表见表 4-13。

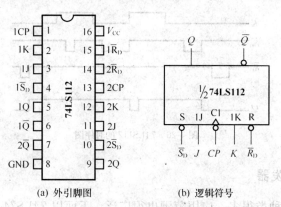

(a) 外引脚图   (b) 逻辑符号

图 4-25　集成 JK 触发器 74LS112

表 4-13　74LS112 的功能表

J	K	Q^n	$\overline{R}_D$	$\overline{S}_D$	CP	Q^{n+1}	$\overline{Q^{n+1}}$	功能说明
0	0	0	1	1	↓	0	1	保持
0	0	1	1	1	↓	1	0	
0	1	0	1	1	↓	0	1	置0
0	1	1	1	1	↓	0	1	
1	0	0	1	1	↓	1	0	置1
1	0	1	1	1	↓	1	0	
1	1	0	1	1	↓	1	0	翻转
1	1	1	1	1	↓	0	1	
×	×	×	0	1	×	0	1	异步置0
×	×	×	1	0	×	1	0	异步置1
×	×	×	0	0	×	1	1	不定状态

2. 逻辑功能

由表 4-13 所示功能表可知，74LS112 中的两个单元电路都是靠 CP 下降沿触发的边沿 JK 触发器。

(1) 当 $\overline{R}_D = \overline{S}_D = 1$ 时，电路实现 JK 触发器的逻辑功能。

(2) 当 $\overline{R}_D = 1$、$\overline{S}_D = 0$ 时，不管 J、K、Q^n 和 CP 为何种状态，触发器都将被置为 1，故称 $\overline{S}_D$ 为异步置 1 端，又称直接置 1 端。

(3) 当 $\overline{R}_D = 0$、$\overline{S}_D = 1$ 时，不管 J、K、Q^n 和 CP 为何种状态，触发器都将被置为 0，故称 $\overline{R}_D$ 为异步置 0 端，又称直接置 0 端。

（4）如若 $\overline{R}_D = \overline{S}_D = 0$，则触发器会出现 $Q^{n+1} = \overline{Q}^{n+1} = 1$ 的不定状态。通常不允许出现这种取值。

3. 时序图

74LS112 的时序图如图 4-26 所示。

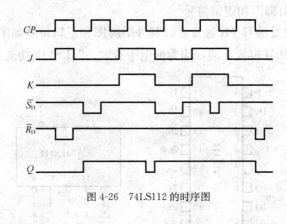

图 4-26　74LS112 的时序图

4.4.2　集成 D 触发器

集成 D 触发器的种类很多，应用范围也很广泛，下面以 74LS74 为例进行介绍。

1. 74LS74 外引脚图和逻辑符号

图 4-27 所示为 74LS74 的外引脚图和逻辑符号，其内含两个上升沿触发的 D 触发器，触发器的复位端、置位端和时钟输入端各自独立。74LS74 的功能表见表 4-14。

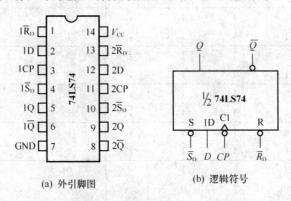

(a) 外引脚图　　　　　　　　　　(b) 逻辑符号

图 4-27　D 触发器 74LS74

表 4-14　　　　　　　　　　　　　　D 触发器 74LS74 的功能表

CP	D	$\overline{R}_D$	$\overline{S}_D$	Q^{n+1}	$\overline{Q^{n+1}}$	功 能 说 明
↑	0	1	1	0	1	置0
↑	1	1	1	1	0	置1
×	×	0	1	0	1	异步置0
×	×	1	0	1	0	异步置1
×	×	0	0	1	1	不定状态

2. 逻辑功能

表 4-14 说明 74LS74 是靠 CP 上升沿触发的边沿 D 触发器，且 $Q^{n+1} = D$；当 $\overline{R}_D = 0$、$\overline{S}_D = 1$ 时，触发器置0；当 $\overline{R}_D = 1$、$\overline{S}_D = 0$ 时，触发器置1；当 $\overline{R}_D = \overline{S}_D = 1$ 时，$Q^{n+1} = \overline{Q^{n+1}} = 1$，$D$ 触发器处于不定状态。

3. 时序图

由上述分析可以画出 74LS74 的时序图，如图 4-28 所示。

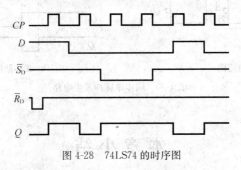

图 4-28　74LS74 的时序图

4.4.3　集成触发器的应用举例

1. 74LS112 的应用实例

图 4-29 为利用 JK 触发器 74LS112 构成的单按钮电子转换开关电路，该电路只利用一个按钮即可实现电路的接通与断开。

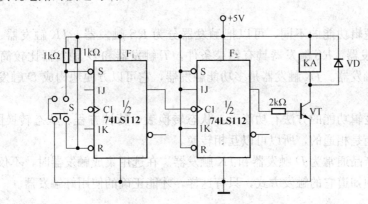

图 4-29　74LS112 的应用电路

电路中，用 74LS112 中的一个触发器 F_1 构成无抖动开关，S 为按钮开关。74LS112 中的另一个触发器 F_2 的 J、K 端与 $+V_{CC}$ 相连接，触发器接成计数形式，每按一次按钮 S，相当于为触发器 F_2 提供一个时钟脉冲下降沿，触发器 F_2 的状态翻转一次。Q_2 端经三极管 VT 驱动继电器 KA，利用 KA 的触点转换即可通断其他电路。

2. 74LS74 的应用实例

图 4-30（a）是利用 74LS74 构成的同步单脉冲发生电路。该电路借助于 CP 产生两个起始不一致的脉冲，再由一个与非门来选通，便组成一个同步单脉冲发生电路。图 4-30（b）是电路的工作波形，从波形图可以看出，电路产生的单脉冲与 CP 脉冲严格同步，且脉冲宽度等于 CP 脉冲的一个周期。电路的正常工作与开关 S 的机械触点产生的毛刺无关，因此，

可以应用于设备的起动，或系统的调试与检测。

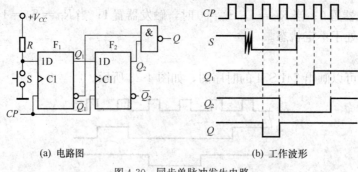

(a) 电路图　　　　　　　　　　(b) 工作波形

图 4-30　同步单脉冲发生电路

本 章 小 结

触发器是具有记忆功能的逻辑电路，每个触发器能存储 1 位二进制数据。

按照触发器逻辑电路结构的不同，可以把触发器分为基本 RS 触发器、同步 RS 触发器、主从触发器和边沿触发器。它们的触发方式不同，基本 RS 触发器和同步 RS 触发器属于电平触发，其他的触发器是靠 CP 脉冲的边沿触发，可以是上升沿触发，也可以是下降沿触发。

按照触发器逻辑功能的不同，可以把触发器分为 RS 触发器、JK 触发器、D 触发器、T 触发器和 T' 触发器。RS 触发器具有约束条件，T 触发器和 D 触发器比较简单，T' 触发器是一种计数型触发器。JK 触发器是多功能触发器，它可以方便地构成 D 触发器、T 触发器和 T' 触发器。

描述触发器逻辑功能的方法有功能表、状态转换表、特性方程、状态转换图和时序图。由于它们在本质上是相通的，所以可以互相转换。

集成触发器产品通常为 D 触发器和 JK 触发器。在选用集成触发器时，不仅要知道它的逻辑功能，还必须知道它的触发方式，只有这样，才能正确的使用好触发器。

实验　集成触发器逻辑功能测试

1. 实验目的

（1）学会测试触发器逻辑功能的方法。

（2）进一步熟悉数字逻辑实验箱的使用方法。

（3）学会用示波器观察数字信号波形的方法。

2. 实验任务

（1）基本 RS 触发器逻辑功能的测试。

（2）集成 JK 触发器的逻辑功能测试。

（3）集成 D 触发器的逻辑功能测试。

（4）用双踪示波器观察触发器的工作波形。

思考题与习题

4-1 触发器的主要性能是什么？它有哪几种结构形式？其触发方式有什么不同？

4-2 试分别写出 RS 触发器、JK 触发器、D 触发器、T 触发器和 T' 触发器的状态转换表和特性方程。

4-3 已知同步 RS 触发器的 R、S、CP 端的电压波形如图 T4-3 所示。试画出 Q、$\overline{Q}$ 端的电压波形。假定触发器的初始状态为 0。

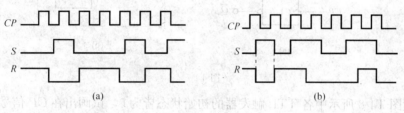

图 T4-3

4-4 设边沿 JK 触发器的初始状态为 0，CP、J、K 信号如图 T4-4 所示，试画出触发器输出端 Q、$\overline{Q}$ 的波形。

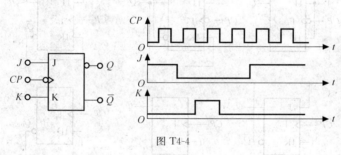

图 T4-4

4-5 电路如图 T4-5（a）所示，输入波形如图 T4-5（b）所示，试画出该电路输出端 G 的波形，设触发器的初始状态为 0。

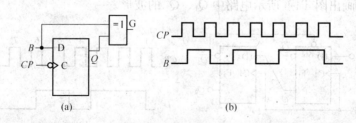

图 T4-5

4-6 试画出图 T4-6 所示波形加在以下两种触发器上时，触发器输出 Q 的波形：

（1）下降沿触发的触发器。

（2）上升沿触发的触发器。

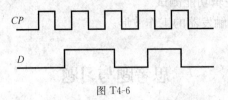

图 T4-6

4-7 已知 A、B 为输入信号，试写出图 T4-7 所示各触发器的次态逻辑表达式。

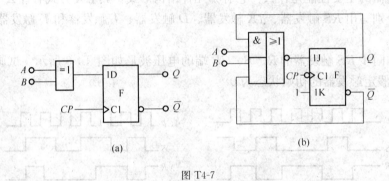

(a)

(b)

图 T4-7

4-8 设图 T4-8 所示中各 TTL 触发器的初始状态皆为 0，试画出在 CP 信号作用下各触发的输出端 $Q_1 \sim Q_6$ 的波形。

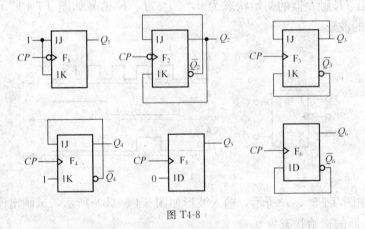

图 T4-8

4-9 试对应画出图 T4-9 所示电路中 Q_1、Q_2 的波形。

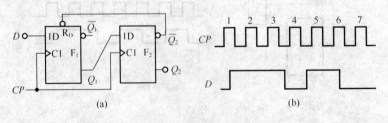

(a)

(b)

图 T4-9

4-10 一逻辑电路如图 T4-10 所示，试画出在 CP 作用下 $\overline{Y_0}$、$\overline{Y_1}$、$\overline{Y_2}$、$\overline{Y_3}$ 的波形。（74LS139 为 2 线—4 线译码器。）

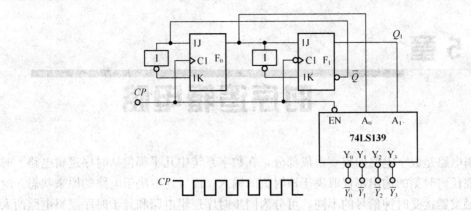

图 T4-10

4-11 由边沿 D 触发器和边沿 JK 触发器组成图 T4-11（a）所示的电路。输入如图 T4-11（b)所示的波形，试对应画出 Q_1、Q_2 的波形。

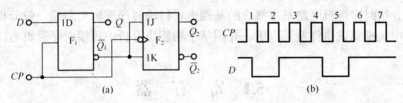

图 T4-11

第 5 章

时序逻辑电路

时序逻辑电路是数字电路的重要组成部分，在数字系统中几乎都包括时序逻辑电路。时序逻辑电路在任何时刻的输出不仅取决于该时刻的输入，而且还取决于电路的原来状态。时序电路按各触发器接受时钟信号的不同，可分为同步时序逻辑电路和异步时序逻辑电路两大类。在同步时序电路中，各触发器状态的变化都在同一时钟信号作用下同时发生；在异步时序电路中，各触发器状态的变化不是同步发生的，可能有一部分电路有公共的时钟信号，也可能完全没有公共的时钟信号。

本章在介绍时序逻辑电路基本概念的基础上，讨论时序逻辑电路的一般分析方法，并重点介绍几种中规模集成器件及其应用，介绍基于功能块分析中规模时序逻辑电路的方法。

5.1 寄 存 器

寄存器是数字电路中的一个重要逻辑部件，具有存储二进制数码或信息的功能。例如在计算机中，常需要用它存储参与运算的数据。寄存器由触发器组成，一个触发器能存放 1 位二进制数码，有 n 个触发器就可以存放 n 位二进制数码；除了触发器外，还可配有具备控制作用的门电路，以使寄存器能按照寄存指令，实现二进制数码或信息的接收、输出和清除等功能。

寄存器通常分为两大类：数码寄存器和移位寄存器。下面分别进行介绍。

5.1.1 数码寄存器

1. 由 D 触发器构成的数码寄存器

数码寄存器具有接收、存放和输出数码的功能。在接收指令（在计算机中称为写指令）控制下，将数据送入寄存器存放；需要时可在输出指令（读出指令）控制下，将数据由寄存器读出。

图 5-1 所示电路是用 D 触发器直接构成的单拍工作方式的 4 位数码寄存器，各触发器的 CP 输入端连在一起，作为寄存器的接收控制信号端。$D_3 \sim D_0$ 是数码输入端，$Q_3 \sim Q_0$ 是输出端。

当接收脉冲 CP 上升沿到来时，触发器更新状态，$Q_3Q_2Q_1Q_0 = D_3D_2D_1D_0$，即把输入数码接收进寄存器，并保存起来。由于这种电路寄存数据时不需要清除原来的数据，只要 CP 上升沿一到达，新的数据就会存入，所以称为单拍工作方式的数据寄存器。常用的四 D 型触发器 74LS175、六 D 型触发器 74LS174、八 D 型触发器 74LS374 等触发器均可组成集成数码寄存器。

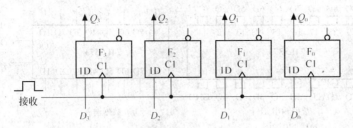

图 5-1 单拍工作方式的数码寄存器

2. 由锁存器构成的数码寄存器

由集成锁存器组成的数码寄存器，常见的有八 D 型锁存器 74LS373 等。由锁存器组成的数码寄存器与 D 触发器组成的数码寄存器的区别在于：锁存器的送数脉冲为使能信号（电平信号），当使能信号到来时，输出随输入数码的变化而变化，相当于输入信号直接加在输出端；当使能信号结束后，输出状态将保持不变。

（1）锁存器的工作原理

锁存器与 D 触发器不同，它在不锁存数据时，输出端的信号随输入信号变化；一旦锁存器起锁存作用时，数据被锁住，输出端的信号不再随输入信号而变化。图 5-2 为锁存器的原理图，图中 CP 是锁存控制信号输入端，D 是数据输入端，Q 和 $\overline{Q}$ 是数据互补输出端。其工作过程如下。

① 当 $CP=0$ 时，G_2 左边的与门被封锁，同时，G_3 被封锁，输出为 1，与或非门的输出 $\overline{Q}=\overline{D}$，而 $Q=D$。

② 当 CP 由 0 变为 1 时，分两种情况讨论：其一是当 CP 由 0 变为 1 时，若原状态为 $\overline{Q}=1$，$Q=0$，G_2 左边的与门被封锁，此时，由于 G_3 的两个输入均为 1，其输出为 0，G_2 右边的与门也被封锁，与或非门的输出 $\overline{Q}=1$，保持原状态不变，即 D 数据输入不影响 $\overline{Q}$ 和 Q 的状态；其二是当 CP 由 0 变为 1 时，若原状态为 $\overline{Q}=0$、$Q=1$，G_2 左边与门的两个输入均为 1，G_2 输出 $\overline{Q}=0$，使 $Q=1$，保持原状态不变，即 D 数据输入的状态不影响 $\overline{Q}$ 和 Q 的状态。

由上述分析可知，当 $CP=0$ 时，$Q=D$，电路不锁存数据；当 $CP=1$ 时，D 数据输入不影响电路的状态，电路锁定原来的数据。

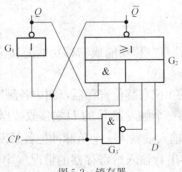

图 5-2 锁存器

（2）集成数码锁存器 74LS373

图 5-3 所示为 74LS373 的外引脚图和逻辑符号，其功能见表 5-1。

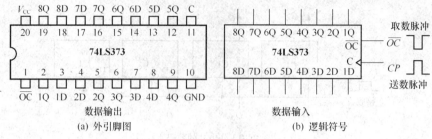

图 5-3   8 D 型锁存器 74LS373

表 5-1   8D 型锁存器 74LS373 功能表

输　　　　入			输　　　出
$\overline{OC}$	C	D	Q
0	1	1	1
0	1	0	0
0	0	×	Q_0
1	×	×	Z

从表 5-1 中可以看出，$\overline{OC}$ 为三态控制端（低电平有效），当 $\overline{OC}=1$ 时，8 个输出端均为高阻态（功能表中的 Z 表示高阻态）；$\overline{OC}=0$ 时，输入数据 D 能传输到输出端。C 为锁存控制输入端，送数脉冲 CP 从 C 端加入，CP 下降沿时锁存数据，且 $C=0$ 时保持数据（功能表中的 Q_0 表示被锁存的状态）；$C=1$ 时不锁存，输入数据直接到达输出端。$1D\sim8D$ 为数据输入端，$1Q\sim8Q$ 为数据输出端。

三态输出的集成锁存器常用于数字系统和计算机系统中，多个三态输出的集成锁存器的输出端分别与系统相应的数据总线相连，在三态控制端信号的控制下，各锁存器轮流把数据送到总线上。但在任何时刻，只能有一个锁存器输出数据，而其他锁存器的输出必须处于高阻状态。

5.1.2 移位寄存器

移位寄存器除了具有存储数码的功能外，还具有移位功能。所谓移位功能，就是寄存器中所存数据，可以在移位脉冲作用下逐位左移或右移。在数字电路系统中，由于运算的需要，常常要求寄存器中输入的数码能实现移位功能。移位寄存器分为单向移位寄存器和双向移位寄存器两大类。

1. 单向移位寄存器

单向移位寄存器，是指仅具有左移功能或右移功能的移位寄存器。

（1）右移位寄存器

图 5-4 是用 D 触发器组成的 4 位右移位寄存器，图中各触发器前一级的输出端 Q 依次接到下一级的数据输入端 D，只有第一个触发器 F_0 的 D 端接收数据。各触发器的置 0 端 $\overline{R}_D$ 全部连在一起，在接收数码前，从 $\overline{R}_D$ 输入端输入一个负脉冲把各触发器置为 0 状态（称为清零）。

现在分析将数码 1101 右移串行输入给寄存器的情况（串行输入是指逐位依次输入）。设寄存器各触发器初始状态 $Q_0Q_1Q_2Q_3$ 为 0000，各 D 输入端状态 $D_0D_1D_2D_3$ 也为 0000。数码 1011 由输入端 D_{SR} 从低位到高位与移位脉冲 CP 同步输入，即先把数码最低位 1 送给 D_0，再逐次输入 1 和 0，最后把最高位的数码 1 送入 D_0。具体工作过程为：当第一个移位脉冲

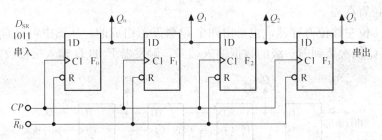

图 5-4　4 位右移位寄存器

CP 的上升沿到来时，第一位数码送入 F_0，同时每个触发器原来的状态也向右移送入下一个触发器的 D 端。当第四个 CP 脉冲作用后，数码 1011 全部送入寄存器中，从各触发器的输出端可得到并行输出的数码 $Q_0Q_1Q_2Q_3$ 为 1011（并行输出是指各位数据同时输出）。若将触发器 F_3 的 Q 端作为串行输出端，在经过四个 CP 脉冲作用后，数码 1011 便可依次从 Q_3 端输出（串行输出是指数据逐位依次输出）。

　　上述右移位寄存器的工作过程见表 5-2 所示。

表 5-2　　　　　　　　　　　　　**4 位右移位寄存器状态表**

CP 顺序	输入 D_{SR}	输　出			
		Q_0	Q_1	Q_2	Q_3
0	1	0	0	0	0
1	1	1	0	0	0
2	0	1	1	0	0
3	1	0	1	1	0
4	0	1	0	1	1
5	0	0	1	0	1
6	0	0	0	1	0
7	0	0	0	0	1
8	0	0	0	0	0

　　4 位右移位寄存器的时序图如图 5-5 所示。从图中可以清楚地看到 4 位右移位寄存器输入和输出的时序关系。

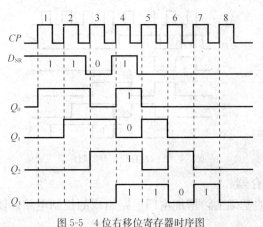

图 5-5　4 位右移位寄存器时序图

（2）左移位寄存器

图 5-6 是 4 位左移位寄存器，也是由四个 D 触发器组成的。从图中可以看出各触发器后一级的输出端 Q 依次接到前一级的数据输入端 D，触发器 F_3 的 D 输入端接收数据。

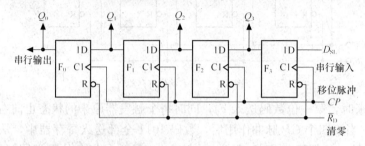

图 5-6　4 位左移位寄存器

它与 4 位右移位寄存器工作原理相同，只是该寄存器的数码由 D_{SL} 依次送入，在 CP 脉冲作用下逐个左移输入到寄存器中。

左移位寄存器串行输入数码的工作过程见表 5-3。

表 5-3　　　　　　　　　　　　4 位左移位寄存器状态表

CP 顺序	输入 D_{SL}	输　　出			
		Q_0	Q_1	Q_2	Q_3
0	1	0	0	0	0
1	0	0	0	0	1
2	1	0	0	1	0
3	1	0	1	0	1
4	0	1	0	1	1
5	0	0	1	1	0
6	0	1	1	0	0
7	0	1	0	0	0
8	0	0	0	0	0

4 位左移位寄存器的时序图如图 5-7 所示。

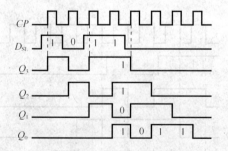

图 5-7　4 位左移位寄存器时序图

2. 集成双向移位寄存器

在单向移位寄存器的基础上，增加由门电路组成的控制电路，就可以构成既能左移又能右移的双向移位寄存器。

74LS194 为 4 位双向移位寄存器。74LS194 的外引脚图和逻辑符号如图 5-8 所示。图中的 M_1、M_0 为工作方式控制端，M_1、M_0 的四种取值（00、01、10、11）决定了寄存器的逻辑功能。该寄存器的逻辑功能较强，具有清零、并行输入（置数）、右移、左移、保持等功能，其功能如表 5-4 所示。

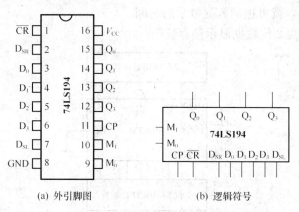

(a) 外引脚图   (b) 逻辑符号

图 5-8 双向移位寄存器 74LS194

表 5-4   **74LS194 功能表**

$\overline{CR}$	M_1	M_0	CP	功　　能
0	×	×	×	清零
1	×	×	0	保持
1	0	0	×	保持
1	0	1	↑	右移
1	1	0	↑	左移
1	1	1	↑	并行输入

由表 5-4，对 74LS194 的功能归纳如下。

(1) 清零：$\overline{CR}$ 是清零端，为低电平有效。当 $\overline{CR}=0$ 时，寄存器输出 $Q_0Q_1Q_2Q_3=0000$。

(2) 保持：寄存器工作时，应将 $\overline{CR}$ 端接高电平。保持状态有两种，当 $CR=1$ 时，若 $CP=0$ 或工作方式控制端 $M_1M_0=00$ 时，寄存器均具有保持功能。

(3) 右移：当 $\overline{CR}=1$、$M_1M_0=01$ 时，寄存器处于右移工作方式，在 CP 脉冲上升沿作用下，右移输入端 D_{SR} 的串行输入数据依次右移。

(4) 左移：当 $\overline{CR}=1$、$M_1M_0=10$ 时，寄存器处于左移工作方式，在 CP 脉冲上升沿作用下，左移输入端 D_{SL} 的串行输入数据依次左移。

(5) 并行输入数据：当 $\overline{CR}=1$、$M_1M_0=11$ 时，寄存器处于并行输入工作方式。此时，寄存器在 CP 脉冲上升沿作用下，将并行输入的数据（$D_0 \sim D_3$）送入寄存器中（并行输入是指各位数据同时输入），从输出端（$Q_0 \sim Q_3$）直接并行输出。

4 位双向移位寄存器 74LS194 是一种常用的、功能较强的中规模集成电路，与它的逻辑功能和外引脚排列都兼容的芯片有 CC40194 和 CC4022、74198 等。

5.1.3 寄存器的应用实例

集成寄存器在数字系统中的应用很广，如用于数据显示锁存器、产生序列脉冲信号、数码的串/并与并/串转换、构成计数器等。

1. 数据显示锁存器

在许多设备中常需要显示计数器的计数值，计数值通常以 8421BCD 码计数，并以七段数码显示器显示。如果计数器的计数速度高，人眼则无法辨认显示的字符，若在计数器和译码器之间加入锁存器，就可控制数据显示的时间。

图 5-9 所示电路为 2 位数据显示锁存器。

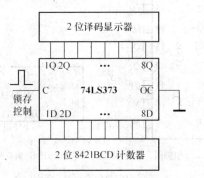

图 5-9 译码显示锁存电路

当计数器处于计数状态，若锁存信号 C 为高电平时，计数器的输出数据可通过锁存器到达译码显示电路；若锁存信号 C 变为低电平时，锁存器将接收到的计数器的输出数据保持不变，译码显示电路稳定显示数据，直到锁存信号 C 再次变为高电平，锁存器再次接收计数器的输出数据。不难看出，锁存信号维持低电平的时间即稳定显示数据的时间。

2. 产生序列脉冲信号

序列脉冲信号是在同步脉冲的作用下，按一定周期循环产生的一组二进制信号，如 111011101110…每隔 4 位重复一次 1110，称为 4 位序列脉冲信号。序列脉冲信号广泛用于数字设备测试、通信和遥控中的识别信号或基准信号等。

图 5-10 是用 74LS194 构成的 8 位序列脉冲信号发生器。

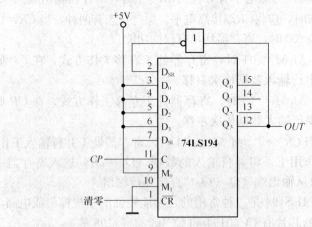

图 5-10 8 位序列脉冲信号产生电路

从图中可以看出，$M_1 M_0 = 01$，74LS194 接成了右移方式，输出端 Q_3 经过非门接到右移串行输入端 D_{SR}，同时 Q_3 作为序列脉冲信号输出端。在清零信号 $\overline{CR}$ 作用下，输出端全为

0，D_{SR} 为 1；在时钟信号 CP 的作用下，D_{SR} 数据右移，Q_3 的输出依次为 00001111100001111100001111…电路产生的 8 位序列脉冲信号为 00001111，其输出波形如图 5-11 所示。

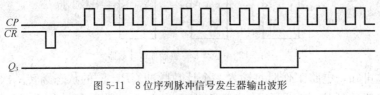

图 5-11　8 位序列脉冲信号发生器输出波形

5.2　二进制计数器

在数字系统中，常需要对时钟脉冲的个数进行计数，以实现测量、运算和控制等功能。具有计数功能的电路，称为计数器。

计数器的种类繁多，从不同角度出发，有不同的分类方法。例如：按计数器中数字的变化规律可分为加法计数器、减法计数器和可逆计数器；按计数器中触发器翻转的时序异同可分为同步计数器和异步计数器；按计数体制可分为二进制计数器、二—十进制计数器和任意进制计数器。

二进制计数器是结构最简单的计数器，但应用也很广。下面分别讨论异步二进制计数器和同步二进制计数器。

5.2.1　异步二进制计数器

异步计数器的计数脉冲没有加到所有触发器的 CP 端，而只作用于某些触发器的 CP 端。当计数脉冲到来时，各触发器的翻转时刻不同。所以，在分析异步计数器时，要特别注意各触发器翻转所对应的有效时钟条件。

异步二进制计数器是计数器中最基本、最简单的电路，它一般由接成计数型的触发器连接而成，计数脉冲加到最低位触发器的 CP 端，低位触发器的输出作为相邻高位触发器的时钟脉冲。

异步二进制计数器又可分为异步二进制加法计数器、异步二进制减法计数器和异步二进制可逆计数器。

1. 异步二进制加法计数器

二进制加法计数器必须满足二进制加法的运算规律。组成二进制加法计数器时，各触发器应当满足：

（1）每输入一个计数脉冲，触发器应当翻转一次；

（2）当低位触发器由 1 变为 0 时，应输出一个进位信号加到相邻高位触发器的计数输入端。

图 5-12 是一个由 CP 下降沿触发的 JK 触发器组成的 3 位异步二进制加法计数器的逻辑图。JK 触发器均接成计数型触发器，其输入端 J、K 都接高电平，计数脉冲 CP 作为最低位触发器 F_0 的时钟脉冲，低位触发器的 Q 输出端依次接到相邻高位触发器的时钟端。

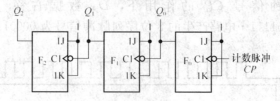

图 5-12　3 位异步二进制加法计数器

由图 5-12 可知，电路工作时每输入一个计数脉冲 CP，F_0 的状态翻转一次，其他高位触发器是在其相邻的低位触发器的输出从 1 态变为 0 态时进行翻转计数的，各触发器的状态为：

$$F_0 : Q_0^{n+1} = \overline{Q_0^n} \quad (CP \text{ 下降沿触发})$$
$$F_1 : Q_1^{n+1} = \overline{Q_1^n} \quad (Q_0 \text{ 下降沿触发})$$
$$F_2 : Q_2^{n+1} = \overline{Q_2^n} \quad (Q_1 \text{ 下降沿触发})$$

假设在计数之前，各触发器的置 0 端 $\overline{R}_D$ 加一负脉冲进行清零，则 $Q_2 Q_1 Q_0 = 000$。根据上述分析，很容易画出如图 5-13 所示的时序图，并不难得出如表 5-5 所示的该计数器的状态转换表。

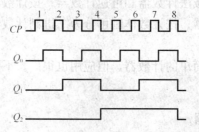

图 5-13　3 位异步二进制加法计数器的时序图

表 5-5　　　　　　　　　　　　3 位异步二进制加法计数器状态转换表

CP 顺序	Q_2	Q_1	Q_0	等效十进制数
0	0	0	0	0
1	0	0	1	1
2	0	1	0	2
3	0	1	1	3
4	1	0	0	4
5	1	0	1	5
6	1	1	0	6
7	1	1	1	7
8	0	0	0	0

由表 5-5 和图 5-13 可以看出，如果计数器从 000 状态开始计数，在第八个计数脉冲输入后，计数器又重新回到 000 状态，完成了一次计数循环。所以该计数器是八进制加法计数器或称为模 8 加法计数器。

由图 5-13 还可以看出，如果计数脉冲 CP 的频率为 f_0，那么 Q_0 输出波形的频率为 $\frac{1}{2}f_0$，Q_1 输出波形的频率为 $\frac{1}{4}f_0$，Q_2 输出波形的频率为 $\frac{1}{8}f_0$。这说明计数器除具有计数功能外，还具有分频的功能。

计数器状态的转换规律，还可以用状态转换图来表示。图 5-14 为 3 位二进制加法计数器的状态转换图。图中，圆圈内表示 $Q_2Q_1Q_0$ 的状态，用箭头表示状态转换的方向。

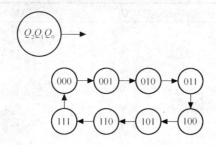

图 5-14　3 位异步二进制加法计数器的状态转换图

图 5-15（a）所示为用 CP 脉冲上升沿触发的 D 触发器（也接成计数型触发器）构成的 3 位异步二进制加法计数器逻辑图，它的时序图如图 5-15（b）所示。

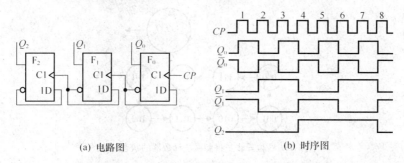

（a）电路图　　　　　　　　　　　（b）时序图

图 5-15　由 D 触发器构成的 3 位异步二进制加法计数器

2. 异步二进制减法计数器

二进制减法计数器必须满足二进制减法的运算规律。组成二进制减法计数器时，各触发器应当满足：

（1）每输入一个计数脉冲，触发器应当翻转一次；

（2）当低位触发器由 0 变为 1 时，应输出一个借位信号加到相邻高位触发器的计数输入端。

图 5-16（a）所示为用 CP 脉冲下降沿触发的 JK 触发器组成的 3 位异步二进制减法计数器的逻辑图。将 JK 触发器接成计数型的触发器，其输入端 J、K 均接高电平，计数脉冲 CP 作最低位触发器 F_0 的时钟脉冲，低位触发器的 $\overline{Q}$ 输出端依次接到相邻高位触发器的时钟端。

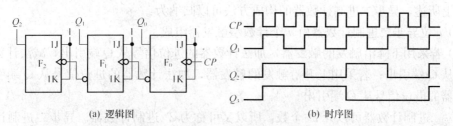

（a）逻辑图　　　　　　　　　　　（b）时序图

图 5-16　3 位异步二进制减法计数器

图 5-16（b）所示是它的时序图，表 5-6 所示是它的状态表。图 5-17 所示是 3 位异步二进制减法计数器的状态转换图。

表 5-6   **3 位异步二进制减法计数器状态表**

CP 顺序	Q_2	Q_1	Q_0	等效十进制数
0	0	0	0	0
1	1	1	1	7
2	1	1	0	6
3	1	0	1	5
4	1	0	0	4
5	0	1	1	3
6	0	1	0	2
7	0	0	1	1
8	0	0	0	0

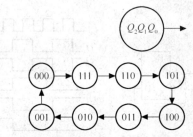

图 5-17   3 位异步二进制减法计数器的状态转换图

开始计数前，先用复位脉冲 $\overline{R}_D$ 将计数器清零，使 $Q_2Q_1Q_0$ 为 000。由状态转换表和时序图可以看出，该减法计数器的计数功能特点是：每输入一个计数脉冲 CP，$Q_2Q_1Q_0$ 的计数状态就减 1，当输入八个 CP 计数脉冲后，$Q_2Q_1Q_0$ 又回到 000 状态。

图 5-18 所示为用 CP 脉冲上升沿触发的 D 触发器（也接成计数型触发器）构成的 3 位异步二进制减法计数器逻辑图。

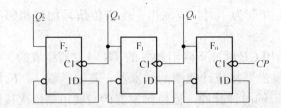

图 5-18   由 D 触发器构成的 3 位异步二进制减法计数器

综上所述，异步二进制计数器的构成方法可以归纳为：

（1）n 位异步二进制计数器由 n 个计数型触发器组成。

（2）若采用下降沿触发的触发器，加法计数器的进位信号从 Q 端引出，减法计数器的借位信号从 $\overline{Q}$ 端引出；若采用上升沿触发的触发器，加法计数器的进位信号从 $\overline{Q}$ 端引出，减法计数器的借位信号从 Q 端引出。

n 位二进制计数器可以计 2^n 个数，所以又可称为 2^n 进制计数器。异步二进制计数器电路较为简单，但由于它的进位（或借位）信号是逐级传送的，因而使计数器的工作速度受到限制，工作频率不能太高。

5.2.2 同步二进制计数器

同步计数器中，时钟脉冲同时触发计数器中所有的触发器，各触发器的翻转与时钟脉冲同步，所以同步计数器的工作速度较快，工作频率也较高。

同步二进制计数器按计数器的增减变化规律分为加法计数器、减法计数器及可逆计数器。

1. 同步二进制加法计数器

用 JK 触发器构成同步二进制计数器比较方便。若要构成一个同步二进制加法计数器，除了所有触发器的时钟控制端均由计数脉冲 CP 输入之外，只要控制各触发器的 J、K 端，使它们按计数状态顺序翻转即可。

表 5-7 为 4 位同步二进制加法计数器的状态转换表。由表 5-7 分析可知，4 位二进制加法计数器应按图 5-19 的时序图工作。计数器由 0000→0001→…→1110→1111 逐次加 1 递增，直到第十六个计数脉冲 CP 输入后，计数器从 1111 恢复为初始状态 0000。

表 5-7 4 位同步二进制加法计数器的状态转换表

CP 顺序	Q_3	Q_2	Q_1	Q_0
0	0	0	0	0
1	0	0	0	1
2	0	0	1	0
3	0	0	1	1
4	0	1	0	0
5	0	1	0	1
6	0	1	1	0
7	0	1	1	1
8	1	0	0	0
9	1	0	0	1
10	1	0	1	0
11	1	0	1	1
12	1	1	0	0
13	1	1	0	1
14	1	1	1	0
15	1	1	1	1
16	0	0	0	0

图 5-19 4 位同步二进制加法计数器的时序图

同步 4 位二进制加法计数器由四个 JK 触发器组成。第一级触发器 F_0 每来一个 CP 脉冲，便翻转一次，故要求 $J_0 = K_0 = 1$；第二级触发器 F_1 当 $Q_0 = 1$ 时，再来一个 CP 脉冲便翻转，故要求 $J_1 = K_1 = Q_0$；依此类推，第三级触发器 F_2 应有 $J_2 = K_2 = Q_1 Q_0$；第四级触发器 F_3 应有 $J_3 = K_3 = Q_2 Q_1 Q_0$。

按上述规律，使

$$J_0 = K_0 = 1$$
$$J_1 = K_1 = Q_0$$
$$J_2 = K_2 = Q_1 Q_0$$
$$J_3 = K_3 = Q_2 Q_1 Q_0$$

便可构成 4 位二进制加法计数器。其特点是：除了 $J_0 = K_0 = 1$ 之外，其他触发器的翻转条件是所有低位触发器的 Q 端全为 1。

图 5-20 所示电路是按照上述条件构成的一个 4 位同步二进制加法计数器。

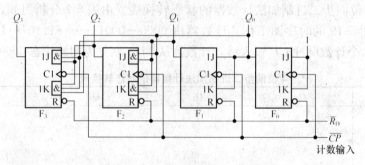

图 5-20 4 位同步二进制加法计数器

2. 同步二进制减法计数器

表 5-8 为 4 位同步二进制减法计数器的状态转换表。由表 5-8 分析可知，最低位触发器 F_0 与加法计数器中 F_0 相同，亦是每来一个计数脉冲翻转一次，故 $J_0 = K_0 = 1$。其他触发器的翻转条件是所有低位触发器的 Q 端全为 0，应有：

$$J_0 = K_0 = 1$$
$$J_1 = K_1 = \overline{Q_0}$$
$$J_2 = K_2 = \overline{Q_1}\,\overline{Q_0}$$
$$J_3 = K_3 = \overline{Q_2}\,\overline{Q_1}\,\overline{Q_0}$$

表 5-8 **4 位同步二进制减法计数器的状态转换表**

CP 顺序	Q_3	Q_2	Q_1	Q_0
0	0	0	0	0
1	1	1	1	1
2	1	1	1	0
3	1	1	0	1
4	1	1	0	0
5	1	0	1	1
6	1	0	1	0

续表

CP 顺序	Q_3	Q_2	Q_1	Q_0
7	1	0	0	1
8	1	0	0	0
9	0	1	1	1
10	0	1	1	0
11	0	1	0	1
12	0	1	0	0
13	0	0	1	1
14	0	0	1	0
15	0	0	0	1
16	0	0	0	0

显然只要将图 5-20 所示 4 位同步二进制加法计数器中 $F_1 \sim F_3$ 的 J、K 端由原来接低位 Q 端改接为 $\overline{Q}$ 端即可构成 4 位同步二进制减法计数器。

3. 同步二进制可逆计数器

将加法和减法计数器综合起来，由控制门进行转换，可以使计数器成为既能作加法计数又能作减法计数的可逆计数器。

图 5-21 所示为 4 位同步二进制可逆计数器的逻辑图。图中 S 为加/减控制端，当 $S = 1$ 时，下边的三个与非门被封锁，计数器进行加法计数；当 $S = 0$ 时，上边的三个与非门被封锁，计数器进行减法计数。

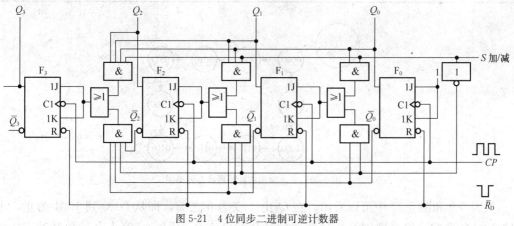

图 5-21　4 位同步二进制可逆计数器

5.3　任意进制计数器

任意进制计数器是指计数器的模 n 不等于 2^n 的计数器。例如，模 9、模 12 等进制的计数器，数字系统中常用到的十进制计数器也属于此类。

5.3.1 任意进制异步计数器

任意进制异步计数器，可以在异步二进制计数器的基础上，通过脉冲反馈或阻塞反馈来实现。下面以十进制加法计数器为例，说明通过反馈构成任意进制计数器的方法。

1. 脉冲反馈式

通过反馈线和门电路来控制二进制计数器中各触发器的 $\overline{R}_D$ 端，以消去多余状态（无效状态）构成任意进制计数器。

表 5-9 是十进制加法计数器的状态转换表，它的状态转换图如图 5-22 所示。

表 5-9 　　　　　　　　　　十进制加法计数器状态转换表

CP 顺序	Q_3	Q_2	Q_1	Q_0	等效十进制数
0	0	0	0	0	0
1	0	0	0	1	1
2	0	0	1	0	2
3	0	0	1	1	3
4	0	1	0	0	4
5	0	1	0	1	5
6	0	1	1	0	6
7	0	1	1	1	7
8	1	0	0	0	8
9	1	0	0	1	9
10	0	0	0	0	0

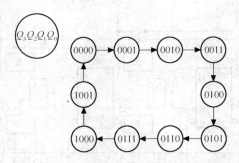

图 5-22　十进制加法计数器状态转换图

从表 5-9 和图 5-22 中可以看出，在 Q_3 由 1 变为 0 之前，即从 0000 到 1001 为止，十进制加法计数器和 4 位二进制加法计数器的计数顺序完全相同。当第十个计数脉冲 CP 到来后，要求计数器返回到 0000。此时可以向 4 位二进制加法计数器各触发器的 $\overline{R}_D$ 端输入一个负脉冲，使各触发器置 0，计数器回到 0000 状态，从而实现十进制加法计数。

图 5-23 所示是采用脉冲反馈式的异步十进制加法计数器，它是由 4 位异步二进制加法计数器修改而成的。该电路由与非门 G 输出清零信号，从而控制各触发器的 $\overline{R}_D$ 端，实现从 0000 状态计数到 1001 状态后自动返回到 0000 状态。不难看出，由于 $\overline{R}_D = \overline{Q_1 Q_3}$，当计数器从 1001 状态变为 1010 状态瞬间，Q_1、Q_3 同时为 1，与非门 G 输出清零信号，$\overline{R}_D = 0$ 使各

触发器置 0。各触发器置 0 后，由于 Q_1、Q_3 也变为 0，使 $\overline{R}_D$ 迅速由 0 变为 1，计数器又可以从 0000 状态开始计数。下面分析其工作原理。

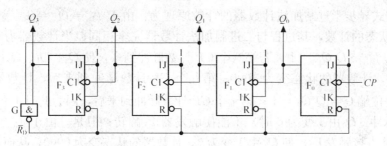

图 5-23　异步十进制加法计数器

由图 5-23 可以看出，当计数器从 0000 状态计数到 1001 状态时，其计数原理与 4 位二进制加法计数器完全相同；当计数器处于 1001 状态时，若再来计数脉冲，则计数器会进入 1010 状态，此时，Q_1、Q_3 同时为 1，$\overline{R}_D$ 输出一个负脉冲，计数器迅速复位到 0000 状态；当计数器变为 0000 状态后，$\overline{R}_D$ 又迅速由 0 变为 1 状态，清零信号消失，计数器又可以从 0000 状态重新开始计数。显然，1010 状态存在的时间极短（通常只有 10ns 左右），可以认为实际出现的计数状态只有 0000～1001，所以该电路实现了十进制计数功能。图 5-24 为异步十进制加法计数器的时序图。

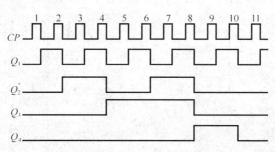

图 5-24　异步十进制加法计数器时序图

2. 阻塞反馈式

通过反馈线和门电路来控制二进制计数器中某些触发器的输入端，以消去多余状态（无效状态）来构成任意进制计数器。

图 5-25 所示电路是一个阻塞反馈式异步十进制加法计数器，该电路具有向高位计数器进位的功能。

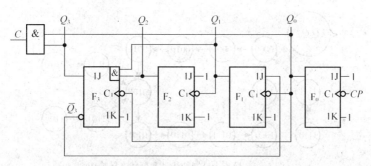

图 5-25　阻塞反馈式异步十进制加法计数器

从图中可以看出，在触发器 $F_0 \sim F_3$ 中，对 F_1 的 J_1 端与 F_3 的 J_3 端进行了控制，其中 $J_1 = \overline{Q_3}$、$J_3 = Q_2 Q_1$，Q_1 作为 F_3 的 CP 输入信号，进位信号 $C = Q_3 Q_0$。

阻塞反馈式异步十进制加法计数器的计数原理为：由于 $J_1 = \overline{Q_3} = 1$，计数器从 0000 状态到 0111 状态的计数，其过程与二进制加法计数器完全相同；当计数器为 0111 状态时，由于 $J_1 = 1$、$J_3 = Q_2 Q_1 = 1$，若第八个 CP 计数脉冲到来，使 Q_0、Q_1、Q_2 均由 1 变为 0，Q_3 由 0 变为 1，计数器的状态变为 1000；第九个 CP 计数脉冲到来后，计数器的状态变为 1001，同时进位端 $C = Q_0 Q_3 = 1$；第十个 CP 计数脉冲到来后，因为此时 $J_1 = \overline{Q_3} = 0$，从 Q_0 送出的负脉冲（Q_0 由 1 变为 0 时）不能使触发器 F_1 翻转；但是，由于 $J_3 = Q_2 Q_1 = 0$、$K_3 = 1$，Q_0 能直接触发 F_3，使 Q_3 由 1 变为 0，计数器的状态变为 0000，从而使计数器跳过 1010～1111 六个状态直接复位到 0000 状态。此时，进位端 C 由 1 变为 0，向高位计数器发出进位信号。可见，该电路实现了十进制加法计数器的功能。计数状态转换表见表 5-10。

表 5-10　　　　　　　　　　　十进制加法计数器状态转换表

CP	Q_3	Q_2	Q_1	Q_0	C	等效十进制数
0	0	0	0	0	0	0
1	0	0	0	1	0	1
2	0	0	1	0	0	2
3	0	0	1	1	0	3
4	0	1	0	0	0	4
5	0	1	0	1	0	5
6	0	1	1	0	0	6
7	0	1	1	1	0	7
8	1	0	0	0	0	8
9	1	0	0	1	1	9
10	0	0	0	0	0	0

表 5-10 中列出的是该计数器的十种有效状态 0000～1001，其他 1010～1111 六种状态是计数器的无效状态。不难分析，所有的无效状态均可以在 CP 脉冲作用下，自动返回到有效计数状态，该电路具有自启动功能。所谓自启动是指若计数器由于某种原因进入无效状态后，在连续时钟脉冲作用下，能自动从无效状态进入到有效计数状态。图 5-26 为该计数器的完全状态转换图。

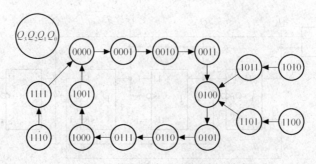

图 5-26　异步十进制加法计数器状态转换图

5.3.2　任意进制同步计数器

任意进制同步计数器中各触发器的翻转是同步的，分析同步计数器的逻辑功能或者设计一个同步计数器，都可以采用统一的步骤进行。下面介绍同步计数器的分析方法。

计数器的分析任务就是根据给定的逻辑电路图，分析计数器状态和它的输出在输入信号在时钟信号作用下的变化规律。分析过程一般按以下五个步骤进行。

（1）写驱动方程和输出方程。根据逻辑电路图的结构，可以写出各触发器控制输入端的逻辑函数式（即驱动方程）和计数器的输出逻辑函数式（即输出方程）。

（2）求状态方程。将各触发器的驱动方程代入相应触发器的特性方程，即可求出电路的状态方程。计数器状态方程由各触发器的 Q^{n+1} 表达式组成。

（3）根据各触发器的状态方程，画出相应的 Q^{n+1} 卡诺图，然后综合起来画计数器的状态卡诺图。

（4）由计数器的状态卡诺图列计数器的状态转换表，并根据状态转换表画状态转换图和时序图。

（5）说明计数器的逻辑功能。

例 5-1　试分析图 5-27 所示计数器的逻辑功能。

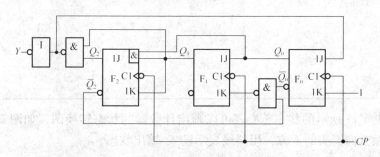

图 5-27　同步计数器电路

解：（1）根据给定的逻辑图写出驱动方程和输出方程

$$J_0 = \overline{Q_1^n Q_2^n} \qquad K_0 = 1$$

$$J_1 = Q_0^n \qquad K_1 = \overline{\overline{Q_0^n}\ \overline{Q_2^n}}$$

$$J_2 = Q_0^n Q_1^n \qquad K_2 = Q_1^n$$

$$Y = Q_1^n Q_2^n$$

（2）由 JK 触发器状态方程 $Q^{n+1} = J\overline{Q^n} + \overline{K}Q^n$，可以得到各触发器的状态方程

$$Q_0^{n+1} = \overline{Q_2^n Q_1^n}\ \overline{Q_0^n}$$

$$Q_1^{n+1} = Q_0^n \overline{Q_1^n} + \overline{Q_0^n}\ \overline{Q_2^n}Q_1^n$$

$$Q_2^{n+1} = Q_0^n Q_1^n \overline{Q_2^n} + \overline{Q_1^n}Q_2^n$$

（3）根据各触发器的状态方程分别填入其对应的 Q^{n+1} 卡诺图，见图 5-28。其中，图 5-28（a）为 Q_2^{n+1} 卡诺图，图 5-28（b）为 Q_1^{n+1} 卡诺图，图 5-28（c）为 Q_0^{n+1} 卡诺图。为了便于填卡诺图，可先将 Q^{n+1} 表达式变换为与或表达式。图 5-28（d）为计数器的状态卡诺图，图 5-28（d）中各方格的值，是根据各触发器的 Q^{n+1} 卡诺图按 $Q_2^{n+1}Q_1^{n+1}Q_0^{n+1}$ 的顺序填

入的。比如，图 5-28（d）中 m_0 方格的值是根据 $Q_2{}^{n+1}=0$、$Q_1{}^{n+1}=0$、$Q_0{}^{n+1}=1$ 填为 001 的，m_5 方格的值是根据 $Q_2{}^{n+1}=0$、$Q_1{}^{n+1}=1$、$Q_0{}^{n+1}=0$ 填为 110 的，等等。

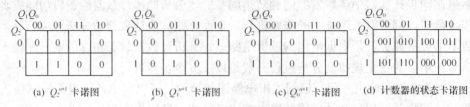

(a) $Q_2{}^{n+1}$ 卡诺图　　(b) $Q_1{}^{n+1}$ 卡诺图　　(c) $Q_0{}^{n+1}$ 卡诺图　　(d) 计数器的状态卡诺图

图 5-28　计数器的状态卡诺图

从计数器的状态卡诺图可以列出如表 5-11 所示的状态转换表。

表 5-11　　　　　　　　　　　例 5-1 电路的状态转换表

Q_3^n	Q_2^n	Q_1^n	Q_2^{n+1}	Q_1^{n+1}	Q_0^{n+1}	Y
0	0	0	0	0	1	0
0	0	1	0	1	0	0
0	1	0	0	1	1	0
0	1	1	1	0	0	0
1	0	0	1	0	1	0
1	0	1	1	1	0	0
1	1	0	0	0	0	1
1	1	1	0	0	0	1
0	0	0	0	0	1	0

（4）根据表 5-11 所示的状态转换表可以画出计数器的状态转换图，如图 5-29 所示。图中表示状态转换方向箭头的上方，用斜线表示输入/输出状态。

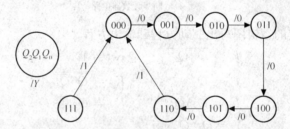

图 5-29　例 5-1 电路的状态转换图

从状态转换图中可以看出，$Q_2Q_1Q_0$ 的转换顺序为 000→001→010→011→100→101→110→000，电路在七个状态中循环，是一个同步七进制加法计数器。Y 代表进位，每循环一次，输出一个进位脉冲。

从图中还可看出，111 是无效状态。若初态为 111，在一个 CP 脉冲作用下，就可以转换为 000，进入有效循环状态（在计数器中又称为计数环）。可见，该电路能够自启动。此电路除 CP 脉冲信号外，无其他输入信号，所以状态转换图中斜线上方没有标输入变量状态。

根据状态转换图，可以画出计数器的时序图（即工作波形图），如图 5-30 所示。

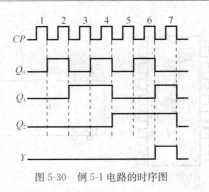

图 5-30　例 5-1 电路的时序图

5.4　中规模集成计数器及其应用

随着集成电路技术的发展，中规模集成计数器已大量生产和广泛应用。集成计数器的品种很多，表 5-12 列出了部分常用的集成计数器产品的型号及功能。

表 5-12　　　　　　　　　　　　部分常用集成计数器

系　列	型　号	名　称	功　能
TTL	74LS290	异步二一五一十进制计数器	双计数输入，直接置 9，直接清零
	74LS197	异步二一八一十六进制计数器	直接清零，可预置数，双时钟
	74LS160	同步 4 位十进制计数器	同步预置数，异步清零
	74LS161	同步 4 位二进制计数器	异步清零，同步预置数
	74LS163	同步 4 位二进制计数器	同步清零，同步预置数
	74LS191	同步可逆 4 位二进制计数器	异步预置数，带加/减控制
	74LS192	同步可逆十进制计数器	异步清零、预置数，双时钟
	74LS193	同步可逆 4 位二进制计数器	异步清零，异步预置数，双时钟
CMOS	CC4024	7 位二进制串行计数器	带清零端，有七个分频输出
	CC4040	14 位二进制串行计数器	带清零端，有十二个分频输出
	CC4518	双同步十进制加法计数器	异步清零，CP 脉冲可采用正负沿触发
	CC4520	双同步 4 位二进制计数器	同上
	CC4510	同步可逆十进制计数器	异步清零、预置数，可级联
	CC4516	同步可逆 4 位二进制计数器	同上
	CC40160	同步十进制计数器	同步预置数，异步清零
	CC40161	同步 4 位二进制计数器	同步预置数，异步清零

5.4.1　集成异步计数器 74LS290

集成异步计数器种类很多，常见的有二一五一十进制计数器 74LS290、74LS196；二一八一十六进制计数器 74LS293，74LS197 等，下面介绍一种最典型的集成异步计数器 74LS290。

1. 74LS290 的外引脚图、逻辑符号及逻辑功能

74LS290 为异步二一五一十进制计数器，其外引脚图、逻辑符号如图 5-31 所示，逻辑

功能见表 5-13 所示。

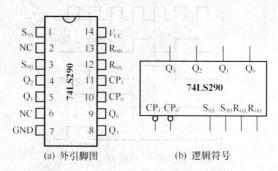

(a) 外引脚图   (b) 逻辑符号

图 5-31   74LS290 二－五－十进制计数器

表 5-13   74LS290 功能表

输　　入					输　　出			
R_{0A}	R_{0B}	S_{9A}	S_{9B}	CP	Q_3	Q_2	Q_1	Q_0
1	1	0	×	×	0	0	0	0
1	1	×	0	×	0	0	0	0
×	×	1	1	×	1	0	0	1
×	0	×	0	↓		计	数	
0	×	×	0	↓		计	数	
0	×	×	0	↓		计	数	
×	0	0	×	↓		计	数	

　　这种电路功能很强，可灵活地组成各种进制计数器。在 74LS290 内部有四个触发器，第一个触发器有独立的时钟输入端 CP_0（下降沿有效）和输出端 Q_0，构成二进制计数器；其余三个触发器以五进制方式相连，其时钟输入为 CP_1（下降沿有效），输出端为 Q_1、Q_2、Q_3。计数器 74LS290 的功能如下。

　　（1）直接置 9 功能

　　当异步置 9 端 S_{9A} 和 S_{9B} 均为高电平时，不管其他输入端的状态如何，计数器直接置 9。

　　（2）清零功能

　　当 S_{9A}、S_{9B} 中有低电平时，若 R_{0A}、R_{0B} 均为高电平，则计数器完成清零功能。

　　（3）计数功能

　　当 R_{0A}、R_{0B} 中有低电平以及 S_{9A}、S_{9B} 中有低电平这两个条件同时满足时，计数器可实现计数功能。如图 5-32 所示。

　　2. 基本工作方式

　　（1）二进制计数：若将计数脉冲由 CP_0 输入，由 Q_0 输出，即组成 1 位二进制计数器，如图 5-32（a）所示。

　　（2）五进制计数：若将计数脉冲由 CP_1 输入，由 Q_1、Q_2、Q_3 输出，即组成五进制计数器，如图 5-32（b）所示。

　　（3）十进制计数：若将 Q_0 与 CP_1 相连，计数脉冲 CP 由 CP_0 输入，先进行二进制计数，再进行五进制计数，即组成标准的 8421BCD 码十进制计数器，如图 5-32（c）所示；若把

CP_0 和 Q_3 相连，计数脉冲由 CP_1 输入，先进行五进制计数，再进行二进制计数，即可构成 5421BCD 码十进制计数器，如图 5-32 （d）所示。

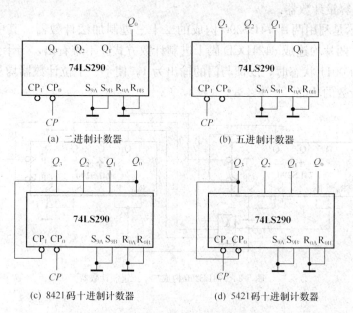

(a) 二进制计数器　　　　　　　　　　(b) 五进制计数器

(c) 8421 码十进制计数器　　　　　　(d) 5421 码十进制计数器

图 5-32　74LS290 的基本工作方式

3. 应用举例

尽管集成计数器的品种很多，但也不可能任一种进制的计数器都有其对应的集成产品。实际应用时，可用现有的集成计数器外加适当的电路连接而构成其他进制计数器。

（1）构成其他进制计数器

图 5-33 （a）是利用 74LS290 构成的七进制计数器。图中计数脉冲从 74LS290 的 CP_0 加入，Q_0 接 CP_1，并将 Q_2、Q_1、Q_0 通过一个与门反馈到置 0 输入端 R_{0B}。在计数脉冲作用下，当计数到 0111 状态时，$Q_2Q_1Q_0$ 通过与门反馈使 R_{0B} 为高电平，计数器迅速复位到 0000 状态；随后，R_{0B} 端的清零信号也随之消失，74LS290 重新从 0000 状态开始新的计数周期。显然，在该计数器中，0111 状态存在的时间极短（通常只有 10ns 左右），所以，可认为实际出现的计数状态只有 0000～0110 七种，故为七进制计数器。

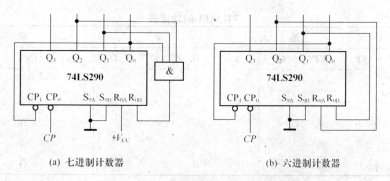

(a) 七进制计数器　　　　　　　　　　(b) 六进制计数器

图 5-33　用 74LS290 构成的其他进制计数器

图 5-33 （b）是利用 74LS290 构成的六进制计数器。图中将 Q_2、Q_1 反馈到置 0 输入端

R_{0A} 和 R_{0B}，当计数器出现 0110 状态时，计数器迅速复位到 0000 状态，然后又开始从 0000 状态计数，从而实现六进制计数。

（2）构成大容量计数器

图 5-34 所示是利用两片 74LS290 构成的二十三进制加法计数器。其中片 I 作为个位，片 II 作为十位，两片均连成 8421BCD 码十进制计数方式。不难看出，当十位片 II 为 0010 状态、个位片 I 为 0011 状态时，反馈与门的输出为 1，使个、十位计数器均复位到 0，从而完成二十三进制计数的功能。

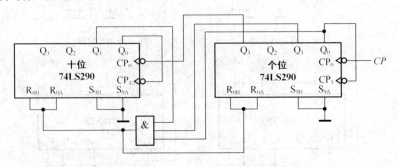

图 5-34　74LS290 构成二十三进制计数器

5.4.2　集成同步计数器 74LS161

1. 74LS161 的外引脚图、逻辑符号及逻辑功能

74LS161 是具有多种功能的集成同步 4 位二进制计数器，图 5-35 是其外引脚图，图 5-36 是电路的逻辑符号，表 5-14 是 74LS161 的功能表。

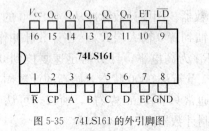

图 5-35　74LS161 的外引脚图　　　　　　　　图 5-36　74LS161 的逻辑符号

表 5-14　　　　　　　　　　　74LS161 的功能表

输　入									输　出			
$\overline{R_D}$	$\overline{LD}$	EP	ET	CP	A	B	C	D	Q_A	Q_B	Q_C	Q_D
0	×	×	×	×	×	×	×	×	0	0	0	0
1	0	×	×	↑	a	b	c	d	a	b	c	d
1	1	0	1	×	×	×	×	×	保		持	
1	1	1	0	×	×	×	×	×	保		持	
1	1	1	1	↑	×	×	×	×	计		数	

该计数器的输入端有：清零端 $\overline{R_D}$，使能端 EP、ET，置数端 $\overline{LD}$，时钟输入端 CP，数据输入端 A、B、C、D；输出端有：计数器的状态输出端 $Q_A \sim Q_D$，进位输出端 O_C。下面

我们逐项分析电路的逻辑功能。

（1）异步清零：当 $\overline{R}_D = 0$ 时，不管其他输入端为何种状态，都能使计数器清零。由于计数器清零不受 CP 脉冲控制，故称为异步清零。

（2）同步并行预置数：在 $\overline{R}_D = 1$ 的条件下，若 $\overline{LD} = 0$，在 CP 脉冲上升沿作用下，A、B、C、D 输入的数据将并行置入计数器的 Q_A、Q_B、Q_C、Q_D 之中。

（3）保持：在 $\overline{R}_D = \overline{LD} = 1$ 的前提下，电路有两种保持功能，其一是，当 $EP = 0$、$ET = 1$ 时，计数器将保持各触发器状态不变，并同时保持进位信号 O_C 的状态不变（$O_C = Q_A Q_B Q_C Q_D ET$）；其二是，当 $ET = 0$ 时，计数器保持各触发器的状态不变。

（4）计数：当 $\overline{R}_D = \overline{LD} = EP = ET = 1$ 时，电路处于计数状态，电路靠 CP 脉冲上升沿触发。

图 5-37 是 74LS161 的时序图，由时序图可以清楚地看出电路的逻辑功能和各控制信号之间的时序关系。进位信号 O_C 是当计数器为 1111 状态时为 1，其余时间为 0，其正脉冲宽度等于 CP 脉冲的一个周期。

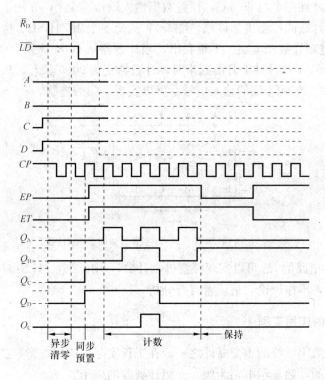

图 5-37　74LS161 的时序图

2. 应用举例

（1）同步二进制加法计数

只要使 $\overline{R}_D = \overline{LD} = EP = ET = 1$，电路则实现 4 位二进制加法计数。

（2）构成十六以内的任意进制加法计数器

利用 74LS161 的预置数端 $\overline{LD}$ 可以构成十六以内的任意进制加法计数器。

图 5-38（a）电路中，将进位输出 O_C 经反相器连接到 $\overline{LD}$ 端，且预置数输入端接成 0110，

则可实现十进制计数。当计数器的状态 $Q_D Q_C Q_B Q_A$ 为 1111 时，$O_c=1$，$\overline{LD}=0$，CP 脉冲上升沿到来时，计数器将置为 0110 状态，然后又从 0110 开始计数。可以看出，计数器是按 0110～1111 的顺序实现十进制计数的。图 5-38（b）是计数器的状态转换图。改变预置数输入端 A、B、C、D 的状态，可以实现其他进制计数。

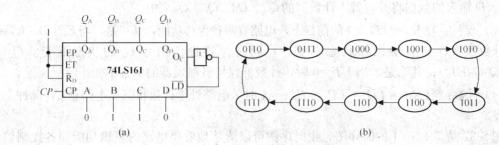

图 5-38　74LS161 构成十进制计数器

上面介绍的用 74LS161 构成的计数器不是从 0 开始计数的。如果需要构成从 0 开始计数的计数器，则需外加一个与非门 G，预置数据输入端接成全 0，并加上适当的反馈信号就可以实现从 0 开始计数的任意进制计数。图 5-39 就是一个用 74LS161 构成的从 0 开始计数的 8421BCD 码十进制计数器电路。不难看出，当计数器从 0000 计到 1001 状态时，门 G 的输出为 0，即 $\overline{LD}=0$，CP 脉冲上升沿到来时，计数器变为 0000 状态，从而实现了从 0000～1001 的十进制计数。改变门 G 的输入信号，可以实现不同的进制。

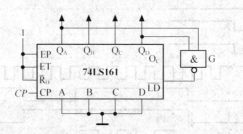

图 5-39　用 74LS161 构成从 0 开始计数的十进制计数器

利用 74LS161 电路的 $\overline{R_D}$ 可以实现任意进制计数，利用多片 74LS161 可以实现大容量计数。本书限于篇幅，不作讨论，请读者自行分析。

5.4.3　计数器的应用实例

计数器是组成数字系统的重要器件之一，在工程实际中应用非常广泛。下面以计数器构成分频器及数字钟的计数显示电路为例，介绍计数器的应用。

1. 计数器构成分频器

分频器可用来降低信号的频率，是数字系统中常用的电路，用集成计数器实现的程序分频器，在通信、雷达和自动控制系统中被广泛应用。

分频器的输入信号频率 f_1 与输出信号频率 f_0 之比称为分频比 N。程序分频器是指分频比 N 随输入置数的变化而改变的分频器，所以，具有并行置数功能的计数器都可以构成程序分频器。图 5-40 是由两片 CMOS 的 CC4516 可逆 4 位二进制计数器构成的程序分频器电路，该程序分频器的分频比 N 为 1～256。

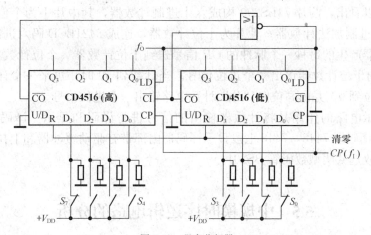

图 5-40　程序分频器

电路中两片 CC4516 均接成减法计数器（电路的 U/D 控制输入端接成低电平），低位计数器的借位输出端 $\overline{CO}$ 接到高位计数器的进（借）位输入端 $\overline{CI}$，高、低位计数器的 $\overline{CO}$ 经或非门反馈到各片的置数端 LD。

f_1 作为时钟脉冲从 CP 端输入，计数器在时钟脉冲作用下，进行减法计数。每当低位计数器减到 0 时，向高位计数器发出一个借位信号（高位计数器的 $\overline{CI}$ 为 0），使高位计数器减 1。当高、低位计数器均减为 0 时，两片计数器的 $\overline{CO}$ 端均发出低电平借位信号，使或非门输出为 1。或非门输出的高电平将数据输入端的数值置入计数器，并重新开始减法计数，重复上述过程。或非门的输出即为分频器的输出信号 f_O。改变预置数的值，可以改变分频比。例如，置数值 $S_7S_6S_5S_4S_3S_2S_1S_0$ 为 10000011，则该程序分频器的分频比 $N=131$。

2. 计数器组成数字钟计数显示电路

图 5-41 所示为由 74LS290 与译码显示电路组成的数字钟"秒"计数、译码、显示电路。通常数字钟需要一个精确的时钟信号，一般采用石英晶体振荡器产生，经分频后得到每秒一个脉冲的信号。

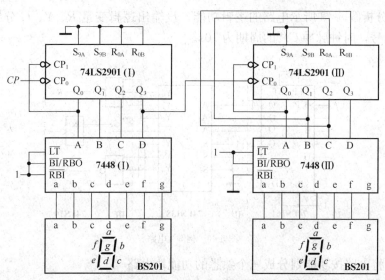

图 5-41　数字钟"秒"计数、译码、显示电路

从图中可以看出，两片 74LS290 构成六十进制计数器，其中片 Ⅰ 为个位计数器，连成 8421BCD 码十进制加法计数器；片 Ⅱ 为十位计数器，连成 8421BCD 码六进制加法计数器；石英晶体振荡器产生的每秒一个脉冲的 CP 信号送到个位计数器。个位计数器计满 10 后复位到 0，同时向十位计数器送出一个进位信号。当计数到 59 时，再来一个计数脉冲，两片计数器同时复位到 0，并由高位向"分"计数电路输出一个进位信号。

译码、显示电路的作用是将计数器输出的信号进行译码和显示。译码电路采用的是 BCD 七段显示译码器 7448，7448 七段显示译码器内部带有驱动缓冲器和上拉电阻，输出为高电平有效，故选共阴型数码管 BS201。

5.5 中规模时序逻辑电路的分析

5.5.1 中规模时序逻辑电路的分析步骤

前面介绍了部分中规模时序逻辑电路器件的逻辑功能及其应用，为了便于分析由这些中规模器件构成的时序逻辑电路，可以采用与分析中规模组合逻辑电路类似的划分功能块方法。只不过划分的功能块既有组合逻辑电路功能块，又有时序逻辑电路功能块。

采用划分功能块方法分析中规模时序逻辑电路的步骤如图 5-42 的流程图所示。流程图的各分析步骤与分析中规模组合逻辑电路类似，这里不再重复。如有必要，在对整个电路进行整体功能分析时，可以画出电路的工作波形。

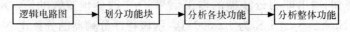

图 5-42 分析中规模时序逻辑电路的流程图

下面举例说明采用划分功能块方法分析中规模时序逻辑电路的过程。

5.5.2 中规模时序逻辑电路的分析举例

例 5-2 分析图 5-43 所示电路的逻辑功能。设输出逻辑变量 R、Y、G 分别为红、黄和绿灯的控制信号，时钟脉冲 CP 的周期为 10s。

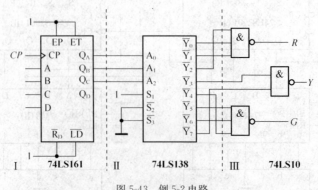

图 5-43 例 5-2 电路

解：（1）将电路按功能划分成三个熟悉的功能块电路

Ⅰ 是计数器，Ⅱ 是译码器，Ⅲ 是门电路。

（2）分析各功能块电路的逻辑功能

① 电路 74LS161 是同步 4 位二进制计数器，无任何反馈连接，只用到低 3 位输出，显然构成了一个八进制计数器。

② 3 线－8 线译码器 74LS138 构成的是反码输出的数据分配电路。

③ 电路Ⅲ的 3 个门电路构成输出译码电路，只要与非门的输入端有一个是低电平，输出就是高电平。

（3）分析总体逻辑功能

根据各功能块逻辑功能的分析，可以分析工作原理如下：在 CP 作用下，计数器循环计数，输出信号 R 持续 $30s$，Y 持续 $10s$，G 持续 $30s$，Y 持续 $10s$，周而复始。电路的工作波形如图 5-44 所示。

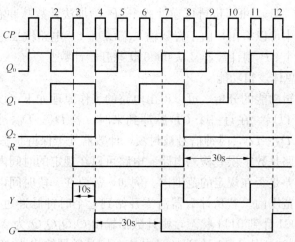

图 5-44 例 5-2 电路的工作波形

可见，总体电路逻辑功能为交通灯控制电路。需要指出，例 5-2 电路所示的交通灯控制电路只是原理性的，与实用的电路有较大差距。实际的交通灯，黄灯（Y）通常只亮 $1\sim2s$，而红灯（R）和绿灯（G）通常要亮 $60s$ 左右，故其控制电路要比例 5-2 所示电路复杂一些。读者可自行设计实际的交通灯控制电路。

例 5-3 分析图 5-45 所示电路的逻辑功能。

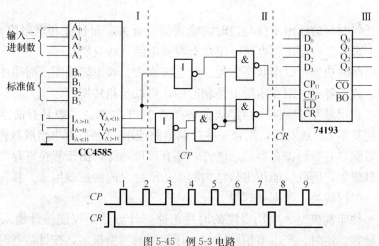

图 5-45 例 5-3 电路

解: (1) 将电路按功能划分成三个熟悉的功能块电路

Ⅰ是 CMOS 的 4 位二进制数值比较器 CC4585，Ⅱ是门级组合电路，Ⅲ是双时钟输入 4 位二进制可逆计数器 74193。

(2) 分析各功能块电路的逻辑功能

① 电路Ⅰ是 4 位二进制数值比较器，它把输入的二进制数 D_A 与标准值 D_B 比较，输出为比较的结果。不难看出，若 $D_A > D_B$，则有 $Y_{A<B} = 0$；若 $D_A < D_B$，则有 $Y_{A<B} = 1$；若 $D_A = D_B$，则 $Y_{A=B} = 1$。

② 电路Ⅱ是时钟输入控制电路。若 $Y_{A<B} = 0$，CP 送到 74193 的 CP_U，计数器进行加法计数；若 $Y_{A<B} = 1$，CP 送到 74193 的 CP_D，计数器进行减法计数；若 $Y_{A=B} = 1$，CP 被封锁，计数器停止计数。

③ 双时钟计数器 74193 可以进行可逆计数。CP_U 为加法计数脉冲输入端，CP_D 为减法计数脉冲输入端。从图中可以看出，由于置数输入端 $\overline{LD} = 1$，电路按二进制计数，但在 CR 脉冲的作用下每经过七个 CP 则计数器又从 0000 状态开始计数。

(3) 分析电路的总体逻辑功能

根据各功能块逻辑功能的分析，可以得出电路的工作原理如下：设在 CR 作用下，计数器起始状态为 0000。以后，在每一个 CP 脉冲到来时，若 $D_A > D_B$，计数器加 1；若 $D_A < D_B$，计数器减 1；若 $D_A = D_B$，时钟信号被封锁，计数器处于保持状态。

分析结果：该电路是数字误差检测电路。电路可以在规定的时间内检测输入的二进制数码与标准值的正负误差是否在规定的范围内。例如，需要在一段时间内多次测量恒温室的温度误差是否在规定的范围内。若从计数器清零开始到七个时钟脉冲过后，一直有 $D_A > D_B$，计数器做加法，从 0001 计到 0111 状态，则计数器输出 $Q_3Q_2Q_1Q_0$ 为 0111；反之，若一直有 $D_A < D_B$，计数器做减法，从 1111 计到 1001 状态，则计数器输出为 1001（1001 状态是 −7 的补码）。七个脉冲过后，CR 信号使计数器清零，准备下一次比较。在七个脉冲的作用期间，计数器输出的正常值应在 −7 ～ +7 之间变化。

本 章 小 结

时序电路任何时刻的输出不仅与当时的输入信号有关，而且还和电路原来的状态有关。从电路的组成上来看，时序逻辑电路一定含有存储电路（触发器）。

时序逻辑电路的功能可以用状态方程、状态转换表、状态转换图或时序图来描述。它们虽然形式不同，特点各异，但在本质上是相通的，可以互相转换。

数码寄存器是用触发器的两个稳定状态来存储 0、1 数据，一般具有清零、存数、输出等功能。可以用基本 RS 触发器，配合一些控制电路或用 D 触发器来组成数码寄存器。

移位寄存器除具有数码寄存器的功能外，还有移位功能。由于移位寄存器中的触发器一定不能存在空翻现象，所以只能用主从结构的或边沿触发的触发器组成。移位寄存器还可实现数据的串行—并行转换、数据处理等。

计数器是一种非常典型、应用很广的时序电路，计数器不仅能统计输入时钟脉冲的个数，还能用于分频、定时、产生节拍脉冲等。计数器的类型很多，按计数器时钟脉冲引入方式和触发器翻转时序的异同，可分为同步计数器和异步计数器；按计数体制的异同，可分为二进制计数器、二—十进制计数器和任意进制计数器；按计数器中数字的变化规律的异同，可分为加法计数器、减法计数器和可逆计数器。

对各种集成寄存器和计数器，应重点掌握它们的逻辑功能，对于内部电路的分析，则放在次要位置。现在已生产出的集成时序逻辑电路品种很多，可实现的逻辑功能也较强，应在熟悉其功能的基础上加以充分利用。

实验　中规模集成计数器及其应用

1. 实验目的

(1) 熟悉中规模集成计数器的功能及应用。

(2) 熟悉数码显示电路的功能及应用。

(3) 学会用数字逻辑实验箱测试计数器逻辑功能的方法。

(4) 进一步熟悉用双踪示波器观察多路数字信号波形的方法。

2. 实验任务

建议选用集成计数器 74LS161 或 74LS290 组成计数电路。

(1) 测试集成计数器电路的逻辑功能。

(2) 将集成计数器接成任意进制计数器：

① 由集成计数器分别构成六进制和十进制计数器；

② 用数字逻辑实验箱上的数字显示器观察并记录计数器的计数过程；

③ 用双踪示波器观察并记录 CP、Q_0、Q_1、Q_2、Q_3 的波形。

(3) 用计数器、译码器和 LED 数码管接成六十进制的计数、译码、显示电路：

① 用两片计数器构成六十进制计数器；

② 正确选用译码器和 LED 数码管，并与计数器连接成六十进制的计数、译码、显示电路；

③ 利用数字逻辑实验箱测试所连接的电路。

思考题与习题

5-1　在如图 T5-2 所示的四位移位寄存器中，假定开始时 $Q_4Q_3Q_2Q_1$ 为 1101 状态。若串行输入序列 101101 与 CP 脉冲同步地加在 IN 串行输入端时，请对应画出各触发器 Q 端的输出波形。

5-2　图 T5-2 电路中各触发器的初始状态均为 0，请对应输入 CP 和 IN 的波形，画各触发器 Q 端的输出波形。

5-3　试用两片 74LS194 电路构成一个八位移位寄存器，并画出逻辑电路图。

5-4　请用上升沿触发的 D 触发器构成一个异步 3 位二进制加法计数器，并对应 CP 画出 Q_1、Q_2、Q_3 的波形。

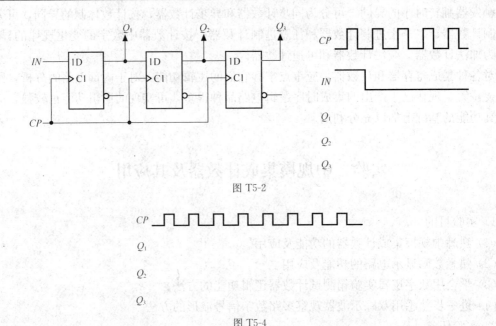

图 T5-2

图 T5-4

5-5 请用 JK 触发器构成一个脉冲反馈式异步六进制加法计数器,并画出对应于 CP 脉冲的工作波形。

CP ⊓⊔⊓⊔⊓⊔⊓⊔⊓⊔⊓

图 T5-5

5-6 请分析如图 T5-6 所示的阻塞反馈式异步计数器电路的逻辑功能,指出该计数器为几进制,并画出计数状态转换图。

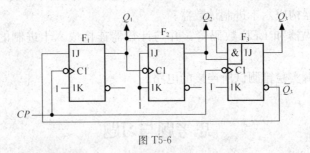

图 T5-6

5-7 分析图 T5-7 同步计数器电路的逻辑功能。

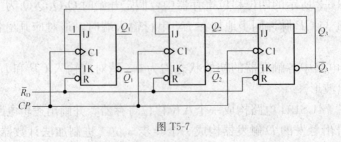

图 T5-7

5-8 分析图 T5-8 的计数器电路,说明是几进制,画出计数状态转换图。

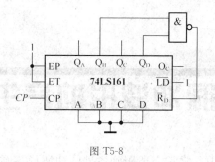

图 T5-8

5-9　分析图 T5-9 的计数器电路，说明当 A 分别为 1 和 0 时计数器为几进制，并分别画出计数状态转换图。

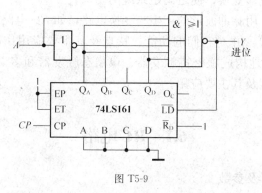

图 T5-9

5-10　请用 74LS161 构成一个从 1 计到 12 的十二进制计数器。

5-11　请用 74LS290 构成一个 8421BCD 码的八十四进制的计数器电路。

5-12　图 T5-12 所示电路是由计数器 74LS161 和译码器 74LS138 构成的八节拍脉冲发生器，不考虑延迟时间，请对应画出 $Q_1 \sim Q_3$ 和 $\overline{Y}_0 \sim \overline{Y}_7$ 的波形图。

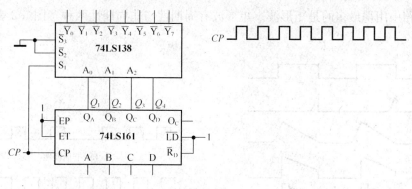

图 T5-12

第6章

脉冲波形的产生与变换

在数字电路和数字系统中，常常需要用到各种脉冲波形，例如时钟脉冲、控制过程中的定时信号等。这些脉冲波形的获取，通常有两种方法：一种是用脉冲振荡电路产生；另一种则是对已有的信号进行波形变换，使之满足系统的要求。

本章主要讨论几种常用脉冲波形的产生与变换电路，如 RC 电路、施密特触发器、单稳态触发器和多谐振荡器等，并对它们的功能、特点及其主要应用作简要介绍。广为应用的555 定时器，可以很方便地构成施密特触发器、单稳态触发器和多谐振荡器，本章的最后，将介绍 555 定时器的功能及其主要应用。

6.1 RC 电路

6.1.1 常用脉冲波形及参数

1. 常见的脉冲波形

脉冲波形是指突变的电流和电压的波形。常见的有：矩形波、尖峰波、锯齿波、梯形波、阶梯波等。图 6-1 给出了常见的脉冲波形图。

2. 矩形波及其参数

数字电路中用得最多的是矩形波。矩形波有周期性与非周期性两种，图 6-2 表示了这两类矩形波。

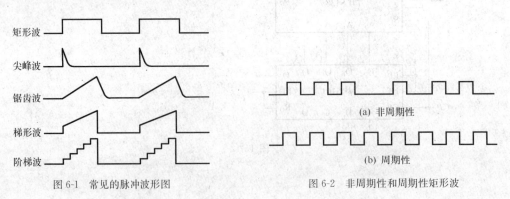

图 6-1 常见的脉冲波形图   图 6-2 非周期性和周期性矩形波

周期性矩形波的周期用 T 表示，有时用频率 f 表示（$f = 1/T$）。图 6-3 标出了矩形波的另外几个主要参数。

（1）脉冲幅度 U_m——脉冲电压的最大变化幅度。

（2）脉冲宽度 t_w——从脉冲前沿到达 $0.5\,U_m$ 起，到脉冲后沿 $0.5\,U_m$ 为止的时间。

（3）上升时间 t_r——脉冲前沿从 $0.1U_m$ 上升到 $0.9U_m$ 所需的时间。

（4）下降时间 t_f——脉冲后沿从 $0.9U_m$ 下降到 $0.1U_m$ 所需的时间。

（5）占空比 q——脉冲宽度与脉冲周期之比，$q = t_w/T$。通常 q 用百分比表示，如果 $q = 50\%$，则称为对称方波。

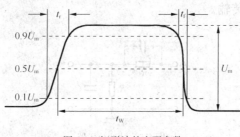

图 6-3 矩形波的主要参数

6.1.2 RC 电路的应用

应用 RC 电路可以对矩形波进行变换，常用的有微分电路、积分电路和脉冲分压器。

1．微分电路

微分电路如图 6-4（a）所示，如果满足条件 $RC \ll t_w$，则可将矩形波变换为尖峰波，其工作波形如图 6-4（b）所示。由于电路的输出 u_O 只反映输入波形 u_I 的突变部分，故称为微分电路。

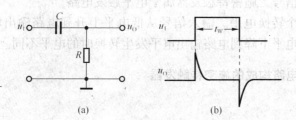

图 6-4 微分电路

2．积分电路

积分电路如图 6-5（a）所示，若满足条件 $RC \gg t_w$，则可将矩形波变换为三角波，其工作波形如图 6-5（b）所示。如果 $RC \ll t_w$，则不满足积分电路的条件，图 6-5（a）所示电路将得到如图 6-5（c）所示的波形，可以看出，输出波形 u_O 的边沿变差了。

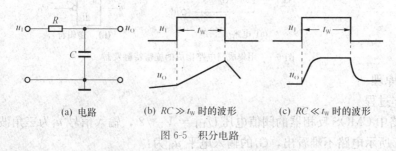

（a）电路　　　（b）$RC \gg t_w$ 时的波形　　　（c）$RC \ll t_w$ 时的波形

图 6-5 积分电路

3．脉冲分压器

在模拟电路中，常用电阻分压器来实现正弦波信号的无失真传输。但是，对脉冲信号的传输，不能采用简单的电阻分压器，因为分布电容的影响，会使输出波形的边沿发生畸变。为了实现脉冲信号的无畸变传输，需要采用脉冲分压器。各种示波器的输入衰减器采用的就是这种脉冲分压器。

脉冲分压器的电路如图 6-6 所示，只要满足条件 $C_1R_1 = C_2R_2$ 或者 $C_1 = C_2R_2/R_1$，则可实现脉冲信号的无畸变传输。

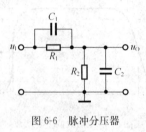

图 6-6　脉冲分压器

6.2　施密特触发器

施密特触发器的主要用途是可以把变化缓慢的信号波形变换为边沿陡峭的矩形波。施密特触发器有两个特点：

第一，电路有两种稳定状态。两种稳定状态的转换需要外加触发信号，维持两种稳定状态也依赖于外加触发信号。施密特触发器属于电平触发电路。

第二，电路有两个转换电平。输入信号从低电平上升到电路输出电平发生转换时的电平，与输入信号从高电平下降到电路输出电平发生转换时的电平不同。

6.2.1　用集成门电路构成的施密特触发器

1. 电路组成

用集成门电路可以很方便地构成施密特触发器。以 CMOS 反相器为例，用两个反相器串接起来，再加两个分压电阻，就可以构成一个如图 6-7（a）所示的施密特触发器。

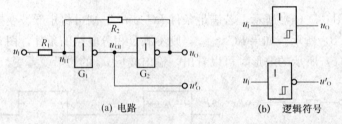

(a) 电路　　　　　　　　　　　(b)　逻辑符号

图 6-7　用集成门电路构成的施密特触发器

2. 工作原理

（1）工作过程

假定电路中 CMOS 反相器的阈值电压 $U_{TH} = V_{DD}/2$，输入信号 u_1 为三角波。

由图 6-7 所示电路不难看出，G_1 的输入电平 u_{I1} 为：

$$u_{I1} = \frac{R_2}{R_1 + R_2}u_1 + \frac{R_1}{R_1 + R_2}u_O$$

当 $u_1 = 0V$ 时，由于 $u_{I1} < U_{TH}$，故 G_1 截止、G_2 导通，输出为 U_{OL}，即 $u_O = 0V$。只要满足 $u_{I1} < U_{TH}$，电路就会处于这种状态。我们称 G_1 截止、G_2 导通，且电路输出 u_O 为低电平 U_{OL} 的状态为第一稳态。

当 u_1 上升，使得 $u_{I1} = U_{TH}$ 时，电路会产生如下正反馈过程：

$$u_{I1} \uparrow \longrightarrow u_{O1} \downarrow \longrightarrow u_O \uparrow$$

电路会迅速转换为 G_1 导通、G_2 截止，输出为 U_{OH}，即 $u_O = V_{DD}$ 的状态。此时的 u_1 值称为施密特触发器的上限触发转换电平 U_{T+}。显然，u_1 继续上升，电路的状态不会改变。我们称 G_1 导通、G_2 截止、输出为高电平 U_{OH} 的状态为第二稳态。

如果 u_1 下降，u_{I1} 也会下降。当 u_{I1} 下降到 U_{TH} 时，电路又会产生以下的正反馈过程：

$$u_{I1} \downarrow \longrightarrow u_{O1} \uparrow \longrightarrow u_O \downarrow$$

电路会迅速转换为 G_1 截止、G_2 导通、输出为 U_{OL} 的第一稳态。此时的 u_1 值称为施密特触发器的下限触发转换电平 U_{T-}。u_1 再下降，电路将保持状态不变。

（2）工作波形与电压传输特性

根据上述工作过程的分析，可以画出如图 6-8（a）所示的工作波形。从波形图可以看出，施密特触发器将三角波 u_1 变换成矩形波 u_O。从电路的工作波形可以得出如图 6-8（b）所示的施密特触发器的电压传输特性。

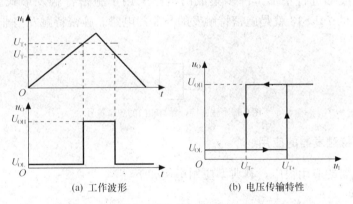

(a) 工作波形 (b) 电压传输特性

图 6-8 施密特触发器的工作波形及电压传输特性

如果把 G_1 的输出 u_{O1} 作为施密特触发器的输出 u_O'，其输出状态正好与 u_O 反相，那么，u_O' 的输出波形以及电压传输特性也正好与 u_O 反相。图 6-7（b）分别画出了以 u_O 和 u_O' 为输出的施密特触发器的逻辑符号。

通常 $U_{T+} > U_{T-}$，我们称 $\Delta U_T = U_{T+} - U_{T-}$ 为施密特触发器的回差。改变 R_1 和 R_2 的大小可以改变回差 ΔU_T。

6.2.2 集成施密特触发器

集成施密特触发器性能稳定，应用广泛，其主要产品有施密特触发的反相器（简称施密特反相器）和施密特触发的其他门电路。

1. 施密特反相器

TTL 和 CMOS 产品系列中均有施密特反相器电路，比如 TTL 的 74LS14 和 CMOS 的 CC40106 均为六施密特触发的反相器。下面以 CC40106 为例说明其功能。

为了提高电路的性能，电路在施密特触发器的基础上，增加了整形级和输出级，其内部原理框图如图 6-9（a）所示。整形级可以使输出波形的边沿更加陡峭，输出级可以提高电路的负载能力。图 6-9（b）是电路的电压传输特性，图 6-9（c）的逻辑符号表示 CC40106 中的一个施密特触发反相器。

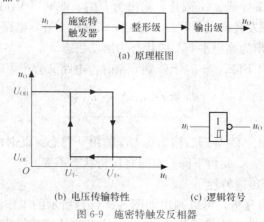

(a) 原理框图

(b) 电压传输特性   (c) 逻辑符号

图 6-9 施密特触发反相器

2. 施密特触发与非门电路

为了对输入波形进行整形，许多集成门电路采用了施密特触发形式。比如 CMOS 的 CC4093 和 TTL 的 74LS13 就是施密特触发的与非门电路。施密特触发与非门的逻辑符号如图 6-10 所示。

图 6-10 施密特触发与非门的逻辑符号

6.2.3 施密特触发器的应用

施密特触发器的应用很广，其典型应用举例如下。

1. 波形变换

利用施密特触发器可以将变化缓慢的波形变换成矩形波，图 6-11 所示是用施密特触发反相器将正弦波变换成矩形波。

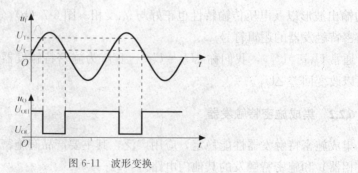

图 6-11 波形变换

2. 脉冲整形

在数字系统中，矩形脉冲经传输后往往发生波形畸变，或者边沿产生振荡等。通过施密特触发器整形，可以获得比较理想的矩形脉冲波形。图 6-12 是用施密特触发反相器实现的脉冲整形电路。

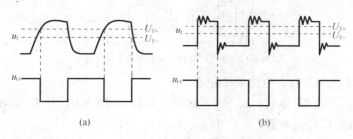

图 6-12　脉冲整形

3. 脉冲鉴幅

如图 6-13 所示，将一系列幅度各异的脉冲信号加到施密特触发器的输入端，只有那些幅度大于 U_{T+} 的脉冲才会在输出端产生输出信号。可见，施密特触发器具有脉冲鉴幅能力。

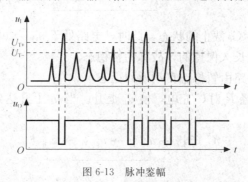

图 6-13　脉冲鉴幅

6.3　单稳态触发器

单稳态触发器具有如下工作特点：

第一，它有稳态和暂稳态两个不同的工作状态。

第二，在外加脉冲作用下，触发器能从稳态翻转到暂稳态，在暂稳态维持一段时间后，将自动返回稳态。

第三，暂稳态维持时间的长短取决于电路本身的参数，与外加触发信号无关。

由于单稳态触发器的这些特点，它被广泛应用于脉冲整形、定时和延时等方面。

6.3.1　用集成门电路构成的单稳态触发器

用集成门电路可以很方便地构成单稳态触发器，下面分别介绍单稳态触发器的电路组成、工作原理和主要参数。

1. 电路组成及工作原理

图 6-14 所示的单稳态触发器是由 CMOS 或非门和反相器构成的。单稳态触发器的暂稳

态是靠 RC 电路的充放电过程来维持的，由于图示电路的 RC 电路接成微分电路形式，故该电路又称为微分型单稳态触发器。

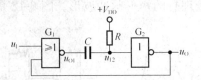

图 6-14　集成门电路构成的单稳态触发器

（1）输入信号 u_1 为 0 时，电路处于稳态

由于 $u_{12} = V_{DD}$，故 G_2 导通，$u_O = 0$；此时，u_1 和 u_O 均为 0，使 G_1 截止，u_{O1} 为 $U_{OH} = V_{DD}$。可见，在触发信号到来前，$u_{O1} = U_{OH}$、$u_O = u_{O2} = U_{OL}$。

（2）外加触发信号，电路由稳态翻转到暂稳态

当 u_1 产生正跳变时，G_1 的输出 u_{O1} 产生负跳变，经过电容 C 耦合，使 u_{12} 产生负跳变，G_2 输出 u_O 产生正跳变；u_O 的正跳变反馈到 G_1 输入端，从而导致如下正反馈过程：

$$u_1 \uparrow \; \rightarrow \; u_{O1} \downarrow \; \rightarrow \; u_{12} \downarrow \; \rightarrow \; u_O \uparrow$$

使电路迅速变为 G_1 导通、G_2 截止的状态，此时，电路处于 $u_{O1} = U_{OL}$、$u_O = u_{O2} = U_{OH}$ 的状态。然而这一状态是不能长久保持的，故称为暂稳态。

（3）电容 C 充电，电路由暂稳态自动返回稳态

在暂稳态期间，V_{DD} 经 R 对 C 充电，使 u_{12} 上升。当 u_{12} 上升达到 G_2 的 U_{TH} 时，电路会发生如下正反馈过程：

$$C\,充电 \; \rightarrow \; u_{12} \uparrow \; \rightarrow \; u_O \downarrow \; \rightarrow \; u_{O1} \uparrow$$

使电路迅速由暂稳态返回稳态，$u_{O1} = U_{OH}$、$u_O = u_{O2} = U_{OL}$。

从暂稳态自动返回稳态之后，电容 C 将通过电阻 R 放电，使电容上的电压恢复到稳态时的初始值。图 6-15 画出了电路各点的工作波形。

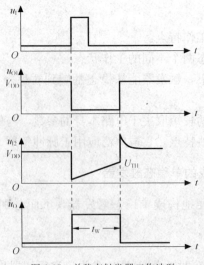

图 6-15　单稳态触发器工作波形

2. 主要参数

（1）输出脉冲宽度 t_w

输出脉冲宽度 t_w，就是暂稳态的维持时间。根据 u_{12} 的波形可以计算出

$$t_w \approx 0.7RC$$

（2）恢复时间 t_{re}

暂稳态结束后，电路需要一段时间恢复到初始状态。一般恢复时间 t_{re} 为（3～5）放电时间常数（通常放电时间常数远小于 RC）。

（3）最高工作频率 f_{max}（或最小工作周期 T_{min}）

设触发信号的时间间隔为 T，为了使单稳态触发器能够正常工作，应当满足 $T > t_w + t_{re}$ 的条件，即 $T_{min} = t_w + t_{re}$。因此，单稳态触发器的最高工作频率为

$$f_{max} = 1/T_{min} = 1/(t_w + t_{re})$$

6.3.2　集成单稳态触发器

用集成门电路构成的单稳态触发器虽然电路简单，但输出脉冲宽度的稳定性较差，调节范围小，而且触发方式单一。为适应数字系统中的广泛应用，现已生产出多种类型的集成单稳态触发器电路。这些集成单稳态触发器电路不仅有可重复触发和不可重复触发之分，而且有上升沿触发和下降沿触发之分，应用起来十分方便。

下面介绍 TTL 集成单稳态触发器电路 74121 的功能及其应用。74121 是一种不可重复触发的单稳态触发器，但它既可采用上升沿触发，又可采用下降沿触发，其内部还设有定时电阻 R_{int}（约为 $2k\Omega$）。图 6-16 是 74121 的电路符号，从图中可以看出，A_1、A_2 和 B 是触发输入端，Q 和 $\overline{Q}$ 是输出端，C_{ext} 和 R_{ext} 为外接定时元件引脚，R_{int} 为内部电阻引脚。各引脚旁的数字为集成电路的引脚号。

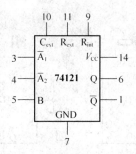

图 6-16　74121 的电路符号

表 6-1 是 74121 电路的功能表，从表中可以看出电路的各种功能。

表 6-1　74121 电路的功能表

输　入			输　出	
A_1	A_2	B	Q	$\overline{Q}$
0	×	1	0	1
×	0	1	0	1
×	×	0	0	1
1	1	×	0	1

续表

输 入			输 出	
A_1	A_2	B	Q	$\overline{Q}$
1	⌐＼	1	⊓	⊔
＼⌐	1	1	⊓	⊔
＼⌐	⌐＼	1	⊓	⊔
0	×	＿／	⊓	⊔
×	0	＿／	⊓	⊔

（1）触发方式

① 若 $B=1$，可以利用 A_1 或者 A_2 实现下降沿触发。

② 若 A_1 和 A_2 中有 0，可以利用 B 实现上升沿触发。

（2）定时元件接法

若选用内部电阻 R_{int}，应将 9 脚接电源 V_{CC}（14 脚）。若需得到比较宽的输出脉冲，应选用外接电阻 R_{ext}，R_{ext} 可在 1.4～40kΩ 之间选择，9 脚须悬空，R_{ext} 接在 11、14 脚之间。

74121 的输出脉冲宽度 t_w 可用公式 $t_w \approx 0.7RC$ 进行计算。

图 6-17 是两种典型的 74121 应用电路。在图 6-17（a）电路中，触发输入信号 u_1 从 A_1 加入，A_2 和 B 均接固定高电平，74121 单稳态触发器由 u_1 的下降沿触发；定时元件采用外接电阻 R，R 接在 R_{ext} 和 V_{CC} 两端，输出脉冲 u_O 的宽度由 R、C 决定。在图 6-17（b）电路中，触发输入信号 u_1 从 B 加入，A_1 和 A_2 均接地，此时，74121 电路由 u_1 的上升沿触发；定时元件选用内部电阻 R_{int}，将 R_{int} 引出端与 V_{CC} 相连，这样，输出脉冲 u_O 的宽度则由 C 和内部电阻 R_{int} 决定。

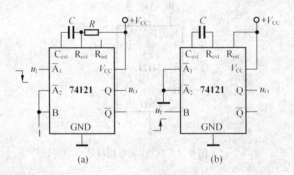

图 6-17　74121 应用电路

6.3.3　单稳态触发器的应用

单稳态触发器的主要应用是整形、定时和延时。

1. 脉冲延时

如果需要延迟脉冲的触发时间，可利用单稳电路来实现。如图 6-18 所示，经过单稳电路的延迟，从波形图可以看出，用输出脉冲 u_O 的下降沿去触发其他电路，u_O 的下降沿比输入信号 u_1 的下降沿延迟了 t_w 的时间。

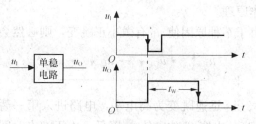

图 6-18 单稳电路的延时作用

2. 脉冲定时

单稳态触发器能够产生一定宽度 t_w 的矩形脉冲，利用这个脉冲去控制某一电路，则可使它在 t_w 时间内动作（或者不动作）。例如，利用宽度为 t_w 的正矩形脉冲作为与门的一个输入控制信号，使得只有在矩形脉冲为高电平的 t_w 期间，输入信号 u_1 才能通过。脉冲定时的原理框图及工作波形如图 6-19 所示。

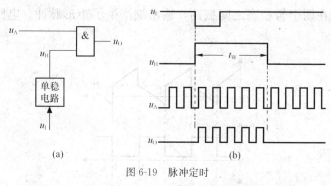

图 6-19 脉冲定时

6.4 多谐振荡器

多谐振荡器是一种自激振荡器，在接通电源以后，不需要外加触发信号便能自动产生矩形脉冲。由于矩形波中含有丰富的高次谐波分量，所以习惯上又把矩形波振荡器称为多谐振荡器。

6.4.1 对称式多谐振荡器

图 6-20 所示电路是一个对称式多谐振荡器的典型电路，它由两个 TTL 反相器 G_1、G_2 经过电容 C_1、C_2 交叉耦合所组成。图中，$C_1 = C_2 = C$，$R_1 = R_2 = R_F$。为了使静态时反相器工作在转折区，具有较强的放大能力，应满足 $R_{OFF} < R_F < R_{ON}$ 的条件。

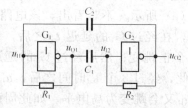

图 6-20 对称式多谐振荡器

下面分析电路的工作原理。

假定接通电源后，由于某种原因使 u_{I1} 有微小正跳变，则必然会引起如下的正反馈过程：

$$u_{I1}\uparrow \rightarrow u_{O1}\downarrow \rightarrow u_{I2}\downarrow \rightarrow u_{O2}\uparrow$$

使 u_{O1} 迅速跳变为低电平、u_{O2} 迅速跳变为高电平，电路进入第一暂稳态。此后，u_{O2} 的高电平对 C_1 电容充电使 u_{I2} 升高，电容 C_2 放电使 u_{I1} 降低。由于充电时间常数小于放电时间常数，所以充电速度较快，u_{I2} 首先上升到 G_2 的阈值电压 U_{TH}，并引起如下的正反馈过程：

$$u_{I2}\uparrow \rightarrow u_{O2}\downarrow \rightarrow u_{I1}\downarrow \rightarrow u_{O1}\uparrow$$

使 u_{O2} 迅速跳变为低电平、u_{O1} 迅速跳变为高电平，电路进入第二暂稳态。此后，C_1 放电、C_2 充电，C_2 充电使 u_{I1} 上升，会引起又一次正反馈过程，电路又回到第一暂稳态。这样，周而复始，电路不停地在两个暂稳态之间振荡，输出端产生了矩形脉冲。电路的工作波形如图 6-21 所示。

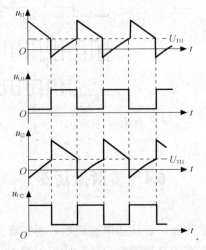

图 6-21 对称式多谐振荡器的工作波形

从电路的工作波形可以计算出矩形脉冲的振荡周期为

$$T \approx 1.4RC$$

6.4.2 环形振荡器

1. 最简单的环形振荡器

利用集成门电路的传输延迟时间，将奇数个反相器首尾相连便可构成最简单的环形振荡器。具体电路如图 6-22（a）所示。不难看出，该电路没有稳定状态。假定由于某种原因使 u_{I1} 产生一个正跳变，在经过 G_1 的延迟 t_{pd} 之后，u_{I2} 产生一个负跳变；再经过 G_2 的延迟 t_{pd} 之后，u_{I3} 产生一个正跳变；然后经过 G_3 的延迟 t_{pd} 之后，u_O 产生一个负跳变，并反馈到 G_1 输入端。因此，经过 3 个 t_{pd} 时间之后，u_{I1} 又自动跳变为低电平。可以推想，再经过 3 个 t_{pd} 时间，u_{I1} 又会跳变为高电平。如此周而复始，便产生了自激振荡。

图 6-22（b）就是根据以上分析得到的工作波形。由图可知，振荡周期 $T = 6t_{pd}$。

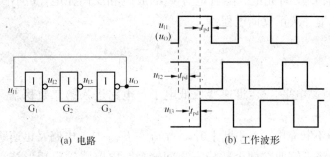

(a) 电路　　　　　　　　　(b) 工作波形

图 6-22　最简单的环形振荡器

2. RC 环形振荡器

最简单的环形振荡器构成十分简单，但是并不实用。因为集成门电路的延迟时间 t_{pd} 极短，而且振荡周期不便调节。为了克服上述缺点，可以在图 6-22（a）电路的基础上，增加 RC 延迟环节，即可组成如图 6-23 所示的 RC 环形振荡器电路。图中，R_S 是限流电阻，是为保护 G_3 而设置的，通常选 100Ω 左右。

RC 环形振荡器的基本原理就是利用电容 C 的充放电，改变 u_{I3} 的电平（因为 R_S 很小，在分析时往往忽略它）来控制 G_3 周期性的导通和截止，在输出端产生矩形脉冲。电路的工作波形如图 6-24 所示。

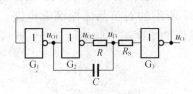

图 6-23　RC 环形振荡器

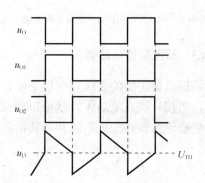

图 6-24　RC 环形振荡器的工作波形

根据工作波形可以计算出电路的振荡周期为

$$T \approx 2.2RC$$

改变 R、C 的值，可以调节 RC 环形振荡器的振荡周期 T。但是，R 不能选得太大（一般 $1k\Omega$ 左右），否则电路不能正常振荡。

3. CMOS 反相器构成的多谐振荡器

用 CMOS 反相器构成的多谐振荡器如图 6-25 所示。图中 R 的选择应使 G_1 工作在电压传输特性的转折区。此时，由于 u_{O1} 即为 u_{I2}，G_2 也工作在电压传输特性的转折区，若 u_I 有正向扰动，必然引起下述正反馈过程：

$$u_I \uparrow \longrightarrow u_{O1} \downarrow \longrightarrow u_{O2} \uparrow$$

使 u_{O1} 迅速变成低电平，而 u_{O2} 迅速变成高电平，电路进入第一暂稳态。此时，电容 C 通过

R 放电，然后 u_{O2} 向 C 反向充电。随着电容 C 的放电和反向充电，u_1 不断下降，达到 $u_1 = U_{TH}$ 时，电路又产生一次正反馈过程：

$$u_1 \downarrow \ \longrightarrow \ u_{O1} \uparrow \ \longrightarrow \ u_{O2} \downarrow$$

从而使 u_{O1} 迅速变成高电平，u_{O2} 迅速变成低电平，电路进入第二暂稳态。此时，u_{O1} 通过 R 向电容 C 充电。

随着电容 C 的不断充电，u_1 不断上升，当 $u_1 \geqslant U_{TH}$ 时，电路又迅速跳变为第一暂稳态。如此周而复始，电路不停地在两个暂稳态之间转换，电路将输出矩形波。图 6-26 是电路的工作波形。根据工作波形可以求出该电路的振荡周期为

$$T = 1.4RC$$

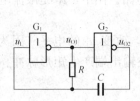

图 6-25　CMOS 反相器构成的多谐振荡器

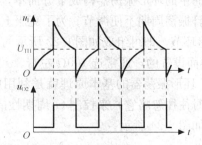

图 6-26　CMOS 反相器构成多谐振荡器的工作波形

6.4.3　石英晶体振荡器

为了提高振荡器的振荡频率稳定度，可以采用石英晶体振荡器。在对称式多谐振荡器的基础上，串接一块石英晶体，就可以构成一个如图 6-27 所示的石英晶体振荡器电路。该电路将产生稳定度极高的矩形脉冲，其振荡频率由石英晶体的串联谐振频率 f_0 决定。

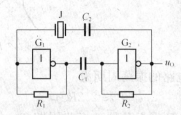

图 6-27　石英晶体振荡器电路

目前，家用电子钟几乎都采用具有石英晶体振荡器的矩形波发生器。由于它的频率稳定度很高，所以走时很准。通常选用振荡频率为 32 768Hz 的石英晶体谐振器，因为 32 768 = 2^{15}，将 32 768Hz 经过 15 次二分频，即可得到 1Hz 的时钟脉冲作为计时标准。

6.5　555 定时器及其应用

555 定时器是一种多用途的数字—模拟混合集成电路，利用它可以方便地构成施密特触

发器、单稳态触发器和多谐振荡器。由于使用灵活、方便，所以 555 定时器在波形的产生与变换、测量与控制、家用电器、电子玩具等许多领域中都得到了应用。

正因为如此，世界上各主要电子器件公司都生产了各自的 555 定时器产品。尽管型号繁多，但几乎所有双极型产品型号的最后三位数码均为 555，所有 CMOS 产品型号的最后四位数码均为 7555。而且，它们的逻辑功能与外引线排列都完全相同。为了提高集成度，随后又生产了双 555 定时器产品，双极型的为 556，CMOS 的为 7556。

通常双极型定时器具有较大的驱动能力，而 CMOS 定时器具有低功耗、输入阻抗高等优点。555 定时器的电源电压工作范围比较宽，双极型定时器为 5～16V，CMOS 定时器为 3～18V。555 定时器可以承受较大的负载电流，双极型的可达 200mA，CMOS 的可达 4mA。

下面介绍 555 定时器的工作原理及其应用举例。

6.5.1 555 定时器

1. 电路组成

555 定时器内部结构的简化原理图如图 6-28（a）所示。它由三个阻值为 5kΩ 的电阻组成的电阻分压器、两个电压比较器 C_1 和 C_2、基本 RS 触发器、集电极开路的放电三极管 VT 以及缓冲器等组成。图 6-28（b）为 555 定时器的外引线排列图。

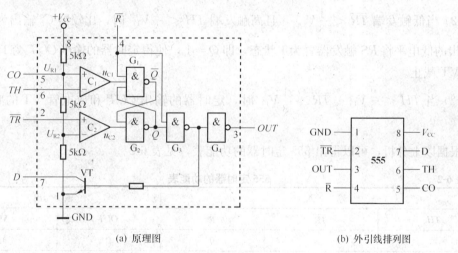

(a) 原理图 (b) 外引线排列图

图 6-28 555 定时器

（1）电阻分压器

由三个 5kΩ 的电阻 R 组成，为电压比较器 C_1 和 C_2 提供基准电压。

（2）电压比较器

由 C_1 和 C_2 组成，当控制电压输入端 CO 悬空时，C_1 和 C_2 的基准电压分别为 $\frac{2}{3}V_{CC}$ 和 $\frac{1}{3}V_{CC}$。

C_1 的反相输入端 TH 称为 555 定时器的高触发端，C_2 的同相输入端 $\overline{TR}$ 称为 555 定时器的低触发端。

（3）基本 RS 触发器

基本 RS 触发器由两个与非门 G_1 和 G_2 构成。比较器 C_1 的输出作为置0输入端，若 C_1 输出为0，则 $Q = 0$；比较器 C_2 的输出作为置1输入端，若 C_2 输出为0，则 $Q = 1$。

$\overline{R}$ 是定时器的复位输入端，只要 $\overline{R} = 0$，定时器的输出端 OUT 则为0。正常工作时，必须使 $\overline{R}$ 处于高电平。

（4）放电管 VT

VT 是集电极开路的三极管，VT 的集电极作为定时器的引出端 D。

（5）缓冲器

缓冲器由 G_3 和 G_4 构成，用于提高电路的负载能力。

2. 工作原理

555 定时器的工作原理比较简单。

$\overline{R}$ 为置0输入端，当 $\overline{R} = 0$ 时，定时器的输出 OUT 为0；当 $\overline{R} = 1$ 时，555 定时器具有以下功能：

（1）当高触发端 $TH > \dfrac{2}{3}V_{CC}$，且低触发端 $\overline{TR} > \dfrac{1}{3}V_{CC}$ 时，比较器 C_1 输出为低电平；C_1 输出的低电平将 RS 触发器置为0状态，即 $Q = 0$，使得定时器的输出 OUT 为0，同时放电管 VT 导通。

（2）当低触发端 $\overline{TR} < \dfrac{1}{3}V_{CC}$，且高触发端 $TH < \dfrac{2}{3}V_{CC}$ 时，比较器 C_2 输出为低电平；C_2 输出的低电平将 RS 触发器置为1状态，即 $Q = 1$，使得定时器的输出 OUT 为1，同时放电管 VT 截止。

（3）当 $TH < \dfrac{2}{3}V_{CC}$、$\overline{TR} > \dfrac{1}{3}V_{CC}$ 时，定时器的输出 OUT 和放电管 VT 的状态保持不变。

根据以上分析，可以得出 555 定时器的功能表，见表 6-2。

表 6-2　　　　　　　　　　555 定时器的功能表

输　入			输　出	
TH	$\overline{TR}$	$\overline{R}$	OUT	VT
$\times$	$\times$	0	0	导通
$> \dfrac{2}{3}V_{CC}$	$> \dfrac{1}{3}V_{CC}$	1	0	导通
$< \dfrac{2}{3}V_{CC}$	$> \dfrac{1}{3}V_{CC}$	1	不变	不变
$< \dfrac{2}{3}V_{CC}$	$< \dfrac{1}{3}V_{CC}$	1	1	截止

6.5.2　555 定时器的应用举例

1. 构成施密特触发器

将高触发端 TH（6脚）和低触发端 $\overline{TR}$（2脚）连在一起作为输入端 u_1，就可以构成一个施密特触发器。具体电路如图 6-29（a）所示。不难看出，当 U_{IC} 悬空时，上限触发转换

电平 U_{T+} 为 $\dfrac{2}{3}V_{CC}$，下限触发转换电平 U_{T-} 为 $\dfrac{1}{3}V_{CC}$。电路的工作波形如图 6-29（b）所示。

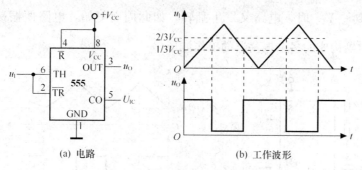

图 6-29　555 定时器构成的施密特触发器

如果给 U_{IC} 加上控制电压，则可以改变电路的 U_{T+} 和 U_{T-}。

2. 构成单稳态触发器

将低触发端 $\overline{TR}$ 作为触发信号 u_1 的输入端，再将高触发端 TH 和放电管输出端 D 接在一起，并与定时元件 R、C 连接，则可以构成一个单稳态触发器。具体电路及工作波形如图 6-30 所示。

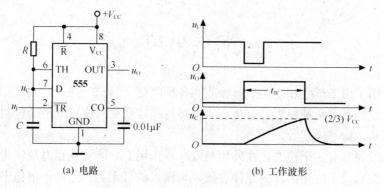

图 6-30　555 定时器构成的单稳态触发器

555 定时器构成的单稳态触发器的工作原理如下。

当触发脉冲 u_1 下降沿到来时，由于 $\overline{TR} < \dfrac{1}{3}V_{CC}$，而 $TH = u_C = 0$，从 555 定时器的功能表不难看出，输出端 OUT 为高电平，电路进入暂稳态，此时放电管 VT 截止。由于 VT 截止，V_{CC} 则通过 R 对 C 充电，当 $TH = u_C \geqslant \dfrac{2}{3}V_{CC}$ 时，输出端 OUT 跳变为低电平，电路自动返回稳态，此时放电管 VT 导通。电路返回稳态后，C 通过导通的放电管 VT 放电，使电路迅速恢复到初始状态。

可以算出，输出脉冲的宽度 $t_w \approx 1.1RC$。

3. 构成多谐振荡器

图 6-31（a）是用 555 定时器构成的多谐振荡器。接通电源后，电容 C 被充电，u_C 上升。当 u_C 上升到 $\dfrac{2}{3}V_{CC}$ 时，电路被置为 0 状态，输出端 $u_O = 0$，同时放电管 VT 导通。此

后，电容 C 通过 R_2 和 VT 放电，使得 u_C 下降。当 u_C 下降到 $\frac{1}{3}V_{CC}$ 时，电路被置为 1 状态，输出 $u_O = 1$，放电管 VT 处于截止状态。此后，电容 C 被 V_{CC} 通过 R_1 和 R_2 充电，使 u_C 上升，当 u_C 上升到 $\frac{2}{3}V_{CC}$ 时，电路又发生翻转。如此周而复始，电路便振荡起来。图 6-31 (b) 是 555 定时器构成的多谐振荡器的工作波形。

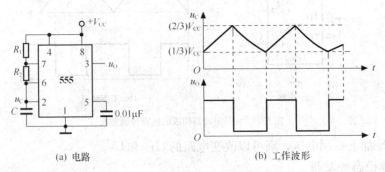

(a) 电路　　　　　　　　　　　　　(b) 工作波形

图 6-31　555 定时器构成的多谐振荡器

可以计算出振荡器输出脉冲 u_O 的工作周期为

$$T \approx 0.7(R_1 + 2R_2)C$$

本 章 小 结

这一章介绍了用于产生和变换矩形脉冲的各种电路。

施密特触发器具有两种稳态，但状态的维持与翻转受输入信号电平的控制，所以输出脉冲的宽度是由输入信号决定的。

单稳态触发器只有一个稳态，在外加触发脉冲作用下，能够从稳态翻转为暂稳态。但暂稳态的持续时间取决于电路内部的元件参数，与输入信号无关。因此，单稳态触发器可以用于产生脉宽固定的矩形脉冲波形。

多谐振荡器没有稳态，只有两个暂稳态。两个暂稳态之间的转换，是由电路内部电容的充、放电作用自动进行的，所以它不需要外加触发信号，只要接通电源就能自动产生矩形脉冲信号。

555 定时器是一种用途很广的集成电路，除了能构成施密特触发器、单稳态触发器和多谐振荡器以外，还可以接成各种应用电路。读者可参阅有关书籍自行设计出所需的电路。

实验　555 定时器的应用

1. 实验目的

(1) 熟悉测试 555 定时器逻辑功能的方法。

(2) 学会用 555 定时器构成各种应用电路的方法。

2. 实验任务

(1) 利用数字逻辑实验箱测试 555 定时器的逻辑功能。

(2) 用 555 定时器构成一个多谐振荡器，并用示波器观察各点的工作波形。

(3) 用 555 定时器构成单稳态触发器或施密特触发器，并用示波器观察其工作波形。

思考题与习题

6-1　已知图 T6-1 所示为施密特触发器输入信号 u_1 的波形，请对应画输出信号 u_O 的波形。

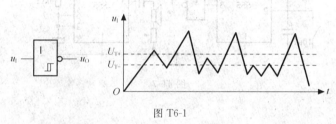

图 T6-1

6-2　在如图 6-14 所示的单稳态触发器电路中，已知 $R = 10\text{k}\Omega$、$C = 0.1\mu\text{F}$，G_1 的输出电阻可忽略不计，试估算输出波形 u_O 的脉冲宽度。

6-3　图 T6-3 所示电路是用两个集成单稳态触发器 74121 构成的脉冲波形变换电路，试计算 u_{O1} 和 u_{O2} 输出脉冲的宽度，并画出对应于 u_1 的 u_{O1} 和 u_{O2} 波形。

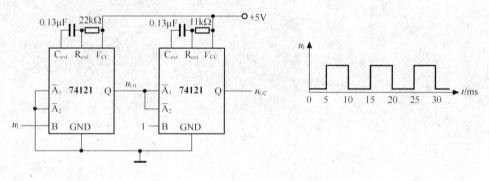

图 T6-3

6-4　图 T6-4 所示电路为可控多谐振荡器，已知 t_W 等于振荡器输出脉冲周期的 5 倍，请对应 u_K 画 u_{O1} 和 u_{O2} 的波形。

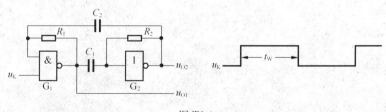

图 T6-4

6-5　试构成一个如图 6-23 所示的 RC 环形振荡器电路，要求振荡器输出信号的频率为

1kHz，请估算 R 和 C 的数值。若要求振荡频率为 1Hz，则 R 和 C 又该为多少？

6-6　试用 555 定时器构成一个单稳态电路，要求输出脉冲幅度≥10V，输出脉冲宽度在 1～10s 范围内连续可调。

6-7　图 T6-7 是用两个 555 定时器接成的延迟报警器。当开关 S 断开后，经过一定的延迟时间后扬声器开始发出声音。如果在延迟时间内 S 重新闭合，扬声器不会发出声音。在图中给定的参数下，试求延迟时间的具体数值和扬声器发出声音的频率。图中的 G_1 是 CMOS 反相器，电源电压为 12V。

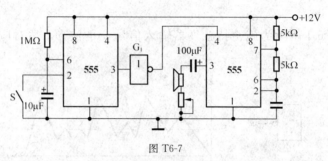

图 T6-7

第 7 章

数/模和模/数转换

随着数字电子技术以及电子计算机技术的广泛普及与应用，使得数字信号的传输与处理日趋普遍。在计算机用于过程控制时，通常需要对许多参量进行采集、处理和控制，这些参量多数是以模拟量的形式存在的，如温度、湿度、压力、流量、速度等。当计算机要处理这些模拟量时，必须将它们转换成相应的数字信号形式，才能为计算机或数字系统识别和处理；当计算机处理完这些数字信号后，通常需要将它们转换成模拟信号，才能直接控制生产过程中的各种装置，以完成自动控制的任务。我们把从模拟信号到数字信号的转换称为模/数转换（简称 A/D 转换），实现模/数转换的电路叫做 A/D 转换器（简称 ADC）；把从数字信号到模拟信号的转换称为数/模转换（简称 D/A 转换），实现数/模转换的电路称为 D/A 转换器（简称 DAC）。

本章分别介绍 A/D 转换和 D/A 转换的基本概念，并以典型的倒 T 形电阻网络 DAC 和逐次逼近型 ADC、双积分型 ADC 电路为例，讨论它们的工作原理。

此外，还介绍几种常用的集成 DAC、ADC 芯片及其应用。

7.1　D/A 转换

7.1.1　D/A 转换基本原理

数/模转换就是将数字量转换成与它成正比的模拟量。数字系统是按二进制表示数字的，比如用 4 位二进制数字量 $D_3D_2D_1D_0 = (1101)_2$ 表示电压，那么它的大小按权展开为

$$(D_3D_2D_1D_0)_2 = (D_3 \times 2^3 + D_2 \times 2^2 + D_1 \times 2^1 + D_0 \times 2^0)_{10}$$
$$= (1 \times 2^3 + 1 \times 2^2 + 0 \times 2^1 + 1 \times 2^0)_{10}$$

此时数/模转换输出的模拟电压值为

$$u_o = K (D_3 \times 2^3 + D_2 \times 2^2 + D_1 \times 2^1 + D_0 \times 2^0)_{10}$$
$$= K(1 \times 2^3 + 1 \times 2^2 + 0 \times 2^1 + 1 \times 2^0)_{10}$$

其中 K 为比例系数。

由此可见，组成 D/A 转换器的基本指导思想是：将数字量的每一位代码按其权值的大小分别转换成模拟量，然后将这些模拟量相加，即得到与数字量成正比的总模拟量。

n 位 D/A 转换器的方框图如图 7-1 所示。

D/A 转换器的种类很多，可分为权电阻网络 DAC、T 形电阻网络和倒 T 形电阻网络 DAC、权电流 DAC 等。下面将对目前广泛使用的倒 T 形电阻网络 DAC 加以讨论。

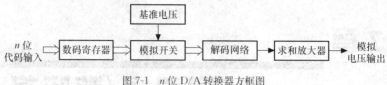

图 7-1 n 位 D/A 转换器方框图

7.1.2 倒 T 形电阻网络 DAC

4 位倒 T 形电阻网络 DAC 原理图如图 7-2 所示，电路由解码网络、模拟开关、求和放大器和基准电源组成。

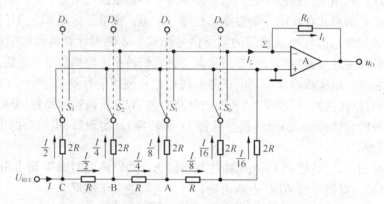

图 7-2 倒 T 形电阻网络 DAC 原理图

电路中，U_{REF} 是基准参考电压；四个双向模拟开关 $S_3 \sim S_0$ 分别受四个输入数字量 $D_3 \sim D_0$ 的控制，例如，当 $D_i = 1$ 时（$0 \leqslant i \leqslant 3$），$S_i$ 与运算放大器的反相输入端接通，当 $D_i = 0$ 时，S_i 与地接通；解码网络为 R-$2R$ 构成的倒 T 形电阻网络；求和放大器由集成运算放大器构成。由于集成运算放大器的电流求和点 Σ 为虚地，所以不论输入数字量为何值，即不论模拟开关接在哪个位置，对于倒 T 形电阻网络来说，每个 $2R$ 电阻的上端都相当于接地，从网络的 A、B、C 点分别向右看的对地电阻都是 $2R$。由于这个特性，由参考电源 U_{REF} 流出的电流 I，每经过一个 $2R$ 电阻就被分流一半，因此流过四个 $2R$ 电阻的电流分别为 $I/2$、$I/4$、$I/8$、$I/16$。电流是流入地，还是流入运算放大器，由输入的数字量 D_i 通过控制电子开关 S_i 来决定。故流入运算放大器的总电流为

$$I_\Sigma = \frac{I}{2}D_3 + \frac{I}{4}D_2 + \frac{I}{8}D_1 + \frac{I}{16}D_0$$

由于从 U_{REF} 向网络看进去的等效电阻是 R，因此从 U_{REF} 流出的电流为

$$I = \frac{\dot{U}_{REF}}{R}$$

故

$$I_\Sigma = \frac{U_{REF}}{2^4 R}(D_3 \times 2^3 + D_2 \times 2^2 + D_1 \times 2^1 + D_0 \times 2^0)$$

因此输出电压可表示为

$$u_O = -I_f R_f = -I_\Sigma R_f = \frac{-U_{REF} R_f}{2^4 R}(D_3 \times 2^3 + D_2 \times 2^2 + D_1 \times 2^1 + D_0 \times 2^0)$$

对于 n 位的倒 T 形电阻网络 DAC，则

$$u_{\mathrm{O}} = \frac{-U_{\mathrm{REF}}R_{\mathrm{f}}}{2^n R}(D_{n-1} \times 2^{n-1} + D_{n-2} \times 2^{n-2} + \cdots + D_1 \times 2^1 + D_0 \times 2^0)$$

由此可见，输出模拟电压 u_{O} 与输入数字量 D 成正比，实现了数模转换。由于该电路的特点是解码网络仅有 R 和 $2R$ 两种规格的电阻，这对于集成工艺是相当有利的；而且这种倒 T 形电阻网络各支路的电流是直接加到运算放大器的输入端，它们之间不存在传输上的时间差，故该电路具有较高的工作速度。因此，这种形式的 DAC 目前被广泛的采用。

7.1.3 DAC 的主要技术参数

1. 分辨率

分辨率是指输出电压的最小变化量与满量程输出电压之比。输出电压的最小变化量就是对应于输入数字量最低位为 1，其余各位均为 0 时的输出电压。满量程输出电压就是对应于输入数字量全部为 1 时的输出电压。对于 n 位 D/A 转换器，分辨率可表示为

$$分辨率 = \frac{1}{2^n - 1}$$

显然，分辨率与 D/A 转换器的位数有关，位数越多，该值越小，分辨能力就越高。由于分辨率的高低只与位数 n 有关，所以也可用输入数字量的位数来表示分辨率。

2. 转换速度

D/A 转换器从输入数字量到转换成稳定的模拟输出电压所需要的时间称为转换速度。不同的 DAC 其转换速度也是不相同的，一般约在几微秒到几十微秒的范围内。

3. 转换精度

转换精度是指电路实际输出的模拟电压值和理论输出的模拟电压值之差。通常用最大误差与满量程输出电压之比的百分数表示。例如，某 D/A 转换器满量程输出电压为 10V，如果误差为 1%，就意味着输出电压的最大误差为 ± 0.1V。百分数越小，精度越高。转换精度是一个综合指标，包括零点误差、增益误差等，它不仅与 D/A 转换器中元件参数的精度有关，而且还与环境温度、集成运算放大器的温度漂移以及 D/A 转换器的位数有关。

4. 非线性误差

通常把 D/A 转换器输出电压值与理想输出电压值之间偏差的最大值定义为非线性误差。D/A 转换器的非线性误差主要由模拟开关以及运算放大器的非线性引起。

5. 温度系数

在输入不变的情况下，输出模拟电压随温度变化而变化的量，称为 DAC 的温度系数。一般用满刻度的百分数表示温度每升高 1℃输出电压变化的值。

7.1.4 集成 D/A 转换器及其应用

常用的集成 DAC 有 AD7520、DAC0832、DAC0808、DAC1230、MC1408、AD7524 等，这里仅对 AD7520 作简要介绍。

1. D/A 转换器 AD7520

AD7520 是 10 位的 D/A 转换集成芯片，与微处理器完全兼容。该芯片因接口简单、转换控制容易、通用性好、性能价格比高等特点得到了广泛的应用。芯片的内部逻辑结构如图

7-3 所示。

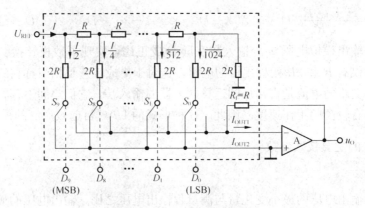

图 7-3　AD7520 内部逻辑结构图

由图可见，该芯片只含倒 T 形电阻网络、电流开关和反馈电阻，不含运算放大器，输出端为电流输出。具体使用时需要外接集成运算放大器和基准电压源。

AD7520 的引脚图如图 7-4 所示。各引脚功能说明如下：

$D_0 \sim D_7$：数据输入端。

I_{OUT1}：电流输出端 1。

I_{OUT2}：电流输出端 2。

R_f：10kΩ 反馈电阻引出端。

V_{CC}：电源输入端。

U_{REF}：基准电压输入端。

GND：地。

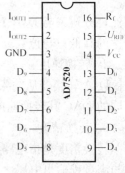

图 7-4　AD7520 外引脚图

AD7520 的主要性能参数如下：

分辨率：10 位。

线性误差：±（1/2）LSB（LSB 表示输入数字量最低位），若用输出电压满刻度范围 FSR 的百分数表示则为 0.05％FSR。

转换速度：500ns。

温度系数：0.001％/℃。

2. 应用举例

图 7-5 所示的电路为一个由 10 位二进制加法计数器、D/A 转换器 AD7520 及集成运算放大器组成的锯齿波发生器。10 位二进制加法计数器从全 0 加到全 1，电路的模拟输出电压 u_o 由

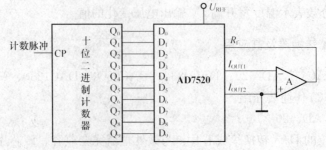

图 7-5　AD7520 组成的锯齿波发生器

0V 增加到最大值，此时若再来一个计数脉冲，则计数器的值由全 1 变为全 0，输出电压也从最大值跳变为 0V，输出波形又开始一个新的周期。如果计数脉冲不断，则可在电路的输出端得到周期性的锯齿波，其工作波形如图 7-6 所示。

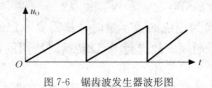

图 7-6　锯齿波发生器波形图

7.2　A/D 转换

7.2.1　A/D 转换基本原理

为将时间连续、幅值也连续的模拟信号转换为时间离散、幅值也离散的数字信号，A/D 转换需要经过采样、保持、量化、编码四个步骤。通常采样、保持用一种称为采样保持的电路来完成，而量化和编码在转换过程中实现。

1. 采样与保持

将一个时间上连续变化的模拟量转换成时间上离散的模拟量称为采样。采样过程示意图如图 7-7 所示，$s(t)$ 是采样脉冲，$x(t)$ 是输入模拟信号，$y(t)$ 是采样信号。图中，采样器受采样脉冲 $s(t)$ 控制，在 $s(t)$ 的采样脉冲作用期间，采样器导通，采样信号 $y(t)$ 等于输入信号 $x(t)$；而在采样脉冲为 0 期间，采样器关闭，采样信号 $y(t)$ 为 0。各信号波形如图 7-7 所示。

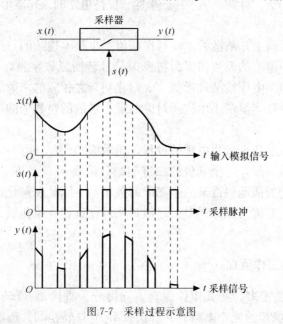

图 7-7　采样过程示意图

通过分析可以看出，采样脉冲 $s(t)$ 的频率愈高，所取得的信号愈能真实地复现输入信号。合理的采样频率由采样定理确定。

采样定理：设采样脉冲 $s(t)$ 的频率为 f_s，输入模拟信号 $x(t)$ 的最高频率分量的频率为

f_{max}，则 f_s 与 f_{max} 必须满足下面的关系

$$f_s \geqslant 2f_{max}$$

即采样频率 f_s 大于或等于输入模拟信号最高频率分量 f_{max} 的两倍时，$y(t)$ 才可以正确地反映输入信号。通常取 $f_s = (2.5 \sim 3)f_{max}$。

由于每次把采样电压转换为相应的数字量时，都需要一定的时间，因此在每次采样以后，需要把采样电压保持一段时间。故进行 A/D 转换时所用的输入电压，实际上是每次采样结束时的输入电压值。

根据采样定理，用数字方法传递和处理模拟信号，并不需要信号在整个作用时间内的数值，只需要采样点的数值。所以，在前后两次采样之间可把采样所得的模拟信号暂时存储起来，以便将其进行量化和编码。根据这种思想，我们不难得出如图 7-8 所示的采样—保持电路及输出波形。该电路包括存储输入信号的电容 C、采样开关 VT、缓冲放大器 A。

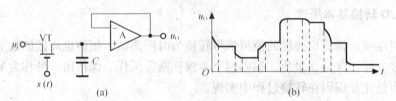

图 7-8　采样—保持电路及输出波形

在采样脉冲 $s(t)$ 有效期间，开关管 VT 导通，u_I 向 C 充电，由于集成运算放大器 A 具有很高的输入阻抗，在保持阶段，电容 C 上所存电荷不易泄放。在采样脉冲 $s(t)$ 有效期间 u_C 跟随 u_I 的变化而变化，最终 u_O 跟随 u_I 的变化而变化；当采样脉冲 $s(t)$ 有效期结束时，VT 截止，u_C 保持不变，则 u_O 保持不变，直到下次采样。采样—保持电路的工作波形如图 7-8（b）所示。

2. 量化和编码

数字信号不仅在时间上是离散的，而且在幅值上也是不连续的，任何一个数字量的大小只能是某个规定的最小量值的整数倍。为将模拟信号转换成数字量，在 A/D 转换器中必须将采样—保持电路的输出电压按某种近似方式归化到与之相应的离散电平上。将采样—保持电路的输出电压归化为数字量最小单位所对应的最小量值的整数倍的过程叫做量化。这个最小量值叫做量化单位。

用二进制代码来表示各个量化电平的过程，叫做编码。

由于数字量的位数有限，一个 n 位的二进制数只能表示 2^n 个值，因而任何一个采样—保持信号的幅值，只能近似地逼近某一个离散的数字量。因此在量化过程中不可避免地会产生误差，通常把这种误差称为量化误差。显然，在量化过程，量化级分得越多，量化误差也就越小。

7.2.2　A/D 转换器工作原理

A/D 转换器的种类很多，按其工作原理不同可分为直接 A/D 转换器和间接 A/D 转换器两类。直接 A/D 转换器的典型电路有并行比较型 A/D 转换器、逐次比较型 A/D 转换器，间接 A/D 转换器的典型电路有双积分型 A/D 转换器、电压转换型 A/D 转换器。

1. 逐次比较型 A/D 转换器

在直接 A/D 转换器中，逐次比较型 A/D 转换器是目前应用最多的一种。逐次逼近转换

过程与用天平称物重非常相似。天平称重过程是，从最重的砝码开始试放，与被称物体进行比较，若物体重于砝码，则该砝码保留，否则移去。再加上第二个次重砝码，由物体的重量是否大于砝码的重量决定第二个砝码是留下还是移去。照此一直加到最小一个砝码为止。将所有留下的砝码重量相加，就得到物体的重量。仿照这一思路，逐次比较型 A/D 转换器，就是将输入模拟信号与不同的基准电压做多次比较，使转换所得的数字量在数值上逐次逼近输入模拟量的对应值。

n 位逐次比较型 A/D 转换器框图如图 7-9 所示。它由控制逻辑电路、数据寄存器、移位寄存器、D/A 转换器及电压比较器组成。n 位逐次比较型 A/D 转换器的工作原理如下：电路由启动脉冲启动后，在第一个时钟脉冲作用下，控制电路使移位寄存器的最高位置为 1，其他位置为 0，其输出经数据寄存器将 1000⋯0，送入 D/A 转换器。输入电压首先与 D/A 转换器输出电压 $\frac{1}{2}U_{REF}$ 相比较，若 $u_1 \geq \frac{1}{2}U_{REF}$，比较器输出为 1；若 $u_1 < \frac{1}{2}U_{REF}$，则比较器输出为 0。比较结果存于数据寄存器的 D_{n-1} 位。然后在第二个 CP 作用下，移位寄存器的次高位置为 1，其他低位置为 0。如果最高位已存 1，则此时 $u_O = \frac{3}{4}U_{REF}$。于是 u_1 再与 $\frac{3}{4}U_{REF}$ 相比较，如 $u_1 \geq \frac{3}{4}U_{REF}$，则次高位 D_{n-2} 存 1，否则 $D_{n-2} = 0$；如最高位为 0，则 $u_O = \frac{1}{4}U_{REF}$，u_1 与 u_O 比较，如 $u_1 \geq \frac{1}{4}U_{REF}$，则 D_{n-2} 位存 1，否则存 0⋯。依此类推，逐次比较得到输出数字量。

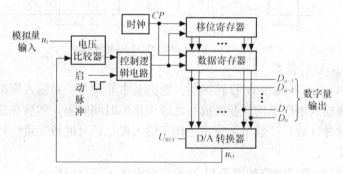

图 7-9　逐次逼近型 ADC 电路框图

为进一步理解逐次比较 A/D 转换器的工作原理及转换过程，下面用实例加以说明。

设图 7-9 电路为 8 位 A/D 转换器，输入模拟量 $u_A = 6.84V$，D/A 转换器基准电压 $U_{REF} = 10V$。

根据逐次比较型 D/A 转换器的工作原理，可画出在转换过程中 CP、启动脉冲、$D_7 \sim D_0$ 及 D/A 转换器输出电压 u_O 的波形，如图 7-10 所示。由图可见，当启动脉冲低电平到来后转换开始，在第一个 CP 作用下，数据寄存器将 $D_7 \sim D_0 = 10000000$ 送入 D/A 转换器，其输出电压 $u_O = 5V$，u_A 与 u_O 比较，$u_A > u_O$，D_7 存 1；第二个 CP 到来时，寄存器输出 $D_7 \sim D_0 = 11000000$，u_O 为 7.5V，u_A 再与 7.5V 比较，因为 $u_A < 7.5V$，所以 D_6 存 0；输入第三个 CP 时，$D_7 \sim D_0 = 10100000$，$u_O = 6.25V$；u_A 再与 u_O 比较⋯⋯如此重复比较下去，经过 8 个时钟脉冲的周期，转换结束。由图中 u_O 的波形可见，逐次比较过程中，与输出数字量对应的模拟电压 u_O 逐渐逼近 u_A 值，最后得到 A/D 转换器转换结果 $D_7 \sim D_0$ 为 10101111。该数字量所对应的模拟电压为 6.8359375V，与实际输入的模拟电压 6.84V 的相对误差仅为 0.06%。

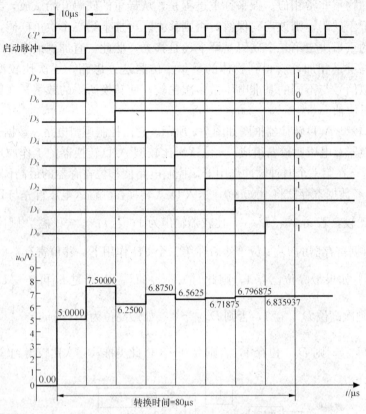

图 7-10 8 位逐次比较型 A/D 转换器波形图

2. 双积分型 A/D 转换器

双积分型 ADC 是一种间接 A/D 转换器，它的基本原理是：对输入模拟电压和基准电压分别进行积分，将输入电压平均值变换成与之成正比的时间间隔，然后在这个时间间隔里对固定频率的时钟脉冲计数，计数结果就是正比于输入模拟信号的数字量信号。

（1）电路组成

双积分型 ADC 的原理电路如图 7-11 所示。它由如下部分组成。

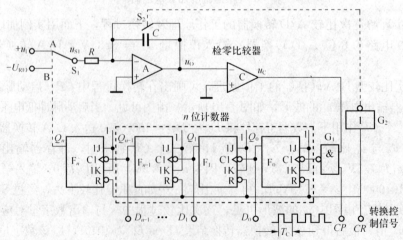

图 7-11 双积分型 ADC 电路

① 积分器：由运算放大器 A 和定时元件 R、C 组成。开关 S_1 由定时信号 Q_n 控制，以便将极性相反的被测电压 u_1 和基准电压 U_{REF} 分别加到积分器的输入端，进行两次方向相反的积分。积分时间常数为 RC。

② 检零比较器 C：由于其同相输入端接地，所以当 $u_O \geqslant 0$ 时，$u_C = 0$；当 $u_O < 0$ 时，$u_C = 1$。

③ 计数器：由 $n+1$ 个接成计数型的 JK 触发器接成异步二进制计数器，对输入的时钟脉冲 CP 计数，以便把与输入电压平均值成正比的时间间隔变成脉冲个数保存下来。当计数到 $2n$ 个 CP 脉冲时，$F_0 \sim F_{n-1}$ 均为 0，而 F_n 翻转为 1 态，$Q_n = 1$，使 S_1 从 A 点转接到 B 点。

④ 时钟脉冲控制门：由与非门 G_1 构成，用检零比较器的输出信号 u_C 来控制。当 $u_C = 1$ 时，门 G_1 打开，CP 脉冲通过门 G_1 加到计数器输入端。

（2）工作原理

A/D 转换过程的工作波形如图 7-12 所示，积分器先以固定时间 T_1 对 u_1 进行正向积分，在积分器的输出端获得一个与 u_1 成正比的 U_p，然后再对基准电压 U_{REF} 进行反向积分。积分器的输出将从 U_p 线性上升到 0。这段积分时间是 T_2，T_2 与 U_p 成正比，即正比于 u_1。换句话说，电路已将 u_1 的大小转换成了与之成正比的时间间隔 T_2，显然在 T_2 期间内计数器对时钟脉冲 CP 得的个数也正比于 u_1。由于这种转换需要两次积分才能实现，因此称该电路为双积分型 ADC。

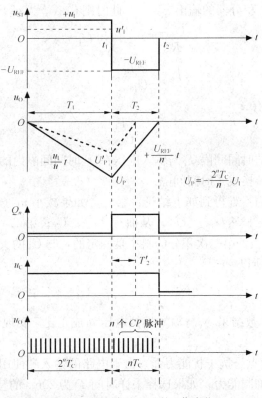

图 7-12　双积分型 ADC 的工作波形

双积分型 ADC 的工作过程可以分为以下三个阶段。

① 准备阶段：转换控制信号 $CR = 0$，将计数器清零，并通过 G_2 接通开关 S_2，使电容 C 放电；同时，$Q_n = 0$ 使 S_1 接通 A 点。

② 采样阶段：当 $t = 0$ 时，CR 变为高电平，开关 S_2 断开，积分器从 0 开始对 u_1 积分，积分器的输出电压从 0V 开始下降，即

$$u_O = -\frac{1}{RC}\int_0^t u_1 \mathrm{d}t$$

与此同时，由于 $u_O < 0$，故 $u_C = 1$，G_1 被打开，CP 脉冲通过 G_1 加到 F_0 上，计数器从 0 开始计数，直到当 $t = t_1$ 时，$F_0 \sim F_{n-1}$ 都翻转为 0 态，而 Q_n 翻转为 1 态，将 S_1 由 A 点转接到 B 点，采样阶段到此结束。若 CP 脉冲的周期为 T_C，则 $T_1 = 2^n T_C$。

设 U_1 为输入电压在 T_1 时间间隔内的平均值，则第一次积分结束时积分器的输出电压为

$$U_P = -\frac{1}{RC}\int_0^{T_1} u_1 \mathrm{d}t = -\frac{T_1}{RC}U_1 = -\frac{2^n T_C}{RC}U_1$$

③ 比较阶段：在 $t = t_1$ 时刻，S_1 接通 B 点，具有与 u_1 相反极性的基准电压 $-U_{REF}$ 加到积分器的输入端，积分器开始对基准电压进行反向积分，u_O 开始从 U_P 点以固定的斜率回升，若以 t_1 算作 0 时刻，此时有

$$u_O = U_P - \frac{1}{RC}\int_0^t (-U_{REF})\mathrm{d}t = -\frac{2^n T_C}{RC}U_1 + \frac{U_{REF}}{RC}t$$

当 $t = t_2$ 时，u_O 正好过 0，u_C 翻转为 0，G_1 关闭，计数器停止计数。在 T_2 期间计数器所累计的 CP 脉冲的个数为 N，且有 $T_2 = NT_C$。

当 $t = T_1 + T_2$ 时，积分器的输出 $u_O = 0$，此时则有

$$\frac{U_{REF}}{RC}T_2 = \frac{2^n T_C}{RC}U_1$$

$$T_2 = \frac{2^n T_C}{U_{REF}}U_1$$

由于 $T_1 = 2^n T_C$，所以有

$$T_2 = \frac{T_1}{U_{REF}}U_1$$

上式表明，第二次积分的时间间隔 T_2 与输入电压在 T_1 时间间隔内的平均值 U_1 成正比，这样就将输入电压的平均值转换成了时间间隔。

通过上述讨论，我们不难得到如下结论：第一，如果减小 u_1（即图 7-12 中的 u_1'），则当 $t = T_1$ 时，$u_O = U_P'$，显然 $U_P' < U_P$，从而有 $T_2' < T_2$；第二，T_1 的时间长度与 u_1 的大小无关，均为 $2^n T_C$；第三，第二次积分的斜率是固定的，与 U_P 的大小无关。

由于 $T_2 = NT_C$，所以

$$N = \frac{T_2}{T_C} = \frac{2^n}{U_{REF}}U_1$$

上式表明计数器的计数结果 N 与输入模拟电压 u_1 成正比，实现了 A/D 转换，N 为转换结果。

双积分型 ADC 的优点是抗干扰能力强。由于电路的输入端使用了积分器进行采样，所以对交流噪声有很强的抑制能力，如果选择采样时间 T_1 为 20ms 的整数倍时，则可有效地抑制工频干扰。

该电路的另一个优点是具有良好的稳定性，可实现高精度。由于在转换过程中通过两次积分把 U_1 和 U_{REF} 之比变成了两次计数值之比，故转换结果和精度与 R、C 无关。

此类 ADC 的主要缺点是转换速度较慢。因为双积分型 ADC 完成一次 A/D 转换至少需

要 $T_1 + T_2$ 时间，每秒钟一般只能转换几次到十几次。因此它多用于精度要求高、抗干扰能力强而转换速度要求不高的场合。

7.2.3 ADC 的主要技术参数

1. 分辨率

分辨率是指 A/D 转换器输出数字量的最低位变化一个数码时，对应输入模拟量的变化量。通常以 ADC 输出数字量的位数表示分辨率的高低，因为位数越多，量化单位就越小，对输入信号的分辨能力也就越高。例如，输入模拟电压满量程为 10V，若用 8 位 ADC 转换时，其分辨率为 $10V/2^8 = 39mV$，10 位的 ADC 是 9.76mV，而 12 位的 ADC 为 2.44mV。

2. 转换误差

转换误差表示 A/D 转换器实际输出的数字量与理论上的输出数字量之间的差别。通常以输出误差的最大值形式给出。转换误差也叫相对精度或相对误差。转换误差常用最低有效位的倍数表示。例如某 ADC 的相对精度为 ±（1/2）LSB，这说明理论上应输出的数字量与实际输出的数字量之间的误差不大于最低位的一半。

3. 转换速度

完成一次 A/D 转换所需要的时间叫做转换时间，转换时间越短，则转换速度越快。双积分 ADC 的转换时间在几十毫秒至几百毫秒之间，逐次比较型 ADC 的转换时间大都在 $10 \sim 50 \mu s$ 之间，而并行比较型 ADC 的转换时间可达 10ns。

7.2.4 集成 A/D 转换器及应用举例

集成 A/D 转换器规格品种繁多，常见的有 ADC0804、ADC0809、MC14433 等。下面将简要介绍 ADC0804 及其应用。

1. ADC0804 A/D 转换器

ADC0804 是一种逐次比较型 A/D 转换器。该 ADC 的分辨率为 8 位，输入电压范围为 $0 \sim 5V$，转换时间为 $100 \mu s$，具有输出数据锁存器，可直接与微机芯片的数据总线相连接。ADC0804 的引脚排列图如图 7-13 所示。

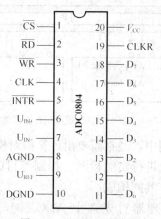

图 7-13 ADC0804 引脚图

（1）ADC0804 的主要功能及参数如下：

分辨率为 8 位。

线性误差为 $\pm\dfrac{1}{2}$ LSB。

三态锁存输出，输出电平与 TTL 兼容。

+5V 单电源供电，模拟电压输入范围 0～5V。

功耗小于 20mW。

不必进行零点和满度调整。

转换速度较高，可达 $100\mu s$。

（2）ADC0804 各引脚功能说明如下：

U_{IN+}、U_{IN-}：模拟信号输入端，可接收单极性、双极性和差模输入信号。

U_{REF}：基准电压输入端。

CLK：时钟信号输入端。

$CLKR$：内部时钟发生器外接电阻端，与 CLK 端配合可由芯片产生时钟脉冲。

$\overline{CS}$：片选信号输入端，低电平有效。

$\overline{RD}$：读信号输入端，低电平有效。当 $\overline{CS}$ 和 $\overline{RD}$ 均有效时，可读取转换后的输出数据。

$\overline{WR}$：写信号输入端，低电平有效。当 $\overline{CS}$ 和 $\overline{WR}$ 同时有效时，启动 A/D 转换。

$\overline{INTR}$：转换结束信号输出端，低电平有效。转换开始后，$\overline{INTR}$ 为高电平，转换结束时，该信号变为低电平。因此该信号可作为转换器的状态查询信号，也可作为中断请求信号，以通知 CPU 取走转换后的数据。

$D_0 \sim D_7$：数据输出端，有三态功能，能与微机总线相接。

AGND：模拟信号地。

DGND：数字信号地。

2. 应用举例

以下简单介绍 ADC0804 在微机数据采集系统中的应用。系统组成如图 7-14 所示。

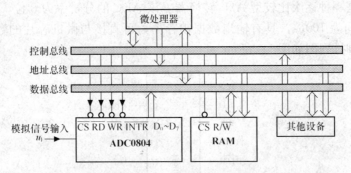

图 7-14　ADC0804 组成微机数据采集系统

　　在工业测控及仪器仪表应用中，经常需要由计算机对模拟信号进行分析、判断、以及加工和处理，从而达到对被控对象进行实时检测、控制等目的。这种系统常用 A/D 转换器和微处理器（或微型计算机系统）共同构成。

　　当需要采集数据时，微处理器首先选中 ADC0804，并执行一条写指令操作，此时 ADC0804 的 $\overline{CS}$ 和 $\overline{WR}$ 同时被置为低电平，启动 A/D 转换，此后，微处理器可以去做其他工作。$100\mu s$ 后，ADC0804 的 $\overline{INTR}$ 端由高变低，向微处理器提出中断申请，微处理器在响应中断后，再次选中 ADC0804，并执行一条读指令操作，此时 ADC0804 的 $\overline{CS}$ 和 $\overline{RD}$ 同时被置为低电平，即可取走 A/D 转换后的数据，进行分析或将其存入存储器中。此时系统便完成了一次数据采集。通过上述分析我们不难看出，系统是通过微处理器执行若干指令，从而控制和协调各设备或部件有序工作来完成数据的采集工作。

本 章 小 结

D/A 转换器和 A/D 转换器作为模拟量和数字量之间的转换电路，在信号检测、控制、信息处理等方面发挥着越来越重要的作用。

D/A 转换的基本思想是权电流相加。电路通过输入的数字量控制各位电子开关，决定是否在电流求和点加入该位的权电流。倒 T 形电阻网络是应用较广的电路结构。

A/D 转换须经过采样、保持、量化、编码四个步骤才能完成。采样、保持由采样－保持电路完成；量化和编码须在转换过程中实现。逐次比较型 ADC 是将输入模拟信号和 DAC 依次产生的比较电压逐次比较。双积分型 ADC 则是通过两次积分，将输入模拟信号转换成与之成正比的时间间隔，并在该时间间隔内对时钟脉冲进行计数来实现转换的。

可供我们选择使用的集成 ADC 和 DAC 芯片种类很多，应通过查阅手册，在理解其工作原理的基础上，重点把握这些芯片的外部特性以及与其他电路的接口方法。

思考题与习题

7-1 什么是量化、量化级、量化单位和量化误差？

7-2 逐次比较型 ADC 有哪些特点？

7-3 试分别说明 DAC 和 ADC 分辨率的含义。

7-4 设某 DAC 的满刻度电压为 10V，要求输出电压分辨率达到 1mV，求至少应选择几位的 DAC？

7-5 设倒 T 形电阻网络 DAC 中，$n = 10$，非线性误差为 $\pm 0.032\%$，试用 LSB 表示其最大正负误差。

7-6 设一个 8 位逐次比较型 ADC 的输入满量程为 10V，输入模拟电压 $u_1 = 4.77V$，求 ADC 的输出数字量及该 ADC 电路的量化误差。

第8章

存储器和可编程逻辑器件简介

本章介绍随机存储器和只读存储器的结构、工作原理及存储器容量扩展的方法；介绍可编程阵列逻辑 PAL 和通用阵列 GAL 的结构与特点；介绍 CPLD 和 FPGA 的结构特点以及可编程逻辑器件的开发与应用技术。

8.1　半导体存储器

随着社会的发展与科技的进步，需要记录大量的数字信息，以前学习的数字单元无法完成巨大的存储任务。数字系统中用于存储大量二进制信息的器件是存储器，它可以存放各种数据、程序和复杂资料。随着半导体集成技术的发展，半导体存储器已取代了穿孔卡片、纸带、磁芯存储器等旧的存储手段。半导体存储器按照内部信息的存取方式不同分为只读存储器和随机存取存储器两大类。

8.1.1　随机存取存储器（RAM）

1. RAM 的结构和读写原理

随机存取存储器又叫随机读/写存储器，简称 RAM，指的是可以从任意选定的单元读出数据，或将数据写入任意选定的存储单元。其优点是读、写方便，使用灵活，缺点是一旦断电，所存储的信息就会丢失。图 8-1 所示为 RAM 的结构框图（I/O 端画双箭是因为数据既可由此端口读出，也可写入）。

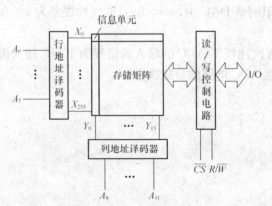

图 8-1　RAM 的结构框图

存储矩阵由许多个信息单元排列成 n 行、m 列的矩阵组成，共有 $n \times m$ 个信息单元，每个信息单元（即每个字）有 K 位二进制数（1 或 0），存储器中存储单元的数量称为存储容量；地址译码器分为行地址译码器和列地址译码器，它们都是线译码器。在给定地址码后，行地址译码器输出线（称为行选线用 X 表示，又称字线）中有一条为有效电平，它选中一行存储单元，同时列地址译码器的输出线（称为列选线用 Y 表示，又称位线）中也有一条为有效电平，它选中一列（或几列）存储单元，这两条输出线（行与列）交叉点处的存储单元便被选中（可以是一位或几位），这些被选中的存储单元由读/写控制电路控制，与输入/输出端接通，实现对这些单元的读/写操作。当 $R/\overline{W} = 0$ 时，进行写入数据操作。当然，在进行读/写操作时，片选信号必须为有效电平，即 $\overline{CS} = 0$。

为了表述清楚，图 8-2 是 256×4（256 个字，每个字 4 位）RAM 存储矩阵的示意图。如果行、列地址译码器译出 X_0 和 Y_0 均为 1，则选中了第一个信息单元，而第一个信息单元有 4 个存储单元，即这 4 个存储单元被选中，可以对这 4 个存储单元进行读出或写入。

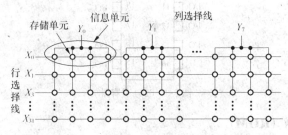

图 8-2　RAM 存储矩阵的示意图

RAM 的存储单元按工作原理分为静态存储单元和动态存储单元。静态存储单元是利用基本 RS 触发器存储信息的，保存的信息不易丢失。而动态存储单元是利用 MOS 的栅极电容来存储信息，由于电容的容量很小，以及漏电流的存在，所以，为了保持信息，必须定时地给电容充电，通常称为刷新，故称之为动态存储单元。

2. 静态 RAM 集成电路 6264 简介

6264 是一种采用 CMOS 工艺制成的 $8K \times 8$ 位的静态读/写存储器，典型存取时间为 100ns、电源电压 +5V、工作电流 40mA、维持电压及维持电流分别为 2V 和 $2\mu A$。

由于是存储容量为 $8K = 2^{13}$，所以应有 13 条地址线 $A_0 \sim A_{12}$；而每字有 8 位，故有 8 条输出线（数据线）$I/O_0 \sim I/O_7$；此外还有 4 条控制线 $\overline{CS_1}$、CS_2、$\overline{WE}$、$\overline{OE}$。当 $\overline{CS_1}$ 和 CS_2 都有效时芯片被选中，使其处于工作状态；$\overline{CS_1}$ 和 CS_2 不同时有效时，芯片处于维持状态，不能进行读/写操作，I/O 高端呈高阻浮置状态；$\overline{OE}$ 无效时 I/O 端仍呈高阻浮置状态。6264 的引脚如图 8-3 所示，工作方式选择见表 8-1。

表 8-1　　　　　　　　　　　　　　　6264 的工作方式表

$\overline{WE}$	$\overline{CS_1}$	CS_2	$\overline{OE}$	$I/O_0 \sim I/O_7$	工 作 状 态
$\times$	H	$\times$	$\times$	高阻	未选中
$\times$	$\times$	L	$\times$	高阻	未选中
H	L	H	H	高阻	输出禁止
H	L	H	L	数据输出	读操作
L	L	H	H	数据输入	写操作
L	L	H	L	数据输入	写操作

图 8-3　6264 引脚图

8.1.2　只读存储器（ROM）

1. 固定 ROM

只读存储器所存储的内容一般是固定不变的，正常工作时只能读数，不能写入，并且在断电后不丢失其中存储的内容，故称为只读存储器。ROM 主要由地址译码器、存储矩阵和输出电路三部分组成，结构方框图如图 8-4 所示。

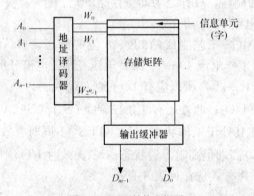

图 8-4　ROM 结构方框图

每个信息单元中固定存放着由若干位组成的二进制数码（称为字）。为了读取不同信息单元中所存储的字，将各单元编上代码（称为地址）。在输入不同地址时，就能在存储器输出端读出相应的字，即地址的输入代码与字的输出数码有固定的对应关系。在图 8-4 中，地址译码器有 n 个输入端，经地址译码器译码之后有 2^n 个输出信息，每个输出信息对应一个信息单元，而每个单元存放一个字，共有 2^n 个字（W_0、W_1、…、W_{2^n-1} 称为字线）。每个字有 m 位，每位对应从 D_0、D_1…、D_{m-1} 输出（称为位线）。简单地说，每输入一个 n 位的地址码，存储器就输出一个 m 位的二进制数。可见，此存储器的容量是 $2^n \times m$（字线×位线）。

ROM 中的存储体可以由二极管、三极管和 MOS 管来实现。图 8-5 所示为二极管 ROM

电路。W_0、W_1、W_2、W_3 是字线，D_0、D_1、D_2、D_3 是位线。当地址码 $A_1 A_0 = 00$ 时，译码输出使字线 W_0 为高电平，与其相连的二极管都导通，把高电平 1 送到位线上，于是 D_3、D_0 端得到高电平 1，W_0 和 D_1、D_2 之间没有接二极管，同时，字线 W_1、W_2、W_3 都是低电平，与它们相连的二极管都不导通，故 D_1、D_2 端是低电平 0。这样，在 $D_3 D_2 D_1 D_0$ 端读到一个字 1001，它就是该矩阵第一行的输出。当地址码 $A_1 A_0 = 01$ 时，字线 W_1 为高电平，在位线输出端 $D_3 D_2 D_1 D_0$ 读到字 0111，对应矩阵第二行的字输出。同理分析地址码 $A_1 A_0$ 为 10 和 11 时，输出端将读到矩阵第三、第四行的字输出分别为 1110、0101。任何时候，地址译码器的输出决定了只有一条字线是高电平，所以在 ROM 的输出端、只会读到惟一对应的一个字。由此可见，在对应的存储单元内存入的是 1 还是 0，是由接入或不接入相应的二极管来决定的。为了更清楚地表述读字的方法，可用图 8-6 表示。

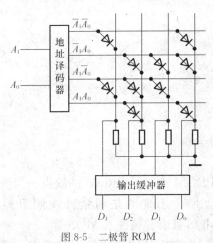

图 8-5　二极管 ROM

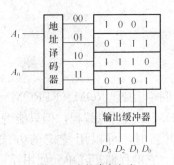

图 8-6　字的读出方法

为了便于表达和设计，通常将图 8-5 简化如图 8-7 所示，ROM 中的地址译码器形成了输入变量的最小项，即实现了逻辑变量的"与"运算；ROM 中的存储矩阵实现了最小项的或运算，即形成了各个逻辑函数；图中水平线与垂直线相交点上的小圆点代表着两线之间接有一个二极管，即存在有一个存储单元。

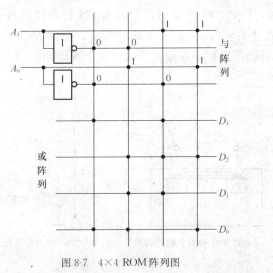

图 8-7　4×4 ROM 阵列图

由以上可知，用 ROM 实现逻辑函数时，需列出真值表或最小项表达式，然后画出 ROM 的符号矩阵。根据用户提供的符号矩阵，厂家便可生产所需的 ROM。

2. 可编程只读存储器（PROM）

固定 ROM 在出厂前已经写好了内容，使用时只能根据需要选用某一电路，限制了用户的灵活性。可编程 PROM 封装出厂前，存储单元中的内容全为 1（或全为 0），用户在使用时可以根据需要，将某些单元的内容改为 0（或改为 1），此过程称为编程。图 8-8 所示是 PROM 的一种存储单元，图中的二极管位于字线与位线之间，二极管前端串有熔丝，在没有编程前，存储矩阵中的全部存储单元的熔丝都是连通的，即每个单元存储的都是 1。用户使用时，只需按自己的需要，借助一定的编程工具，将某些存储单元上的熔丝用大电流烧断，该单元存储的内容就变为 0。熔丝烧断后不能再接上，故 PROM 只能进行一次编程。可改写的 ROM 则克服了这一缺点。

图 8-8　PROM 的可编程存储单元

3. 可擦可编程 ROM（EPROM）

PROM 虽然可以编程，但只能编程一次。而 EPROM 克服了 PROM 的缺点，当所存数据需要更新时，可以用特定的方法擦除并重写。最早出现的是用紫外线照射擦除的 EPROM。它的存储矩阵单元使用浮置栅雪崩注入 MOS 管或叠栅注入 MOS 管。

图 8-9（a）所示为浮置栅 MOS 管 EPROM 的结构图。从图中我们不难看出，浮置栅 MOS 管（简称 FAMOS 管）基本上是一个 P 沟道增强型 MOS 管，所不同的仅仅是栅极被 SiO_2 绝缘层隔离，呈浮置状态，故称浮置栅。当浮置栅带负电荷时，N 型衬底表面感应出 P 型沟道，FAMOS 管处于导通状态，源极－漏极间的电阻很小，可看成短路。若浮置栅上不带有电荷，则 FAMOS 管截止，源极－漏极间可视为开路。因此，由图 8-9（b）可见，当浮置栅带负电荷时，FAMOS 管导通，存储 MOS 管源极接地，也就是说该存储单元有 MOS 管。反之，浮置栅不带电荷，FAMOS 管截止，存储 MOS 管不接地，相当于该存储单元没有接 MOS 管。可见，根据浮置栅是否带有负电荷便可区分出所存信息是 0 还是 1。

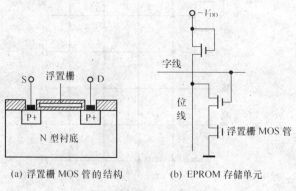

(a) 浮置栅 MOS 管的结构　　　　　　(b) EPROM 存储单元

图 8-9　浮置栅 EPROM

浮置栅 EPROM 出厂时，所有存储单元的 FAMOS 管浮置栅都不带电荷，FAMOS 管处于截止状态。写入信息时，在对应单元的漏极与衬底之间加足够高的反向电压，使漏极与衬底之间的 PN 结产生击穿，雪崩击穿产生的高能电子堆积在浮置栅上，使 FAMOS 管导通。当去掉外加反向电压后，由于浮置栅上的电子没有放电回路能长期保存下来，在 125℃的环境温度下，70% 以上的电荷能保存 10 年以上。如果用紫外线照射 FAMOS 管 10～30min，浮置栅上积累的电子形成光电流而泄放，使导电沟道消失，FAMOS 管又恢复为截止状态。为便于擦除，芯片的封装外壳装有透明的石英盖板。

8.1.3　存储器的应用

1. 存储器容量的扩展

一个存储器的容量就是字线与位线（即字长和位数）的乘积。当所采用的 ROM 容量不满足需要时，可将容量进行扩展。扩展又分为字扩展和位扩展，也可以同时对字、位扩展。

（1）位扩展（即字长扩展）

所谓位扩展，就是将多片存储器经适当的连接，组成位数增多、字数不变的存储器。

位扩展比较简单，只需要用同一地址信号控制 n 个相同字数的 RAM，即可达到扩展输出位数的目的。图 8-10 所示是由 256×1 的 RAM 扩展为 256×8 的 RAM 的存储器，图中将 8 块 256×1 的 RAM 的所有地址线和 $\overline{CS}$（片选线）分别对应并接在一起，而每一片的位输出作为整个 RAM 输出的 1 位。

256×8RAM 需 256×1RAM 的芯片数为

$$N = \frac{总存储容量}{一片存储容量} = \frac{256 \times 8}{256 \times 1} = 8$$

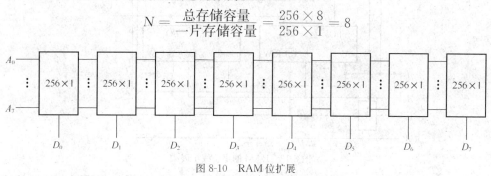

图 8-10　RAM 位扩展

（2）字扩展

所谓字扩展，就是将多片存储器经适当的连接，组成字数更多，而位数不变的存储器。

图 8-11 所示是由四片 1024×8 的 RAM 扩展为 4096×8 的 RAM。图中，每片 RAM 有 10 根地址输入线，其寻址范围为 $2^{10} = 1024$ 个信息单元，每一单元为 8 位二进制数。这些 RAM 均有片选端。当其为低电平时，该片被选中工作；当其为高电平时，对应的 RAM 不工作，各片 RAM 的片选端由 2 线－4 线译码器控制；译码器的输入是系统的高位地址 A_{11}、A_{10}，其输出是各片 RAM 的片选信号。若 $A_{11} A_{10} = 10$，则 RAM（3）片的 $\overline{CS}$ 有效为 0，其余各片 RAM 的片选信号无效为 1，故选中第三片，只有该片的信息可以读出，送到位线上，读出的内容则由低位地址 $A_9 \sim A_0$ 决定，四片 RAM 轮流工作，完成字扩展。字扩展的方法是：将地址线、输出线对应连接，片选线分别与译码器的输出连接。

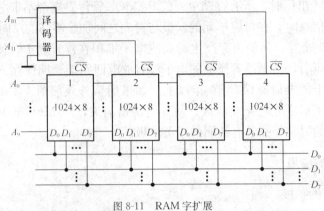

图 8-11　RAM 字扩展

（3）字位扩展

若一片存储器的字数和位数都不够用，可对其同时进行字、位的扩展。图 8-12 所示是将容量为 1024×4 的 RAM 扩展为 2048×8 RAM 的电路图。

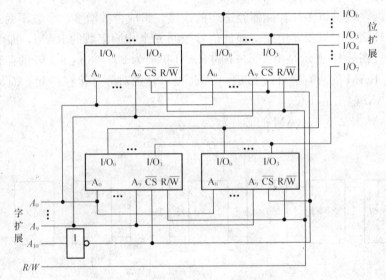

图 8-12　RAM 的字、线扩展

也可以这样说，字的扩展是对存储器的输入端口的扩展，位的扩展是对存储器的输出端口的扩展。

2. EPROM 的应用

EPROM 的主要用途是在计算机电路中作为程序存储器使用，在数字电路中，也可以用来实现码制转换、字符发生器、波形发生器电路等。图 8-13 所示就是以 EPROM2716 为核心产生八种不同波形的复杂波形发生器电路。将一个周期的三角波等分为 256 份，取得每一点的函数值并按 8 位二进制进行编码，产生 256 字节的数据。用同样的方法还可得到锯齿波、正弦波、阶梯波等不同的八种波形的数据，并将这八组数据共 2048 个字节写入 2716 当中。

将图 8-13 中的开关 S_1、S_2 和 S_3 都闭合（即状态为 000），则在 2716 中选择了正弦波数据。若两个十六进制计数器在 CP 脉冲的作用下，从 00000000～11111111 不断做周期

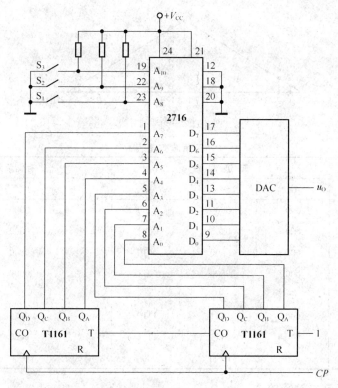

图 8-13　八种波形发生器电路图

性的计数，则表示正弦波的编码数据便依次出现在数据线 $D_0 \sim D_7$ 上，经 D/A 转换后便可在输出端得到正弦波的模拟电压输出波形。选择不同的波形只需要改变三个开关的组合状态即可。表 8-2 列出了开关状态与不同的波形以及存储器地址空间的分配情况的对应关系。

表 8-2　　　　　　　　　　　　八种波形及存储器地址空间分配情况

S_3	S_2	S_1	波　　形	$A_{10} A_9 A_8 \ A_7 A_6 A_5 A_4 A_3 A_2 A_1 A_0$
0	0	0	正弦波	000 00000000～000 11111111
0	0	1	锯齿波	001 00000000～001 11111111
0	1	0	三角波	010 00000000～010 11111111
⋮				⋮
1	1	1	阶梯波	111 00000000～111 11111111

下面以三角波为例说明其实现方法。

三角波细分图如图 8-14 所示，在图中取 256 个值来代表波形的变化情况。在水平方向的 257 个点顺序取值，按照二进制送入 EPROM2716（2K×8 位）的地址端 $A_0 \sim A_7$，地址译码器的输出为 256 个（最末一位既是此周期的结束，又是下一周期的开始）。垂直方向的取值也转换成二进制数。由于 2716 是 8 位的，所以要将取值转换成 8 位二进制数。将这255 个二进制数通过用户编程的方法，写入对应的存储单元，如表 8-3 所示。将 2716 的高 3位地址 $A_8 A_9 A_{10}$ 取为 0，则该三角波占用的地址空间为 000 00000000～000 11111111，共256 个。

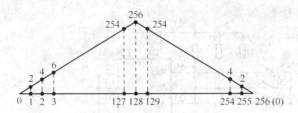

图 8-14　三角波细分图

表 8-3　　　　　　　　　　　　　　三角波存储表

十 进 制 数	二 进 制 数			存储单元内容		
	A_{10}	…	A_0	D_7	…	D_0
0	000	0000	0000		0000	0000
1	000	0000	0001		0000	0010
2	000	0000	0010		0000	0100
3	000	0000	0011		0000	0110
⋮	⋮	⋮				
254	000	1111	1110		0000	0100
255	000	1111	1111		0000	0010
0	000	0000	0000		0000	0000

8.1.4　其他类型存储器简介

1. $E^2 PROM$

这是一种可用电气方法在线擦除和编程的只读存储器。其存储单元采用了浮栅隧道氧化层 MOS 管。它既有 RAM 在联机操作中可读可改写的特点，又具有非易失性存储器 ROM 在掉电后仍然能保持所存储数据的优点。写入的数据在常温下至少可以保存 10 年，擦除/写入次数为 1 万次～ 10 万次。由此可见，这种存储器无论是擦除还是写入的速度均较 EPROM 快，且操作更加简单方便。

2. 快闪存储器

快闪存储器 Flash Memory 采用了与 EPROM 中的叠栅 MOS 管相似的结构，同时保留了 $E^2 PROM$ 用隧道效应擦除的快捷特性。从理论上看，快闪存储器属于 ROM 型存储器，但它可以随时改写信息；从功能上看，它又相当于 RAM。

由于快闪存储器不需要存储电容，故其集成度高，制造成本低。它使用方便，既具有 RAM 读/写的灵活性和较快的访问速度，又具有 ROM 在掉电后不丢失信息的特点，所以快闪存储器技术发展十分迅速。现在其单片容量已经超过 256MB。此外，其可重写编程的次数已经达到 100 万次。

随着快闪存储器技术的不断发展，其高集成度、大容量、低成本及使用方便等特点已受到人们的普遍重视。快闪存储器已越来越多地取代 EPROM，并广泛应用于通信设备、办公设备、医疗设备、工业控制等领域。可以说，快闪存储器的前景非常看好。

3. 非易失性静态读/写存储器

非易失性静态读/写存储器（NVSRAM）是美国 Dallas 半导体公司所推出的封装一体

化、电池后备供电的静态读写存储器，它以高容量、长寿命锂电池为后备电源，在低功耗的 SRAM 芯片上加上可靠的数据保护电路所构成。其性能和使用方法与 SRAM 一样，在断电情况下，所存储的信息可保存 10 年。其缺点主要是体积稍大，价格较高。此外，还有一种 nvSRAM，不需电池作后备电源，它的非易失性是由其内部机理决定的。

4. 串行存储器

串行存储器是为适应某些设备对元器件的低功耗和小型化的要求而设计的。其主要特点是信息的存取方式与 RAM 不同，它所存储的数据是按一定顺序串行写入和读出的，故对每个存储单元的访问与它在存储器中的位置有关。

5. 多端口存储器

多端口存储器 MPRAM 是为适应更复杂的信息处理需要而设计的一种在多处理机应用系统中使用的存储器。其特点是有多套独立的地址机构（即多个端口），共享存储单元的数据。多端口 RAM 一般可分为双端口 SRAM、VRAM、FIFO、MPRAM 等几类。

表 8-4 列出了一些常见存储器的规格型号。

表 8-4　　　　　　　　　　　常见存储器规格型号

容　量 ＼ 类　型	SRAM	EPROM	E²PROM	FLASH	NVSRAM	双口 RAM
2 K×8	6116	2716	2816		DS1213B	7132/7136
4 K×8		2732			DS1213B	
8 K×8	6264	2764	2864		DS1213B	
16 K×8		27128				
32 K×8	62256	27256	28256	28F256	DS1213D	
64 K×8		27512	28512	28F512		
128 K×8	628128	27010	28010	28F010	DS1213D	
256 K×8	628256	27020	28020	28F020		
512 K×8	628512	27040	28040	28F040	DS1650	
1 M×8	6281000	27080	28080	28F080		

8.2　可编程逻辑器件简介

8.2.1　概述

自 20 世纪 60 年代以来，数字集成电路已经历了从 SSI、MSI、LSI 到 VLSI 的发展过程。数字集成电路按照芯片设计方法的不同大致可以分为三类：①通用型中、小规模集成电路；②通用软件组态的大规模、超大规模集成电路，如微处理器、单片机等；③专用集成电路（ASIC）。

专用集成电路 ASIC，是一种专门为某一应用领域或为专门用户需要而设计制造的 LSI 或 VLSI 电路，它可以将某些专用电路或电子系统设计在一个芯片上，构成单片集成系统。ASIC 分为全定制和半定制两类。全定制 ASIC 的硅片没有经过预加工，其各层掩模都是按特定电路功能专门制造的。半定制 ASIC 是按一定规格预先加工好的半成品芯片，然后再按具体要求进行加工和制造，它包括门阵列、标准单元和可编程逻辑器件三种。

可编程逻辑器件（PLD）是 ASIC 的一个重要分支，它是厂家作为一种通用型器件生产的半定制电路，用户可以利用软、硬件开发工具对器件进行设计和编程，使之实现所需要的逻辑功能。由于它是用户可配置的逻辑器件，使用灵活，设计周期短，费用低，而且可靠性好，承担风险小，特别适合于系统样机的研制和小批量开发，因而很快得到普遍应用，发展非常迅速。

可编程逻辑器件按集成度分有低密度 PLD（LDPLD）和高密度 PLD（HDPLD）两类。LDPLD 是早期开发的可编程逻辑器件，主要产品有 PROM、现场可编程逻辑阵列（FPLA）、可编程阵列逻辑（PAL）和通用阵列逻辑（GAL）。这些器件结构简单，具有成本低、速度高、设计简便等优点，但其规模较小（通常每片只有数百门），难于实现复杂的逻辑。

HDPLD 是 20 世纪 80 年代中期发展起来的产品，它包括可擦除、可编程逻辑器件（EPLD）、复杂可编程逻辑器件（CPLD）和现场可编程门阵列（FPGA）三种类型。EPLD 和 CPLD 是在 PAL 和 GAL 的基础上发展起来的，其基本结构由与或阵列组成，因此通常称为阵列型 PLD，而 FPGA 具有门阵列的结构形式，通常称为单元型 PLD。

可编程逻辑器件均采用可编程元件（存储单元）来存储编程信息，常用的可编程元件有四类：① 一次性编程的熔丝或反熔丝元件；② 紫外线擦除、电可编程的 EPROM（UVEP-ROM）存储单元，即 UVCMOS 工艺结构；③ 电擦除、电可编程存储单元，一类是 E^2PROM 即 E^2CMOS 工艺结构，另一类是快闪（Flash）存储单元；④ 基于静态存储器（SRAM）的编程元件。这四类元件中，基于电擦除、电可编程的 E^2PROM 和快闪（Flash）存储单元的 PLD 以及基于 SRAM 的 PLD 目前使用最广泛。

由于阵列结构的多变和器件编程功能的开发，为方便表示，这里介绍几种常见的逻辑符号表示方法。如图 8-15 所示。

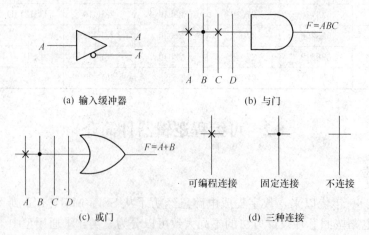

图 8-15 几种常用逻辑符号表示方法

8.2.2 普通可编程逻辑器件

1. 可编程阵列逻辑（PAL）

PAL 从结构上分成与阵列、或阵列和输出电路三部分，主要特征是与阵列可编程，而或阵列固定不变。图 8-16 表示的是 PAL 的结构。

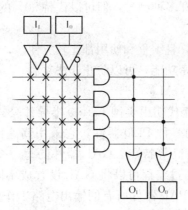

图 8-16　PAL 的结构

PAL 备有多种输出结构，不同型号的芯片对应一种固定的输出结构。使用时根据需要选择合适的芯片。常见的有以下几种。

（1）专用输出结构。这种结构的输出端只能输出信号，不能兼作输入。它只能实现组合逻辑函数。目前常用的产品有 PAL10H8、PAL10L8 等。

（2）可编程 I/O 结构。这种结构的输出端有一个三态缓冲器，三态门受一个乘积项的控制，当三态门禁止，输出呈高阻状态时，I/O 引脚作输入用；当三态门被选通时，I/O 引脚作输出用。

（3）寄存器输出结构。这种结构的输出端有一个 D 触发器，在使能端的作用下，触发器的输出信号经三态门缓冲输出。可见，此 PAL 能记忆原来的状态，从而实现时序逻辑功能。

（4）异或型输出结构。这种结构的输出部分有两个异或门，它们的输出经异或门进行异或运算后再经 D 触发器和三态缓冲器输出，这种结构便于对与或逻辑阵列输出的函数求反，还可以实现对寄存器状态进行维持操作。

PAL 共有 21 种，通过不同的命名可以区别。PAL 的命名如图 8-17 所示。

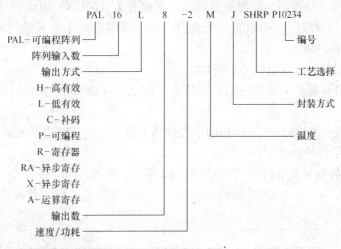

图 8-17　PAL 的命名

PAL 具有如下三个优点。

（1）提高了功能密度，节省了空间。通常 1 片 PAL 可以代替 4～12 片 SSI 或 2～4 片

MSI。同时，虽然 PAL 只有 20 多种型号，但可以代替 90% 的通用器件，因而进行系统设计时，可以大大减少器件的种类。

（2）提高了设计的灵活性，且编程和使用都比较方便。

（3）有上电复位功能和加密功能，可以防止非法复制。

2. 通用可编程逻辑器件（GAL）

GAL 芯片是 20 世纪 80 年代初由美国 Lattice 半导体公司研制推出的通用型和逻辑处理能力较强、性能指标较高的一种 PLD 器件。它采用高速的电可擦除的 E^2CMOS 工艺，具有速度快、功耗低、集成度高等特点。GAL 器件的每一个输出端都有一个组态可编程的输出逻辑宏单元 OLMC，通过编程可以将 GAL 设置成不同的输出方式。这样，具有相同输入单元的 GAL 可以实现 PAL 器件所有的输出电路工作模式，故而称之为通用可编程逻辑器件。

GAL 分为两大类：一类是普通型，它的与、或结构与 PAL 相似，如 GAL16V8、GAL20V8 等；另一类为新型，它的与、或阵列均可编程，与 PLA 相似，主要有 GAL39V8。下面以普通型 GAL16V8 为例简要介绍 GAL 器件的基本特点。

（1）GAL 的基本结构

GAL 由以下四部分组成。

① 8 个输入缓冲器和 8 个输出反馈/输入缓冲器。

② 8 个输出逻辑宏单元 OLMC 和 8 个三态缓冲器，每个 OLMC 对应一个 I/O 引脚。

③ 由 8×8 个与门构成的与阵列，共形成 64 个乘积项，每个与门有 32 个输入项，由 8 个输入的原变量、反变量（16）和 8 个反馈信号的原变量、反变量（16）组成，故可编程与阵列共有 32×8×8＝2048 个可编程单元。

④ 系统时钟 CK 和三态输出选通信号 OE 的输入缓冲器。

GAL 器件没有独立的或阵列结构，各个或门放在各自的输出逻辑宏单元（OLMC）中。

（2）输出逻辑宏单元（OLMC）的结构

OLMC 由或门、异或门、D 触发器和四个多路开关（MUX）组成。

每个 OLMC 包含或门阵列中的一个或门。一个或门有 8 个输入端，和来自与阵列的 8 个乘积项（PT）相对应。

异或门的作用是选择输出信号的极性。

D 触发器（寄存器）对异或门的输出状态起记忆（存储）作用，使 GAL 适用于时序逻辑电路。

四个多路开关（MUX）在结构控制字段作用下设定输出逻辑宏单元的状态。

（3）GAL 的结构控制字

GAL 的结构控制字共 82 位，每位取值为 1 或 0，如图 8-18 所示。SYN、XOR、$AC1$、$AC0$ 相互配合，控制 8 个 OLMC 的输出状态，可组态配置成 5 种工作模式，如表 8-5 所示。

82位						
*PT*63 - *PT*32						*PT*31 - *PT*0
32位 乘积项禁止	4位 XOR (*n*)	1位 SYN	8位 AC1 (*n*)	1位 AC0	4位 XOR (*n*)	32位 乘积项禁止

图 8-18　GAL 的结构控制字

表 8-5				GAL 的 5 种工作模式	
SYN	*AC 0*	*AC 1*	*XOR*	功　　能	输 出 极 性
1	0	1	/	专用组合输入	/
1	0	0	0 1	专用组合输出	低有效 高有效
1	1	1	0 1	带反馈的组合输出	低有效 高有效
1	1	1	0 1	时序逻辑组合输出	低有效 高有效
0	1	0	0 1	时序逻辑	低有效 高有效

从以上分析可看出，GAL 器件由于采用了 OLMC，因而使用更加灵活，只要写入不同的结构控制字，就可以得到不同类型的输出电路结构。这些电路结构完全可以取代 PAL 器件的各种输出电路结构。

8.2.3　复杂的可编程逻辑器件（CPLD）

CPLD 是阵列型高密度可编程控制器，其基本结构形式和 PAL、GAL 相似，都由可编程的与阵列、固定的或阵列和逻辑宏单元组成，但集成规模都比 PAL 和 GAL 大得多。

目前各公司生产的 CPLD 的产品都各有特点，但总体结构大致相同，基本包含三种结构：逻辑阵列块（LAB）、可编程 I/O 单元、可编程连线阵列（PIA）。如图 8-19 所示。

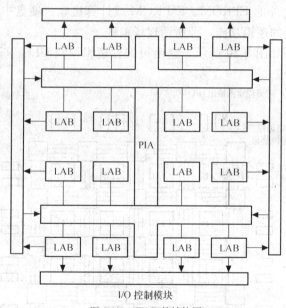

图 8-19　CPLD 的结构图

（1）逻辑阵列块（LAB）

一个逻辑阵列块由十多个宏单元的阵列组成，而每个宏单元由三个功能块组成：逻辑阵列、乘积项选择矩阵和可编程寄存器，它们可以被单独的配置为时序逻辑或组合逻辑工作方式。如果每个宏单元中的乘积项不够用时，还可以利用其结构中的共享和并联扩展乘积项，用尽可能小的逻辑资源，得到尽可能快的工作速度。

（2）可编程 I/O 单元

输入输出单元简称 I/O 单元，它是内部信号到 I/O 引脚的接口部分。由于 CPLD 通常只有少数几个专有输入端，大部分端口均为 I/O 端，而且系统的输入信号常常需要锁存，因此，I/O 端常作为一个独立单元处理。通过对 I/O 端口编程，可以使每个引脚单独的配置为输入输出和双向工作、寄存器输入等各种不同的工作方式，因此使 I/O 端的使用更为方便、灵活。

（3）可编程连线阵列

可编程连线阵列的作用是在各 LAB 之间以及各 LAB 和 I/O 单元之间提供互联网络。各可编程阵列通过可编程连线阵列接受来自专用输入或输出端的信号，并将宏单元的信号反馈到其需要到达的目的地。这种互联机制有很大的灵活性，它允许在不影响引脚分配的情况下改变内部的设计。

8.2.4　现场可编程门阵列（FPGA）

FPGA 是 20 世纪 80 年代中期出现的高密度可编程逻辑器件。与前面所介绍的阵列型可编程逻辑器件不同，FPGA 采用类似于掩模编程门阵列的通用结构，其内部由许多独立的可编程逻辑模块组成，用户可以通过编程将这些模块连接成所需要的数字系统。它具有密度高、编程速度快、设计灵活和可再配置等许多优点，因此 FPGA 自 1985 年由 Xilinx 公司首家推出后，便受到普遍欢迎，并得到迅速发展。

FPGA 的功能由逻辑结构的配置数据决定。工作时，这些配置数据存放在片内的 SRAM 或熔丝图上。基于 SRAM 的 FPGA 器件，在工作前需要从芯片外部加载配置数据。配置数据可以存储在片外的 EPROM、E^2PROM 或计算机软、硬盘中。人们可以控制加载过程，在现场修改器件的逻辑功能，即所谓现场编程。

FPGA 的基本结构如图 8-20 所示。它由可编程逻辑模块 CLB、输入/输出模块 IOB 和互联资源 IR 三部分组成。

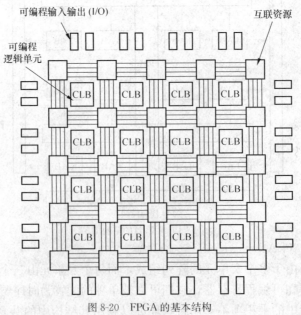

图 8-20　FPGA 的基本结构

（1）可编程逻辑模块 CLB

可编程逻辑模块 CLB 是实现用户功能的基本单元，它们通常规则地排列成一个阵列，散布于整个芯片。可编程逻辑模块（CLB）一般有三种结构形式：①查找表结构；②多路开关结构；③多级与非门结构。它主要由逻辑函数发生器、触发器、数据选择器和信号变换四部分电路组成。

（2）可编程输入/输出模块（IOB）

IOB 主要完成芯片内部逻辑与外部封装脚的接口，它通常排列在芯片的四周；提供了器件引脚和内部逻辑阵列的接口电路。每一个 IOB 控制一个引脚（除电源线和地线引脚外），将它们可定义为输入、输出或者双向传输信号端。

（3）可编程互联资源（IR）

可编程互联资源包括各种长度的连线线段和一些可编程连接开关，它们将各个 CLB 之间或 CLB、IOB 之间以及 IOB 之间连接起来，构成特定功能的电路。

FPGA 芯片内部单个 CLB 的输入输出之间、各个 CLB 之间、CLB 和 IOB 之间的连线由许多金属线段构成，这些金属线段带有可编程开关，通过自动布线实现所需功能的电路连接。连线通路的数量与器件内部阵列的规模有关，阵列规模越大，连线数量越多。

互连线按相对长度分为单线、双线和长线三种。

8.2.5 可编程逻辑器件的开发与应用

1. 电子系统的设计方法

传统的数字电子系统设计中，一般先按数字电子系统的具体功能要求进行功能划分，然后选择 SSI、MSI 标准通用器件对电路进行设计，对每个子模块画出相应的逻辑线路图，再据此选择设计电路板，最后进行实测与调试。这种设计技术是自底向上的，即首先确定构成系统的最底层的电路模块或元件的结构和功能，然后根据主系统的功能要求，将它们组合成更大的功能块，使它们的结构和功能满足高层系统的要求。依此流程，逐步向上递推，直至完成整个目标系统的设计。这种设计方法的特点是必须首先关注并致力于解决系统最底层硬件的可获得性，以及它们的功能特性方面的诸多细节问题。传统的系统设计方法，由于采用器件的种类和数量多，连线复杂，因而制成的系统往往体积大、功耗大、可靠性差。

可编程逻辑器件的出现使数字系统的设计方法发生了崭新的变化。采用可编程逻辑器件设计系统时，可以将原来在电路板上的设计工作放到芯片设计中进行，而且所有的设计工作都可以利用电子设计自动化（EDA）工具来完成，从而极大地提高了设计效率，增强了设计的灵活性。同时，基于芯片的设计可以减少芯片的数量，缩小系统体积，降低功耗，提高系统的速度和可靠性。应用这种新的设计方法必须具备三个条件：①必须基于功能强大的 EDA 技术；②具备集系统描述、行为描述和结构描述功能为一体的硬件描述语言；③高密度、高性能的大规模集成可编程逻辑器件。也就是说，新的设计方法是利用计算机软件，对功能强大的可编程器件进行程序设计，使得使用一个芯片即可实现一个完整系统的功能。

可编程逻辑器件的软件开发系统支持两种设计输入方式：一种是图形设计输入；另一种是硬件描述语言输入。计算机对输入文件进行编译、综合、优化、配置操作，最后生成供编程用的文件，可直接编程到可编程逻辑器件的芯片中。

图形设计输入是使用软件开发系统，先画出满足所设计数字系统功能要求的逻辑电路图，计算机根据图形文件进行编译、综合、优化、配置操作。硬件描述语言输入是利用该语言描述硬件电路的功能、信号连接关系及时序关系等。使用硬件描述语言可以比逻辑电路图更有效地表示硬件电路的特性。硬件描述语言有很多种，现在比较流行的硬件描述语言有

ABEL 和 VHDL。

下面介绍可编程逻辑器件的开发方法。

2. 可编程逻辑器件的开发方法

PLD 的开发是指利用开发系统的软件和硬件对 PLD 进行设计和编程的过程。

开发系统软件是指 PLD 专用的编程语言和相应的汇编程序或编译程序。硬件部分包括计算机和编程器。

可编程器件的设计过程主要包括设计准备、设计输入、设计处理和器件编程四个步骤，同时包括相应的功能仿真、时序仿真和器件测试三个设计验证过程。如图 8-21 所示。

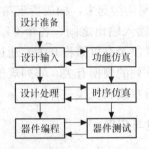

图 8-21　可编程器件的设计流程图

（1）设计准备

采用有效的设计方案是 PLD 设计成功的关键，因此在设计输入之前首先要考虑两个问题：①选择系统方案，进行抽象的逻辑设计；②选择合适的器件，满足设计的要求。

对于低密度 PLD（PAL、GAL 等），一般可以进行书面逻辑设计，将电路的逻辑功能直接用逻辑表达式、真值表、状态图或原理图等方式进行描述，然后根据整个电路输入、输出端数以及所需要的资源（比如门、触发器、中规模器件等）的数目，选择能满足设计要求的器件系列和型号。器件的选择除了应考虑器件的引脚数、资源外，还要考虑其速度、功耗以及结构特点。

对于高密度 PLD（CPLD、FPGA），系统方案的选择通常采用"自顶向下"的设计方法。目前系统方案的设计工作和器件的选择都可以在计算机上完成，设计者可以采用国际标准的硬件描述语言对系统进行功能描述，并选用各种不同的芯片进行平衡、比较，选择最佳结果。

（2）设计输入

设计者将所设计的系统或电路以开发软件要求的某种形式表示出来，并送入计算机的过程称为设计输入。它通常有原理图输入、硬件描述语言输入和波形输入等多种方式。

（3）设计处理

从设计输入完成以后到编程文件产生的整个编译、适配过程通常称为设计处理或设计实现。它是器件设计中的核心环节，是由计算机自动完成的，设计者只能通过设置参数来控制其处理过程。在编译过程中，编译软件对设计输入文件进行逻辑化简、综合和优化，并适当地选用一个或多个器件自动进行适配和布局、布线，最后产生编程用的编程文件。

在设计输入和设计处理过程中往往要进行功能仿真和时序仿真。功能仿真是在设计输入完成以后的逻辑功能检证，又称前仿真。它没有延时信息，对于初步功能检测非常方便。时序仿真在选择好器件并完成布局、布线之后进行，又称后仿真或定时仿真。时序仿真可以用来分析系统中各部分的时序关系以及仿真设计性能。

（4）器件编程

编程是指将编程数据放到具体的 PLD 中去。对阵列型 PLD 来说，是将 JED 文件"下载"到 PLD 中去；对 FPGA 来说，是将位流数据文件"配置"到器件中去。

3. 应用简介

通过下面一个具体的设计实例，我们体会可编程器件实现系统的优越性。

试用 CPLD 实现一个 16 位双向移位寄存器，其输入输出如图 8-22 所示。图中 $Q_0 \sim Q_{15}$ 是 16 位状态变量输出。$D_0 \sim D_{15}$ 为 16 位并行置数输入，CR 是低电平有效的异步清零端，SR、SL 分别是右移或左移串行数据输入端，S_1、S_0 为功能控制端，它们的取值和操作的对照关系如表 8-6 所示。

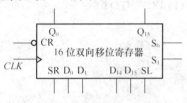

图 8-22　16 位双向移位寄存器

表 8-6　S_1、S_0 功能控制端对照关系表

S_1	S_0	实现的操作
0	0	保持
0	1	右移
1	0	左移
1	1	并行置数

（1）器件的选择。本例所欲实现的 16 位移位寄存器共有 1 个时钟 CLK 输入、16 个置数数据输入、2 个移位数据输入、3 个控制输入和 16 个状态变量输出。也就是说，除时钟外，共有 37 个输入、输出信号线，应该选择 I/O 单元的数量满足此要求的芯片，且应满足逻辑容量要求，这样就可以用一个芯片来实现该移位寄存器。设计者可参照有关数据手册进行选择。

假若选择型号为 ispLSI 1024 的芯片，它含 24 个通用逻辑模块（CLB），且 I/O 单元数量达 $16 \times 3 = 48$ 个。由此画出引脚分配图如图 8-23 所示。

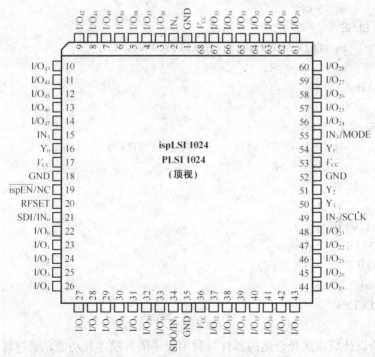

图 8-23　16 位移位寄存器引脚分配图

（2）编写设计输入文件。本例采用文本输入方式。根据移位寄存器设计要求，编写 VHDL 源文件如下：

```
LIBRARY IEEE;
USE IEEE. STD_LOGIC_1164. ALL;
ENTITY SHIFT IS
        PORT (
            S1, S0, CR, clk; IN BIT;
            SR, SL    : IN STD LOGIC,
            d          : IN STD LOGIC_VECTOR (15 DOWNTO 0);
            q          : OUT STD_LOGIC_VECTOR (15 DOWNTO 0)
            );
END SHIFT;
ARCHITECTURE A OF SHIFT IS
BEGIN
    PROCESS (clk, CR)
    VARIABLE qq : STD_LOGIC_VECTOR (15 DOWNTO 0);
    BEGIN
        IF CR = '0' THEN
          qq: =" 0000000000000000";
        ELSE IF (clk EVENT AND clk= '1')
        IF S1 = '1' THEN
            IF S0 = '1' THEN
                qq: =d;
            ELSE
                qq (14 DOWNTO 0): = qq (15 DOWNTO 1);
                qq (15): = SL
            END IF;
        ELSE
        IF S0 = '1' THEN
                qq (15 DOWNTO 1): = qq (14 DOWNTO 0)
                qq (0): = SR;
            ELSE
             NULL;
            END IF;
          END IF;
        END IF;
      q<= qq;
    END PROCESS
END A
```

可见，整个设计只需选择合适的器件，利用程序语言描述其功能，通过特定的设备将程序下载或配置到器件中，即可完成系统的设计。

本 章 小 结

　　存储器是一种可以存储数据或信息的半导体器件，它是现代数字系统特别是计算机中的重要组成部分。按照所存内容的易失性，存储器可分为随机存取存储器 RAM 和只读存储器 ROM 两类。

　　RAM 由存储矩阵、地址译码器和读/写控制器三个部分组成。对其任意一个地址单元均可实施读/写操作。RAM 是一种时序电路，断电后所存储的数据消失。

　　ROM 所存储的信息是固定的，不会因掉电而消失。根据信息的写入方式可分为固定 ROM、PROM 和 EPROM。ROM 属于组合逻辑电路。

　　当单片存储器容量不够时，可用多片进行容量扩展。

　　目前，可编程逻辑器件（PLD）的应用越来越广泛，用户可以通过编程确定该类器件的逻辑功能。在本章讨论过的几种 PLD 器件中，普通可编程逻辑器件 PAL 和 GAL 结构简单，具有成本低、速度高等优点，但其规模较小（通常每片只有数百门），难于实现复杂的逻辑。复杂可编程逻辑器件 CPLD 和现场可编程门阵列 FPGA，集成度高（每片有数百万个门），有更大的灵活性，若与先进的开发软件配套使用，则感到特别方便。CPLD 和 FPGA 是研制和开发数字系统的理想器件。

思考题与习题

　　8-1　试问一个 256 字×4 位的 ROM 应有地址线、数据线、字线和位线各多少根？

　　8-2　用一个 2 线—4 线译码器和四片 1024×8 位的 ROM 组成一个容量为 4096×8 位的 ROM，请画出连接图。（ROM 芯片的逻辑符号如图 T8-2 所示，$\overline{CS}$ 为片选信号）

　　8-3　确定用 ROM 实现下列逻辑函数所需的容量：

　　　　（1）比较两个 4 位二进制数的大小及是否相等。

　　　　（2）两个 3 位二进制数相乘的乘法器。

　　　　（3）将 8 位二进制数转化成十进制数（用 BCD 码表示）的转化电路。

　　8-4　图 T8-4 为 256×4 位 RAM 芯片的逻辑符号图，试用位扩展的方法组成 256×8 位 RAM，并画出逻辑图。

图 T8-2

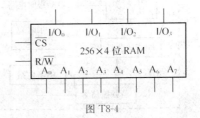
图 T8-4

　　8-5　试用 EPROM 实现 74LS49 的逻辑功能。

第9章

数字电路的综合训练

前面我们讨论了数字电路的基本分析方法，介绍了各种集成门电路、触发器、中规模组合逻辑电路和时序逻辑电路的功能及应用，这些知识为数字电路的综合应用打下了基础。本章作为数字电路的综合训练，将讨论实际数字电路系统的功能分析、电路测试以及故障排除的具体方法。掌握这些具体方法，对于培养数字电路的综合应用能力很有帮助。

9.1 数字电路系统的功能分析

为了说明数字电路系统功能分析的基本方法，下面以一个自动报时数字钟电路为例进行分析。

1. 自动报时数字钟电路框图

图9-1所示为自动报时数字钟电路框图。从图中可以看出，系统由主电路、时间校准电路、自动报时电路等部分组成。主电路分成秒计数译码显示、分计数译码显示、时计数译码显示等三大部分；时间校准电路由校时控制器和防抖动开关组成；自动报时电路由响声次数比较器、响声计数器、报时控制器和音响电路组成。

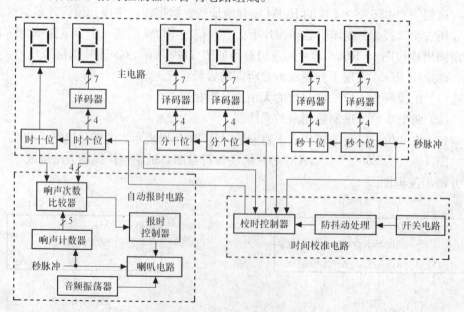

图9-1　自动报时数字钟电路框图

数字钟电路系统还应该有一个标准的秒脉冲发生器（框图中没有画出），为了计时精确，通常由石英晶体振荡器加分频器构成。常见的石英晶体振荡器由 CMOS 反相器构成，选用振荡频率为 32768Hz 的石英晶体。因为 $32768=2^{15}$，只要经过 2^{15} 分频就可以得到稳定度很高的秒信号。分频器可选用 14 位二进制串行计数器 CC4060，再加一级触发器二分频，就能够对石英晶体振荡器输出的 32768Hz 信号进行 2^{15} 分频。图 9-2 所示是一种秒脉冲发生器的具体电路。

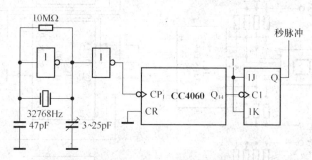

图 9-2　一种秒脉冲发生器的具体电路

自动报时电路的基本原理是，用分进位信号启动报时响声，通过响声次数与时计数器的状态进行比较，产生响声停止信号，保证响声次数与报时数相同。电路还设有响声控制器，实现响半秒停半秒的要求。自动报时电路的详细工作原理，本立体化教材在实践教材中将具体介绍，这里就不讨论了。

图 9-3 所示为自动报时数字钟的主电路图。从图中我们不难看出，由于秒信号从 IC_1 输入，可见 $IC_1 \sim IC_4$ 组成的是秒计数译码显示电路，$IC_5 \sim IC_8$ 组成的是分计数译码显示电路，$IC_9 \sim IC_{12}$ 组成的是时计数译码显示电路。

2. 秒和分计数译码显示电路

秒计数译码显示电路和分计数译码显示电路完全相同，下面以秒计数译码显示电路为例进行分析。

秒计数译码显示电路的个位和十位计数器都选用二—五进制计数器 74LS290，本书第 5 章介绍过 74LS290 的功能和应用举例。不难看出，个位计数器 IC_1 构成的是十进制，十位计数器 IC_2 构成的是六进制。由于 IC_1 的进位输出 Q_3 引到 IC_2 的 CP_0 端，故 IC_1 和 IC_2 组成一个六十进制计数器。IC_3 和 IC_4 是七段显示译码器 74LS49，它的功能及应用本书在第 4 章介绍过。由于 74LS49 的输出为高电平有效，因此，应选择共阴型的 LED 数码管与之相配。IC_2 的进位从 Q_2 端引出，连接到分计数器个位 IC_5 的 CP_0 端，从而实现每 60 秒向分计数器进位。

3. 时计数译码显示电路

$IC_9 \sim IC_{12}$ 构成时计数译码显示电路，其个位由接成计数形式的 JK 触发器和 74LS290 内部的五进制计数器构成，组成一个 8421BCD 码十进制计数器。时个位计数器的输出为 JK 触发器的 Q 端（作为个位计数器的 Q_0 端）和 74LS290 的 Q_1、Q_2、Q_3 端。JK 触发器的 Q 端接 74LS290 的 CP_1，而五进制计数器的 Q_3 作为个位计数器的进位输出引到 74LS290 的 CP_0。74LS290 内部的二进制计数器作为时计数器的十位计数器，其输出为 74LS290 的 Q_0 端，Q_0 端作为十位计数器的输出端 Q_4。

为了便于分析，单独将时计数器电路画出，如图 9-4 所示。从图中可以看出，电路有一

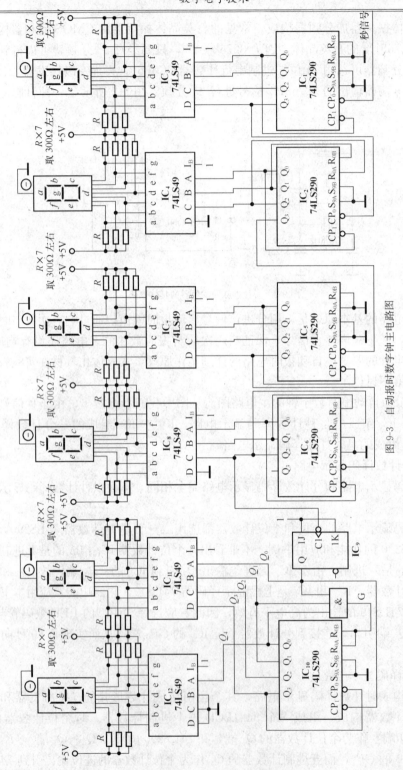

图 9-3 自动报时数字钟主电路图

个反馈回路，由与门 G 引到 74LS290 的置 0 输入端，当 Q_4、Q_1、Q_0 均为 1 时，计数器清零。不难看出，时计数器的状态 $Q_4 Q_3 Q_2 Q_1 Q_0$ 从 00000 计到 10010 均能正常计数。正常计数是指，个位按 8421BCD 码进行十进制计数，十位按二进制计数。当时计数器处于 10010 状态下，若分计数器产生一个进位信号输入到时计数器的 CP 端，时计数器将变为 10011 状态，此时满足 IC_{10} 的清零条件，即 Q_4、Q_1、Q_0 均为 1，$Q_4 Q_3 Q_2 Q_1 Q_0$ 迅速变为全 0 状态，时计数器变为 00001 状态。由于 10011 状态存在的时间极短，可以忽略，因此，时计数器的计数循环为 00001～10010，从而实现 01～12 的十二进制计数。这个电路巧妙利用了 74LS290 二－五进制计数的功能，使十二进制时计数器的设计变得简单。

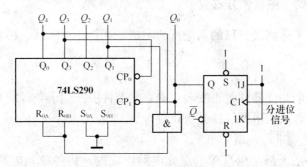

图 9-4 时计数器电路图

在第 5 章讨论 74LS290 的功能时知道，其清零输入端 R_{0A} 和 R_{0B} 是相与的关系，且为高电平有效，只要 R_{0A} 和 R_{0B} 中有 0，就不能清零；只有 R_{0A} 和 R_{0B} 全为 1 才可实现清零。利用这一功能，可将图 9-4 所示电路改为图 9-5 所示电路，将 Q_4 直接连到 R_{0A} 端，与门 G 的输出只控制 R_{0B} 端，同样可以实现当 Q_4、Q_1、Q_0 均为 1 时计数器清零的作用，并使与门 G 的输入端减少一个。

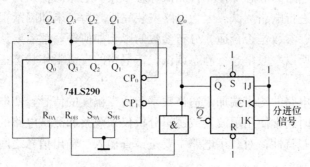

图 9-5 时计数器的另一种电路

因为时计数器的十位只需要显示 0 和 1，因此其译码器的输入端 D、C、B 直接接地，只将时计数器的十位输出 Q_4 接到译码器的 A 端即可。由于时计数器十位的译码比较简单，可以用门电路去控制数码管的 b 和 c 端，这样会使得十位为 0 时数码管不亮，十位为 1 时数码管显示 1。

9.2 数字电路系统的调试

任何一个电路，包括已被实验证明是可行的电路，按照设计的电路图安装完毕之后，并不能马上投入使用。因为在设计时，对各种客观因素难以完全预测，加上元器件参数存在离散性与误差，所以必须对安装好的电路进行调试，及时发现和纠正不符合设计要求的地方，并采取必要的补救措施，直到满足设计要求为止。所以，电路的调试是一个必不可少的环节，掌握电路调试方法也是电子技术人员必需的基本技能之一。

数字电路作为电子线路的一个分支，其调试方法与其他电子线路有着许多共同之处，但也有其自身的特点。下面首先讨论电子线路通用的调试方法，然后再针对数字电路的特殊性讨论在调试过程中需要注意的一些特殊问题。

9.2.1 电子线路的一般调试方法

电路的调试是为了达到设计目的而进行的测试、调整、再测试、再调整的过程。一般按照如下顺序进行。

1. 检查电路

对照电路图检查电路元器件是否安装正确、元器件引线端子与极性是否正确、焊接是否牢靠、电源是否符合要求、电源极性是否正确等。

2. 按功能模块分别进行调试

任何复杂的电路系统都是由简单的单元电路组成的，将各单元电路调试得均能正常工作，是整机能够正常工作的基础与前提。先按功能模块调试电路，既容易排除故障，又可以逐步扩大调试范围，实现整机调试。实际工作中，既可以装好一部分就调试一部分，也可以整机装好后再分块调试。

3. 先静态调试、后动态调试

静态是指电路输入端未加输入信号，使电路处于稳定的直流工作状态。静态调试主要是调试直流工作状态下电路的静态工作点，测试静态参数。电路的初始调试工作不能一开始就加电源同时又加信号进行电路测试。因为电路安装完成之后，未知因素很多，如接线是否正确、元器件是否完好、参数是否合适、分布参数的影响如何等，都需要从最基本的直流工作状态开始观察测试。所以一般是进行静态调试，待电路的直流工作状态正确后再加信号进行动态调试。

动态调试是指在电路的输入端加上适当频率和适当幅度的信号，使电路处于变化的交流工作状态。动态调试时通常使用示波器或逻辑分析仪来观察和测试电路的输入、输出信号波形，并测出相关的动态特性，对数字电路主要是检查输入、输出信号之间的逻辑关系、时序关系是否正确等。

4. 整机联调（统调）

所有的单元电路和功能模块经调试确认工作正常后，将各部分连接起来进行的整机调试称为整机联调或统调。整机联调的重点应放在关键单元电路和采用新电路、新技术的部位。调试顺序可以按照信号传递的方向和路径，通过一级一级地测试，逐步完成全电路的调试工作。

5. 指标测试

电路能正常工作后，应立即进行技术指标的测试工作。根据设计要求，逐个检测电路系统的指标情况。若未能达到指标要求，需分析原因并找出改进电路的措施，有时需要用实验凑试的方法来达到指标要求。

9.2.2　数字电路的调试方法

1. 数字电路调试的一般步骤

数字电路中的信号基本是逻辑信号，通常在调试步骤和方法上有其特殊规律。数字电路调试的一般步骤如下：

（1）首先调整振荡电路部分，确保能够为其他电路提供标准的时钟信号。

（2）调整控制电路部分，保证分频器、节拍信号发生器等控制信号产生电路能正常工作，以便为其他各部分电路提供控制信号，确保电路正常、有序地工作。

（3）调整信号处理电路，如寄存器、计数器、选择电路、编码器和译码电路等。这些部分能正常工作之后，再相互连接检查电路的逻辑功能。

（4）注意调整好接口电路、驱动电路、输出电路以及各种执行元件或机构，确保实现正常的功能。

2. 数字电路调试中应注意的问题

数字电路的特点是集成电路应用较多，引线端子密集、连线较多，各单元电路之间时序关系严格，出现故障后不易查找原因。所以，在调试中应注意以下问题。

（1）元件类型

调试中注意区分元器件的类型是分立元件、还是 TTL 电路或 CMOS 电路等，并依此确定相应的电源电压、电平转换、负载电路等。

（2）时序电路的初始状态

应保证电路开机后能顺利地进入正常的工作状态，还要注意检查各集成电路辅助端子、多余端子的处理是否得当等。

（3）各单元电路间的时序关系

要先熟悉各单元电路之间的时序关系，以便对照时序图检查各点波形。注意区分各触发器的触发边沿是上升沿还是下降沿，其时钟信号与振荡器输出的时钟信号之间的关系。

综上所述，在数字电路的调试过程中，既要按照电子电路的一般调试方法进行调试，还要结合数字电路的特殊性，按照"先观察，后通电；先静态，后动态"的原则进行。

9.2.3　数字电路调试举例

数字电路调试通常按照"先分调，后统调"的步骤进行。下面以自动报时数字钟的主电路为例说明数字电路调试的具体方法。

1. 分调

自动报时数字钟主电路安装完毕，经过检查无误后，可进行分调，即分别对秒计数译码显示、分计数译码显示和时计数译码显示电路进行调试。

（1）调试秒计数译码显示电路

首先进行静态测试。数字电路的静态调试方法通常为：采用数字电路实验仪的逻辑电平开关或单次脉冲作为电平输入信号，用 LED 电平显示器或逻辑笔检测输出信号的电平高低。

第一步，进行译码器和显示电路的调试。先将计数器输出和译码器输入之间的连线断开，从译码器输入端的 D、C、B、A 输入数字电路实验仪的逻辑电平信号。变动逻辑电平开关，使输入信号依次为 0000～1001，数码管应依次显示 0～9，否则电路工作不正常。

第二步，进行计数器的调试。先进行静态调试。将计数器和译码器之间的连线恢复，用数字电路实验仪的单次脉冲作为计数器的 CP 输入信号，手动输入单脉冲，数码管应循环显示 0～9，否则电路工作不正常。然后进行十位计数器的调试。将计数器和译码器之间的连线恢复，用数字电路实验仪的单次脉冲作为十位计数器的 CP 输入信号，手动输入单脉冲，数码管应循环显示 0～5，否则电路工作不正常。最后进行秒计数译码显示电路的联试，将个位计数器的 Q_3 与十位计数器的 CP 输入端相连，从个位计数器的 CP 端手动输入单脉冲，秒个位计数器应实现逢十进一，其进位信号应使十位计数器正常工作。

静态调试通过之后，就可以进行动态调试了。用数字电路实验仪的连续脉冲作为秒计数译码显示电路的 CP 信号，观察数码管的显示情况，若两只数码管能按六十进制循环显示，说明秒计数译码显示电路的工作完全正常。注意，连续脉冲的频率不能太高，否则数码管会因显示频率过高而一直全段显示。

分计数译码显示电路的调试与秒计数译码显示电路的调试完全相同。

(2) 调试时计数译码显示电路

时计数译码显示电路的译码显示、个位计数器电路的调试方法与秒计数译码显示电路的调试方法相同，不再重述。需要注意的是，由于时计数器接有反馈回路，调试个位计数器电路时，先应断开反馈回路，并将 74LS290 的两个置 0 输入端均接地，使个位计数器按十进制计数。个位计数译码显示电路工作正常之后，可进行十位计数器的调试，十位计数器应按二进制计数。

若个位和十位计数译码显示电路工作均正常，则恢复连接反馈回路。先进行静态调试，用数字电路实验仪的单次脉冲作为时计数器的 CP 输入信号，手动输入单脉冲，两只数码管应循环显示 01～12，否则电路工作不正常。若显示正常，再输入数字电路实验仪的连续脉冲，两只数码管循环显示 01～12，说明时计数译码显示电路的工作完全正常。

2. 总调

分调工作完成后，可以进行总调。总调是在各部分电路工作正常的前提下进行的，主要调试各部分电路之间的连接是否正确。对于自动报时数字钟的主电路，主要调试秒、分和时计数译码显示三部分电路之间的连接是否正确。首先，将秒进位信号引到分计数器的 CP 输入端，将分进位信号引到时计数器的 CP 输入端；接着，把数字电路实验仪的连续脉冲输入到秒计数器的 CP 输入端，从低到高调整连续脉冲的频率；然后，依次观察秒、分和时计数译码显示三部分电路工作是否正常，重点观察：

(1) 秒、分、时三部分计数进制是否为分别为六十、六十和十二；

(2) 当秒计数器处于 59 秒时，再来一个秒脉冲，秒计数器能否正常向分计数器进位；

(3) 当秒计数器处于 59 秒、分计数器处于 59 分时，再来一个秒脉冲，分计数器能否正常向时计数器进位。

如果上述三项均正常，说明自动报时数字钟主电路的安装调试成功。

9.3 数字电路故障的诊断与排除

电路故障是指电路的异常工作状态。在数字电路系统进行安装调试过程中，或者数字电路系统使用较长时间以后，电路出现故障的情况是难免的。因此，每一个电子技术人员都应掌握一定的故障分析诊断、查找定位及排除的方法。

9.3.1 数字电路故障的诊断与排除的一般方法

1. 数字电路故障诊断前的准备

进行数字电路故障诊断之前，应该做好两方面的准备工作：首先是知识的准备，必须对数字电路的常用电路类型及相应的工作原理有充分地了解，对其常用的元器件的工作原理及外观、性能等要熟悉，并要掌握数字电路故障诊断的方法和步骤；其次是工具的准备，各种常用的工具和仪器仪表如万用表、逻辑笔、示波器等要具备，并掌握其性能及使用方法。

2. 数字电路故障的分类

数字电路的故障因其产生原因而不同，可以分成若干类。

(1) 由元器件引起的故障

电路中的电阻、电容、电感、晶体管、集成电路等元器件，由于质量问题或使用时间过长而导致性能下降甚至损坏变质，电容、变压器的绝缘层击穿等问题，最终都将导致该故障元器件失效。这一类故障原因常使电路产生如振荡电路无输出信号，数字逻辑电路有输入信号却没有输出信号等故障现象。

(2) 因接触不良而引起的故障

电路中的各种接插件的接点接触不牢靠，焊接点的虚焊、假焊，开关、电位器接触不良，空气中的有害成分造成的印刷电路板或连接线的氧化、腐蚀以及外力冲击造成的机械性损坏等，都有可能引起接触不良故障。这类故障现象大多是电路完全不工作或间歇性地停止工作。

(3) 人为原因引起的故障

在安装的过程中元器件的错焊、漏焊，元器件的错误选择，连接线的错接、漏接、多接，在调试过程中由于粗心引起的短路或碰撞造成的损坏等，都是由于操作者自身的原因引起的人为故障。此类故障的表现形式往往多种多样，上面提到的各种故障现象都有可能表现出来。

(4) 各种干扰引起的故障

数字电路在使用过程中往往会受到一些外界因素的干扰，从而造成电路工作的不稳定。引起干扰的原因主要有以下几类。

① 直流电源质量较差。数字电路使用的直流电源一般都是由交流电经整流、滤波、稳压得到的。若滤波效果不佳，则会在直流成分上叠加上一定的纹波电压，这种纹波电压经某种途径窜入信号电路就会形成交流干扰。

② 感应和耦合产生干扰。电路连线及其中的电阻、电容等元件之间均存在一定的分布电感和分布电容，这些分布元件的存在使得电路很容易受到外界放电设备、高频设备等的干扰，导致电路产生寄生振荡，在无输入信号时使组合电路产生一些杂乱输出或使时序电路发生一些错误的状态变化。

③ 电路设计不当产生的干扰。电路设计不当如接地点的阻抗过大、位置不合理等原因均会导致干扰。由各种干扰引起的故障主要表现为输出不稳定或逻辑关系不正确、输出数码显示错误或不显示等。

产生故障的原因很多，上述所列只是一些常见现象。故障发生的情况也很复杂，有的是一种原因引起的简单故障，有的是多种原因相互影响而引起的复合故障。这就需要在掌握一定的故障检测与定位方法的基础上逐步提高排除故障的能力。

3. 故障的分析与定位

数字电路故障的分析与定位指的是：当电路发生故障时，根据故障现象，通过检查、测量，分析故障产生的原因并确定故障的部位，找到发生故障的元器件的过程。一般比较简单的电路，其故障原因往往也比较简单，故障的分析与定位较容易；而较为复杂的电路，其故障往往也较为复杂，故障原因的分析与定位相对也就要困难一些。

故障的分析与定位是排除故障的必要步骤，必须掌握一定的方法。故障分析与定位的方法很多，实际应用中应根据具体的故障现象、电路的复杂程度、可使用的仪器设备等情况综合考虑使用，并根据电路的原理及实际的经验进行综合判断。这是一项需要积累一定经验才能较好完成的工作。下面讨论常用的电路故障分析与定位的方法。

（1）直接观察法

所谓直接观察法是指不借助于任何的仪器设备，直接观察待查电路的表面来发现问题、寻找故障的方法，一般分为静态观察和通电检查两种。其中的静态观察包括如下几方面内容。

① 首先观察电路板及元器件表面是否有烧焦的印迹，连线及元器件是否有脱落、断裂等现象发生。

② 观察仪器使用情况。仪器类型选择是否合适，功能、量程的选用有无差错，共地连接的处理是否妥善等。首先排除外部故障，再进行电路本身的观察。

③ 观察电路供电情况。电源的电压值和极性是否符合要求，电源是否已确实接入了电路等。

④ 观察元器件安装情况。电解电容的极性、二极管和三极管的引线端子、集成电路的引线端子有无错接、漏接、互碰等情况，安装位置是否合理，对干扰源有无屏蔽措施等。

⑤ 观察布线情况。输入和输出线、强电和弱电线、交流和直流线等是否违反布线原则。

静态观察后可进行通电检查。接通电源后，观察元器件有无发烫、冒烟等情况，变压器有无焦味或发热及异常声响。

直接观察法适用于对故障进行初步检查，可以发现一些较明显的故障。

（2）仪器测试法

仪器测试法是一种借助仪器来发现问题、寻找故障部位的方法。这种方法可分为断电测试法和带电测试法两种。

断电测试法，是在电路断电条件下，利用万用表欧姆挡测量电路或元器件电阻值，借以判断故障的方法。如检查电路中连线、焊点及熔丝等是否断路，测量电阻值、电容器漏电、电感器的通断，检查半导体器件的好坏等。测试时，为了避免相关支路的影响，被测元器件的一端一般应与电路断开。同时，为了保护元器件，不要使用高阻挡和低阻挡，以防止高电压或大电流损坏电路中半导体器件的 PN 结。

带电测试法，是一种在电路带电条件下，借助于仪器测量电路中各点静态电压值或电压波形等，并进行理论分析，寻找故障所在部位的方法。如检查晶体管静态工作点是否正常，集成器件的静态参数是否符合要求，数字电路的逻辑关系是否正确等。

（3）信号寻迹法

信号寻迹法，是根据需要在电路输入端加入符合要求的信号，按照信号的流程从前级到后级，用示波器或电压表等仪器逐级检查信号在电路内各部分之间传输的情况，分析电路的功能是否正常，从而判断故障所在部位的方法。应在电路静态工作点处于正常的条件下使用这种方法。

（4）分割测试法

对于一些有反馈的环形电路，它们各级的工作情况互相有牵连，这时可以采用分割环路的方法，将反馈环去掉，然后逐级检查，可以更快地查出故障部位。对自激振荡现象也可以用这种方法检查。

（5）对比法

怀疑某一电路存在问题时，可找一个相同的正常电路进行比对，将两者的状态、参数进行逐项对比，很快就可以找到电路中不正常的参数，进而分析出故障原因并查找到故障点。

（6）替代法

有时故障比较隐蔽，不能很快找到，需做进一步的检查，这时可用已调试好的单元电路或组件代替有疑问的单元电路，以此来判断故障是否出在此单元电路。在确定了有问题的单元电路后，还可以在该单元电路中采用局部替代法，用确认良好的元器件将怀疑有问题的元器件替换下来，逐步缩小故障的怀疑范围，最终找到故障点。

9.3.2　数字电路故障的诊断与排除举例

数字电路的故障类型较多，产生故障的原因也各不相同，因此排除的方法也不一样。我们以自动报时数字钟主电路在安装调试过程中出现的故障为例，说明数字电路故障的诊断与排除方法。

1. 译码显示部分故障

图 9-6 是个位的译码显示电路图。下面通过几种故障现象的分析，说明译码显示部分故障的诊断与排除方法。假设正在利用数字电路实验仪进行译码显示电路的分调工作，实验仪的逻辑电平开关作为信号输入到译码器 74LS49 的 D、C、B、A 输入端。

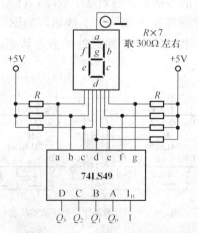

图 9-6　个位的译码显示电路图

（1）从 D、C、B、A 输入端输入 0000～1001，数码管始终不亮。首先，对应每一种输入状态用数字电路实验仪上的 LED 电平显示器（或者逻辑笔）依次检测译码器 74LS49 七个输出端 a、b、c、d、e、f、g 的输出电平。可能有两种情况：其一，七个输出端的输出电平均为 0，这说明是译码器工作不正常，经检查，发现译码器 74LS49 的 I_B 错接到地了，灭灯控制端 I_B 为 0 将使译码器处于灭灯状态。把 I_B 接为高电平，电路工作恢复正常；其二，七个输出端的输出电平均正常，这说明译码器工作是正常的，经检查数码管电路，发现数码管的共阴端没有接地，造成各段均不亮。将数码管的共阴端接地，电路工作恢复正常。

（2）数码管有一段（比如 b）始终不亮。从 D、C、B、A 输入端输入 0001 状态，数码管应显示 1，数码管的 b、c 段应发光。经检查，此时译码器 b 输出端为 1，说明译码器输出正常，问题应当出在数码管电路，结果发现连接 b 输出端的 300Ω 电阻没接好，接好电阻之后数码管显示正常。若检查时发现译码器 b 输出端为 0，说明译码器本身有问题（或 b 输出端的引脚接触不良），应当修理 b 输出端的引脚，或者换一块译码器再试，直至故障排除为止。

（3）数码管有一段（比如 b）始终亮着。从 D、C、B、A 输入端输入 0000～1001，b 段一直发光。可能有两种情况：其一，b 输出端的输出电平始终为 1，这说明是译码器工作不正常，可换一块译码器再试；其二，b 输出端的输出电平正常，经检查发现数码管 b 引脚与译码器 b 输出端连线漏接，只通过 300Ω 电阻与 +5V 电源直接相连，造成 b 段始终发光。恢复连接，电路工作正常。

2. 秒计数器部分故障

图 9-7 所示为秒个位和十位计数器的电路图。下面分析几种故障现象。

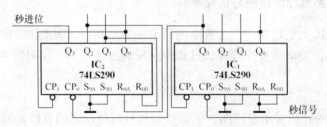

图 9-7　秒个位和十位计数器的电路图

（1）个位计数器始终处于清零状态。遇到这个故障，首先要检查 74LS290 的清零输入端连接是否正确。检查发现两个清零输入端均忘了接地，如图 9-8 所示。对于 TTL 电路，输入端悬空相当与接高电平，使得 74LS290 始终处于清零状态。将两个清零输入端接地，电路恢复正常工作。

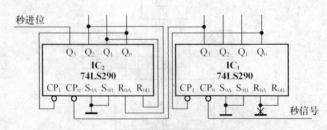

图 9-8　个位计数器始终处于清零状态

（2）十位计数器变成了五进制。计数器的进制不对，说明反馈线连接有错。经过检查发现，本应从 Q_1 引出的反馈线，错从 Q_0 引出，使计数器接成五进制，如图 9-9 所示。只需将反馈线改过来电路即可恢复正常工作。

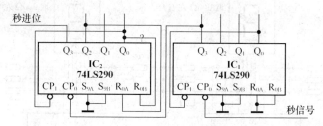

图 9-9　十位计数器变成了五进制

（3）分别调试成功计数器和译码显示电路之后，将计数器输出与译码器输入相连，结果出现数码管只显示奇数数字的怪现象。仔细观察故障现象，发现当从 CP 输入端连续输入单脉冲时，数码管依次循环显示 1、1、3、3、5、5、7、7、9、9 等十个数字。可以肯定，计数器按十进制计数，应当是正常的，译码显示电路又调试成功，问题可能出在计数器输出与译码器输入的连接上。经过认真检查，发现是计数器输出 Q_0 到译码器输入端 A 的连线忘记接了，A 输入相当于始终为 1，从而造成数码管只显示奇数数字的怪现象。出错的电路图如图 9-10 所示。

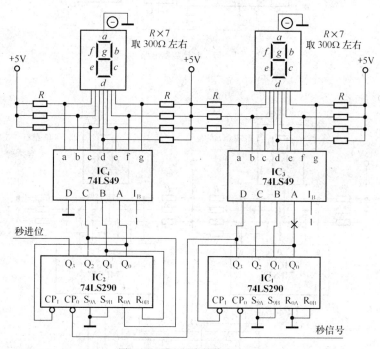

图 9-10　只显示奇数数字的电路

分计数器部分的故障现象与秒计数器部分的故障现象基本相同。

3. 时计数器部分的故障

为了分析方便，将时计数器部分的电路重画于图 9-11。下面分析几种故障现象。

（1）时计数器的十二进制状态出错，变成从 00～11 的计数循环。十二进制计数是靠正确的反馈来实现的，遇到这种故障应当首先想到是反馈回路出问题。经过仔细检查，发现用于反馈的与门 G 的输入端少接了一根线，这根线应当是 Q_0，如图 9-12 所示。由于反馈线只

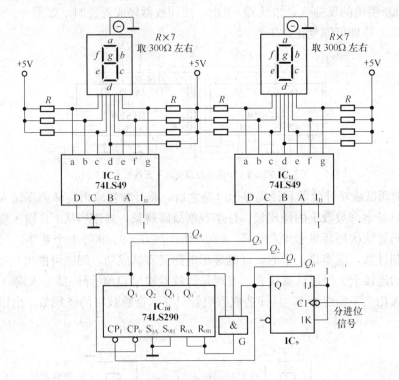

图 9-11　时计数器电路

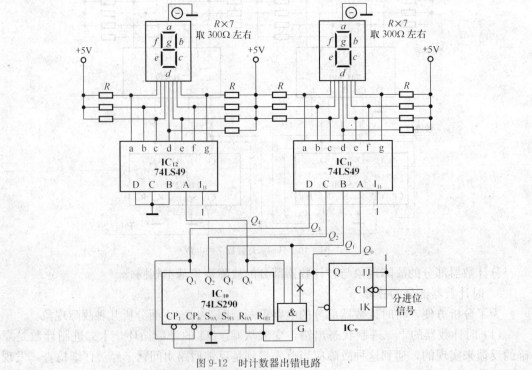

图 9-12　时计数器出错电路

接了 Q_1 和 Q_1，使得计数器一出现 10010 状态就将 74LS290 清零，计数器从 00000 状态开始计数，计数循环变成 00～11，而不是设计所要求的 01～12。将 Q_0 引到与门 G 的输入端，时计数器马上恢复正常工作。

（2）时计数器输入 CP 脉冲后，数码管始终显示 12～13。遇到这种怪现象先不要着急，从时计数器 CP 端输入手动单脉冲，用实验仪上的 LED 电平显示器或用逻辑笔检查时计数器的 5 个输出端的状态。检查发现时计数器的 5 个输出端中，只有 Q_0 随输入手动单脉冲变化而变化，$Q_4Q_3Q_2Q_1$ 始终保持 1001 的状态不变。回想起 74LS290 具有置 9 的功能，检查一下置 9 输入端连接是否正确，结果发现置 9 输入端没有接线，使 74LS290 始终处于置 9 状态，如图 9-13 所示。将两个置 9 输入端接地，时计数器则按 01～12 的计数循环正常工作。

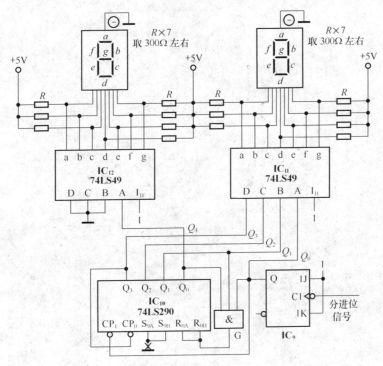

图 9-13　数码管始终显示 12～13

本 章 小 结

本章以自动报时数字钟为例讨论了数字电路系统功能的分析方法。从分析过程可以看出，要掌握分析数字电路系统功能的方法，必须熟悉常用数字电路集成器件的功能及其基本应用。对于不熟悉的器件，应当学会通过查阅器件手册来了解它们的性能和应用方法。

本章在介绍电子线路常用调试方法的基础上，讨论了数字电路系统的调试方法。数字电路系统的调试，一般采用"先静态，后动态；先分调，后总调"的步骤。数字电路系统的调试有自己的特点，在调试过程中，常常采用逻辑电平开关和单次脉冲作为输入信号，用逻辑笔、LED 电平显示器和示波器来检测输出状态，必要时可以用万用表来检测静态电压。为了保证调试工作的顺利进行，一定要事先考虑好调试的方法、步骤和使用的仪器设备，使调试工作有条不紊地进行。

　　数字电路故障的诊断和排除是电子技术人员必须学会的一种技能，本章以自动报时数字钟主电路为例，介绍了数字电路故障的诊断和排除的一般方法，并举了多个故障实例。数字电路故障的诊断和排除的过程，是理论和实际相结合的过程，是培养分析问题和解决实际问题能力的好机会。数字电路故障的诊断和排除能力的提高，需要更多的实践经验。

附录 A

半导体集成电路型号及参数

一、国产半导体集成电路型号命名规则

GB3430—89 为我国半导体集成电路型号命名规则的现行国家标准，于 1989 年开始实施。

我国集成电路器件型号由五个部分组成，其符号及意义如下：

第 一 部 分		第 二 部 分		第 三 部 分	第 四 部 分		第 五 部 分	
用字母表示器件符合国家标准		用字母表示器件的类型		用阿拉伯字母表示器件的系列和品种代号	用字母表示器件的工作范围		用字母表示器件的封装	
符号	意义	符号	意义		符号	意义	符号	意义
C	中国制造	T	TTL 电路	其中 TTL 电路分为四个系列：	C	0～+70℃	F	多层陶瓷扁平
		H	HTL 电路	1000-中速系列	G	−25～+70℃	B	塑料扁平
		E	ECL 电路	2000-高速系列	L	−25～+85℃	H	黑瓷扁平
		C	CMOS 电路	3000-肖特基系列 4000-低功耗肖特基系列	E	−40～+85℃	D	多层陶瓷双列直插
		M	存储器		R	−55～+85℃	J	黑瓷双列直插
		μ	微型机电路		M	−55～+125℃	P	塑料双列直插
		F	线性放大器		·		S	塑料单列直插
		W	稳压器		·		T	金属圆壳
		D	音响电视电路		·		K	金属菱形
		B	非线性电路				C	陶瓷芯片载体
		J	接口电路				E	塑料芯片载体
		AD	A/D 转换器				G	网络针栅阵列
		DA	D/A 转换器				·	
		SC	通信专用电路				·	
		SS	敏感电路				·	
		SW	钟表电路					
		SJ	机电信电路					
		SF	复印机电路					

示例1

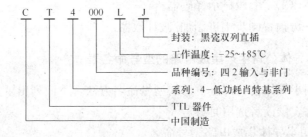

```
C  T  4 000  L  J
```
封装：黑瓷双列直插
工作温度：−25~+85℃
品种编号：四 2 输入与非门
系列：4-低功耗肖特基系列
TTL 器件
中国制造

示例 2

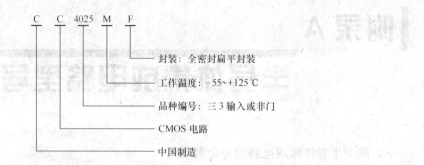

封装：全密封扁平封装

工作温度：-55~+125℃

品种编号：三 3 输入或非门

CMOS 电路

中国制造

二、54/74 系列数字集成电路型号命名规则

54/74 系列集成器件是美国德克萨斯仪器公司（Texas）生产的 TTL 标准系列器件。其命名规则也是由五个部分组成。

示例

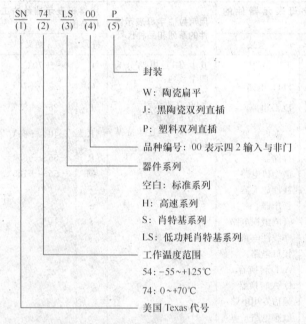

封装

W：陶瓷扁平

J：黑陶瓷双列直插

P：塑料双列直插

品种编号：00 表示四 2 输入与非门

器件系列

空白：标准系列

H：高速系列

S：肖特基系列

LS：低功耗肖特基系列

工作温度范围

54：-55~+125℃

74：0~+70℃

美国 Texas 代号

国产 54/74 系列 TTL 数字集成电路也采用上述的型号命名规则，但用 CT 代替 SN。比如：

CT74LS04——六反相器

CT74LS249——BCD—七段显示译码器

CT74LS192——可预置同步十进制加/减计数器

三、部分国外半导体公司生产集成电路的型号命名表

不同国家的不同半导体公司都有自己的型号命名方法，下面列出了常见的一些集成电路生产公司的命名方法，供读者选用时参考。

1. 美国仙童公司半导体集成电路型号命名

美国仙童公司		公 司 缩 写	FSC	
商标符号			**FAIRCHILD**	

	字头		品种代号	尾标	
	符号	电路种类		符号	封装形式
器件型号命名法	F	仙童（快捷）电路		D	多层陶瓷双列
	SH	混合电路		E	塑料圆壳
	MA	线性电路		F	密封扁平封装
				H	金属圆壳封装
				J	铜焊双列封装
				K	金属功率封装
				P	塑料双列直插封装
				R	密封陶瓷 8 线双列封装
				S	混合电路金属封装
				T	塑料 8 线双列直插封装
				U	塑封功率封装（TO-220）
				U_1	塑封功率封装
				W	塑封（TO-92）

2. 日本日立公司半导体集成电路型号命名

日本日立公司		公 司 缩 写	HITJ	
商标符号			**Hitachl**	

	字头		品种代号	尾标	
	符号	电路种类		符号	封装形式
器件型号命名法	HA	模拟电路		C	陶瓷双列直插封装
	HD	数字电路		G	陶瓷浸渍双列
	HM	RAM		P	塑封双列
	HN	ROM		CP	塑料芯片载体
				F	扁平塑料封装
				SO	小引线封装
				CG	陶瓷芯片载体（8Bit 微型计算机电路）
				Y	PGA（16Bit 微型计算机电路）
				Z	陶瓷芯片载体（16Bit 微型计算机电路）
				S	收缩型塑料双列

3. 日本松下电气公司半导体集成电路型号命名

日本松下电气公司	公司 缩 写	MATJ
商标符号		

	字头		品种代号	尾标	
器件型号命名法	符号	电路种类		符号	封装形式
	AN	模拟 IC			
	DN	双极数字 IC			
	MJ	开发型 IC			
	MN	MOS-IC			

4. 美国摩托罗拉公司半导体集成电路型号命名

美国摩托罗拉公司	公司 缩 写	MOTA
商标符号		

	字头		品种代号	尾标	
器件型号命名法	符号	电路种类		符号	封装形式
	MC	有封装的 IC	1500～1599	L	陶瓷双列直插（14 或 16 线）
	MCC	IC 芯片	−25～+125℃	U	陶瓷封装
	MFC	低价塑封功能电路	军用线性电路	G	金属壳 TO-5 型
	MCBC	梁式引线的 IC 芯片		R	金属功率型封装 TO-66 型
	MCB	扁平封装的梁式引线 IC	1400～1499	K	金属功率型 TO-3 封装
	MOCF	倒装的线性电路	3400～3499	F	陶瓷扁平封装
	MLM	与 NSC 线性电路引线一致的电路	0～+70℃	T	塑封 TO-220 型
	MCH	密封的混合电路	线性电路	P	塑封双列
	MHP	塑封的混合电路	1300～1399	P_1	8 线塑封双列直插
	MCM	集成存储器	3300～3399	P_2	14 线塑封双列直插
	MMS	存储器系统	消费工业线性电路	PQ	参差引线塑封双列封装
				SOIC	小引线双列封装
				C	表示温度或性能的符号
				A	表示改进型的符号

5. 美国国家半导体公司半导体集成电路型号命名

美国国家半导体公司		公司 缩 写	NSC	
商标符号				

	字头		品种代号	尾标	
	符号	电路种类		符号	封装形式
器件型号命名法	AD	模数转换		D	玻璃/金属双列直插
	AH	模拟混合		F	玻璃/金属扁平
	AM	模拟单片		H	TO-5（TO-99，TO-100，TO-46）
	CD	CMOS 数字		J	低温玻璃双列直插（黑陶瓷）
	DA	数模转换		K	TO-3（钢的）
	DM	数字单片		KC	TO-3（铝的）
	LF	线性 FET		N	塑封双列直插
	LH	线性混合		P	TO-202（D-40，耐热的）
	LM	线性单片		S	"SGS" 型功率双列直插
	LX	传感器		T	TO-220 型
	MM	MOS 单片		W	低温玻璃扁平封装（黑瓷扁平）
	TBA	线性单片		Z	TO-92 型
	NMC	MOS 存储器			

6. 荷兰飞利浦公司半导体集成电路型号命名

荷兰飞利浦公司		公司 缩 写	PHIN	
商标符号				

	字头		品种代号	尾标	
	符号	电路种类		符号	封装形式（用两位符号表示）
器件型号命名法	数字电路用两位符号区别系列			第一位表示封装形式	
	单片电路用两位符号表示			C	圆壳封装
				D	双列直插
	第一符号			E	功率双列（带散热片）
	S	数字电路		F	扁平（两边引线）
	T	模拟电路		G	扁平（四边引线）
	U	模拟/数字混合电路		K	菱形（TO-3 系列）
				M	多列引线（双、三、四列除外）
	第二符号	除 "H" 表示混合电路外，其他无规定		Q	四列直插
				R	功率四列（外散热片）
	微机电路用两位符号表示			S	单列直插
				T	三列直插
	MA	微型计算机和 CPU		第二位表示封装材料	
	MB	位片式处理器		C	金属—陶瓷
	MD	存储器有关电路		G	玻璃—陶瓷（陶瓷浸渍）
				M	金属
	ME	其他有关电路		P	塑料

7. 美国无线电公司半导体集成电路型号命名

美国无线电公司			公司缩写	RCA	
商标符号				**RCA**	
器件型号命名法	字头		品种代号	尾标	
	符号	电路种类		符号	封装形式
	CA	线性电路		D	陶瓷双列（多层陶瓷）
	CD	CMOS 数字电路		E	塑料双列
	COM	CMOS LSI		EM	变形的塑料双列（有散热板）
	COP	CMOS LSI		F	陶瓷双列，烧接密封
	CMM	CMOS LSI		H	芯片
	MWS	CMOS LSI		J	三层陶瓷芯片载体
	LM	线性电路		K	陶瓷扁平封装
	PA	门阵		L	单层陶瓷芯片载体
				M	TO-220 封装（有散热板）
				P	有散热板的塑料双列封装
				Q	四列塑料封装
				QM	变形的四列封装
				S	TO-5 封装（双列型）
				T	TO-5 封装（标准型）
				V_1	TO-5 封装（射线型引线）
				W	参差四列塑料封装

8. 日本三洋公司半导体集成电路型号命名

日本三洋公司			公司缩写	SANYO (TSAJ)	
商标符号				**SANYO**	
器件型号命名法	字头		品种代号	尾标	
	符号	电路种类		符号	封装形式
	LA	双极线性电路			
	LB	双极数字电路			
	LC	CMOS 电路			
	LE	MNMOS 电路			
	LM	PMOS、NMOS 电路			
	STK	厚膜电路			
	LD	薄膜电路			

9. 意大利国家半导体公司半导体集成电路型号命名

意大利国家半导体公司		公司缩写	SGSI	
商标符号				
字头		品种代号	尾标	
符号	电路种类		符号	封装形式
首位字母表示			单字母表示	
T	模拟电路		C	圆壳
U	模拟/数字混合电路		D	双列直插
			E	功率双列
第二位字母表示：没有规定含义			F	扁平封装
双字母表示： FA~FZ, GA~GZ；数字电路，系列有别			两字母表示：首位（表示封装）	
			C	圆壳
			D	双列直插
单字母表示 S：单片数字电路			E	功率双列（带散热板）
			F	扁平封装
			G	四边引线扁平封装
另外的首标含义			K	菱形（TO-3 型）
H	高电平逻辑		M	多列直插
HB, HC	CMOSIC		Q	四列直插
L, LS	线性电路		R	功率四列（带散热板）
M	MOS 电路		S	单列直插
			T	三列直插
TAA、TBA, TCA、TDA	线性控制电路		第二位（表示封装材料）	
			C	金属—陶瓷
			G	玻璃—陶瓷（双列）
			M	金属
			P	塑料

左侧纵排："器件型号命名法"

10. 日本电气公司半导体集成电路型号命名

日本电气公司 日本电气公司美国电子公司		公司缩写	NECJ NECE	
商标符号			NEC	
字头		品种代号	尾标	
符号	电路种类		符号	封装形式
μPA	混合元件		A	金属壳，类似 TO-5 型封装
μPB	双极数字电路		B	陶瓷扁平封装
μPC	双极模拟电路		C	塑封双列
μPD	单极型数字电路		D	陶瓷双列
			G	塑封扁平
			H	塑封单列直插
			J	塑封，类似 TO-92 型
			M	芯片载体
			V	立式的双列直插封装
			L	塑料芯片载体
			KE	陶瓷芯片载体
			E	陶瓷背双列直插

左侧纵排："器件型号命名法"

11. 日本东芝公司半导体集成电路型号命名

日本东芝公司	公司缩写	TOSJ
商标符号		TOSHIBA *Toshiba*

	字头		品种代号	尾标	
	符号	电路种类		符号	封装形式
器件型号命名法	TA	双极线性电路		P	塑封
	TC	CMOS 电路		M	金属封装
	TD	双极数字电路		C	陶瓷封装
	TM	MOS 存储器及微处理机电路		F	扁平封装
				T	塑料芯片载体（PLCC）
				J	SOJ
				D	CERDIP（陶瓷浸渍）
				Z	ZIP

12. 德国西门子公司半导体集成电路型号命名

德国西门子公司	公司缩写	SIEG
商标符号		SIEMENS

	字头		品种代号	尾标	
	符号	电路种类		符号	封装形式（用两位字母表示）
	第一字母表示			首位字母表示封装形式	
器件型号命名法	S	单片数字电路		C	圆壳
	T	模拟电路		D	双列直插
	U	模拟/数字混合电路		E	功率双列（带散热片）
	第二字母，除"H"表示混合电路外，其他没明确含义，电路系列由两字母加以区分			F	扁平（两边引线）
				G	扁平（四边引线）
				K	菱形（TO-3）
				M	多列引线（双、三、四列除外）
				Q	四列直插
				R	功率四列（带散热片）
				S	单列直插
				T	三列直插
				第二个字母表示封装材料	
				C	金属—陶瓷
				G	玻璃—陶瓷（陶瓷浸渍）
				M	金属
				P	塑料

13. 法国汤姆逊公司半导体集成电路型号命名

法国汤姆逊公司	公 司 缩 写	THEF
商标符号		THOMSON-CSF

字头		品种代号	尾标	
符号	电路种类		符号	封装形式（用两位字母表示）
第一字母表示			第一字母表示封装形式	
S	数字电路		C	圆形
T	模拟电路		D	双列
U	模拟/数字混合电路		E	功率双列
第二字母有 A，B，C 或 H			F	扁平（两边引线）
			G	扁平（四边引线）
			K	TO-3 型
			M	多列引线（多于四排）
			Q	四列引线
			R	功率四列引线
			S	单列引线
			T	三列引线
			第二字母表示封装材料	
			B	氧化铍—陶瓷
			C	陶瓷
			G	玻璃—陶瓷（陶瓷浸渍）
			M	金属
			P	塑料
			X	其他

（左侧纵向文字）器件型号命名法

附录 B

常用逻辑符号对照表

名　称	国标符号	曾用符号	国外流行符号
与门			
或门			
非门			
与非门			
或非门			
与或非门			
异或门			
同或门			
集电极开路的与门			
三态输出的非门			
传输门			
双向模拟开关			
半加器			
全加器			

名　　称	国 标 符 号	曾 用 符 号	国外流行符号
基本 RS 触发器			
同步 RS 触发器			
边沿（上升沿） D 触发器			
边沿（下降沿） JK 触发器			
脉冲触发（主从） JK 触发器			
带施密特触发 特性的与门			

附录 C

常用数字集成电路产品明细表

一、TTL 数字集成电路产品明细表

品种代号	产 品 名 称	品种代号	产 品 名 称
00	四 2 输入与非门	26	四 2 输入高压输出与非缓冲器（OC）
01	四 2 输入与非门（OC）	27	三 3 输入或非门
02	四 2 输入或非门	28	四 2 输入或非缓冲器
03	四 2 输入与非门（OC）	30	8 输入与非门
04	六反相器	31	延迟元件
05	六反相器（OC）	32	四 2 输入或门
06	六反相缓冲/驱动器（OC）	33	四 2 输入或非缓冲器（OC）
07	六缓冲/驱动器（OC）	34	六跟随器
08	四 2 输入与门	35	六跟随器（OC）（OD）
09	四 2 输入与门（OC）	36	四 2 输入或非门
10	三 3 输入与非门	37	四 2 输入与非缓冲器
11	三 3 输入与门	38	四 2 输入与非缓冲器（OC）
12	三 3 输入与非门（OC）	39	四 2 输入与非缓冲器（OC）
13	双 4 输入与非门（施密特触发）	40	双 4 输入与非缓冲器
14	六反相器（施密特触发）	42	4 线—10 线译码器（BCD 输入）
15	三 3 输入与门（OC）	43	4 线—10 线译码器（余 3 码输入）
16	六高压输出反相缓冲/驱动器（OC）	44	4 线—10 线译码器（余 3 格雷码输入）
17	六高压输出缓冲/驱动器（OC）	45	BCD—十进制译码器/驱动器（OC）
18	双 4 输入与非门（施密特触发）	46	4 线—七段译码器/驱动器（BCD 输入，开路输出）
19	六反相器（施密特触发）	47	4 线—七段译码器/驱动器（BCD 输入，开路输出）
20	双 4 输入与非门	48	4 线—七段译码器/驱动器（BCD 输入，上拉电阻）
21	双 4 输入与门	49	4 线—七段译码器/驱动器（BCD 输入，OC 输出）
22	双 4 输入与非门（OC）	50	双 2 路 2—2 输入与或非门（一门可扩展）
23	可扩展双 4 输入或非门（带选通）	51	双 2 路 2—2（3）输入与或非门
24	四 2 输入与非门（施密特触发）	52	4 路 2—3—2—2 输入与或门（可扩展）
25	双 4 输入或非门（带选通）	53	4 路 2—2—2（3）—2 输入与或非门（可扩展）

品种代号	产 品 名 称	品种代号	产 品 名 称
54	4 路 2－2（3）－2（3）－2 输入与或非门	94	4 位移位寄存器（双异步预置）
55	2 路 4－4 输入与或非门（可扩展）	95	4 位移位寄存器（并行存取，左移/右移，串联输入）
56	$\frac{1}{50}$ 分频器	96	5 位移位寄存器
57	$\frac{1}{60}$ 分频器	97	同步 6 位二进制（比例系数）乘法器
58	2 路 2－2 输入，2 路 3－3 输入与或门	98	4 位数据选择器/存储寄存器
60	双 4 输入与扩展器	99	4 位双向通用移位寄存器
61	三 3 输入与扩展器	100	8 位双稳态锁存器
62	4 路 2－3－3－2 输入与或扩展器	101	与或门输入下降沿 JK 触发器（有预置）
63	六电流读出接口门	102	与门输入下降沿 JK 触发器（有预置和清除）
64	4 路 4－2－3－2 输入与或非门	103	双下降沿 JK 触发器（有清除）
65	4 路 4－2－3－2 输入与或非门（OC）	106	双下降沿 JK 触发器（有预置和清除）
68	双 4 位十进制计数器	107	双主从 JK 触发器（有清除）
69	双 4 位二进制计数器	108	双下降沿 JK 触发器（公共清除，公共时钟，有预置）
70	与门输入上升沿 JK 触发器（有预置和清除）	109	双上升沿 JK 触发器（有预置和清除）
71	与或门输入主从 JK 触发器（有预置）	110	与门输入主从 JK 触发器（有预置、清除、数据锁定）
72	与门输入主从 JK 触发器（预置和清除）	111	双主从 JK 触发器（有预置、清除、数据锁定）
73	双 JK 触发器（有清除）	112	双下降沿 JK 触发器（有预置和清除）
74	双上升沿 D 触发器（有预置、清除）	113	双下降沿 JK 触发器（有预置）
75	4 位双稳态锁存器	114	双下降沿 JK 触发器（有预置、公共清除、公共时钟）
76	双 JK 触发器（有预置和清除）	116	双 4 位锁存器
77	4 位双稳态锁存器	120	双脉冲同步驱动器
78	双主从 JK 触发器（有预置和公共清除和公共时钟）	121	单稳态触发器（有施密特触发器）
80	门控全加器	122	可重触发单稳态触发器（有清除）
81	16 位随机存取存储器（OC）	123	双可重触发单稳态触发器（有正、负输入，直接清除）
82	2 位二进制全加器	124	双压控振荡器（有允许功能）
83	4 位二进制全加器（带快速进位）	125	四总线缓冲器（三态输出）
85	4 位数值比较器	126	四总线缓冲器（3S）
86	四 2 输入异或门	128	四 2 输入或非线驱动器
87	4 位正/反码、0/1 电路	131	3 线－8 线译码器/多路分配器（有地址寄存）
90	十进制计数器	132	四 2 输入与非门（有施密特触发）
91	8 位移位寄存器	133	13 输入与非门
92	十二分频计数器	134	12 输入与非门（3S）
93	4 位二进制计数器	135	四异或/异或非门

品种代号	产 品 名 称	品种代号	产 品 名 称
136	四 2 输入异或门（OC）	169	4 位二进制可预置加/减同步计数器
137	3 线—8 线译码器/多路分配器（有地址锁存）	170	4×4 寄存器阵（OC）
138	3 线—8 线译码器/多路分配器	171	四 D 触发器（有清除）
139	双 2 线—4 线译码器/多路分配器	172	16 位寄存器阵（8×2 位，多端口，3S）
140	双 4 输入与非线驱动器（线阻抗为 50Ω）	173	4 位 D 型寄存器（3S，Q 端输出）
141	BCD—十进制译码器/驱动器（OC）	174	六上升沿 D 触发器 Q 端输出，公共清除）
142	计数器/锁存器/译码器/驱动器（OC）	175	四上升沿 D 触发器（互补输出，公共清除）
143	计 数 器/锁 存 器/译 码 器/驱 动 器 （7V，15mA）	176	可预置十进制/二、五混合进制计数器
144	计 数 器/锁 存 器/译 码 器/驱 动 器 （15V，20mA）	177	可预置二进制计数器
145	BCD—十进制译码器/驱动器（驱动灯、继电器、MOS）	178	4 位通用移位寄存器（Q 输出）
147	10 线—4 线优先编码器	179	4 位通用移位寄存器（直接清除，Q_D 互补输出）
148	8 线—3 线优先编码器	180	9 位奇偶产生器/校验器
149	8 线—8 线优先编码器	181	4 位算术逻辑单元/函数发生器
150	16 选 1 数据选择器/多路转换器（反码输出）	182	超前进位产生器
151	8 选 1 数据选择器/多路转换器（原、反码输出）	183	双进位保留全加器
152	8 选 1 数据选择器/多路转换器（反码输出）	184	BCD—二进制代码转换器
153	双 4 线—1 线数据选择器/多路转换器	185	二进制—BCD 代码转换器（译码器）
154	4 线—16 线译码器/多路转换器	189	64 位随机存取存储器（3S，反码）
155	双 2 线—4 线译码器/多路分配器（图腾柱输出）	190	4 位十进制可预置同步加/减计数器
156	双 2 线—4 线译码器/多路分配器（OC 输出）	191	4 位二进制可预置同步加/减计数器
157	双 2 选 1 数据选择器/多路转换器（原码输出）	192	4 位十进制可预置同步加/减计数器（双时钟、有清除）
158	双 2 选 1 数据选择器/多路转换器（反码输出）	193	4 位二进制可预置同步加/减计数器（双时钟、有清除）
159	4 线—16 线译码器/多路分配器（OC 输出）	194	4 位双向通用移位寄存器（并行存取）
160	4 位十进制同步可预置计数器（异步清除）	195	4 位移位寄存器（JK 输入，并行存取）
161	4 位二进制同步可预置计数器（异步清除）	196	可预置十进制/二、五混合进制计数器/锁存器
162	4 位十进制同步计数器（同步清除）	197	可预置二进制计数器/锁存器
163	4 位二进制同步可预置计数器（同步清除）	198	8 位双向通用移位寄存器（并行存取）
164	8 位移位寄存器（串行输入、并行输出，异步清除）	199	8 位移位寄存器（JK 输入，并行存取）
165	8 位移位寄存器（并联置数，互补输出）	200	256 位随机存取存储器（256×1，3S）
166	8 位移位寄存器（并/串行输入，串行输出）	202	256 位读/写存储器（256×1，3S）
167	十进制同步比例乘法器	207	256×4 随机存取存储器（边沿触发写控制，公共 I/O 通道）
168	4 位十进制可预置加/减同步计数器		

品种代号	产 品 名 称	品种代号	产 品 名 称
208	256×4 随机存取存储器（边沿触发写控制，3S）	265	四互补输出单元
		266	四 2 输入异或非门（OC）（OD）
214	1024×1 随机存取存储器（片选端 S 简化扩展，2S）	268	六 D 锁存器（3S）
		269	8 位加/减计数器
215	1024×1 随机存取存储器（片选端 E 简化扩展并控制关态，3S）	273	八 D 触发器
219	64 位随机存储器（3S）	274	4 位×4 位并行二进制乘法器（3S）
221	双单稳态触发器	275	7 位位片华莱士树乘法器（3S）
225	异步先入先出存储器（16×5）	276	四 JK 触发器
226	4 位并行锁存总线收发器（3S）	278	4 位可级联优先寄存器（输出可控）
230	八缓冲器/线驱动器（3S）	279	四 RS 锁存器
231	八缓冲器/线驱动器（3S）	280	9 位奇偶产生器/校验器
237	3 线—8 线译码器/多路分配器（地址锁存）	281	4 位并行二进制累加器
238	3 线—8 线译码器/多路分配器	282	超前进位发生器（有选择进位输入）
239	双 2 线—4 线译码器/多路分配器	283	4 位二进制超前进位全加器
240	八反相缓冲器/线驱动器/线接收器（3S）	284	4 位×4 位并行二进制乘法器（OC，产生高位积）
241	八缓冲器/线驱动器/线接收器（3S）	285	4 位×4 位并行二进制乘法器（OC，产生低位积）
242	四总线收发器（反相，3S）		
243	四总线收发器（3S）	286	9 位奇偶发生器/校验器（有总线驱动、奇偶 I/O 接口）
244	八缓冲器/线驱动器/线接收器（3S）		
245	八双向总线发送器/线接收器（3S）	290	十进制计数器（÷2，÷5）
246	4 线—七段译码器/高压驱动器（BCD 输入，OC）	292	可编程分频/数字定时器（最大 2^{31}）
		293	四位二进制计数器（÷2，÷8）
247	4 线—七段译码器/高压驱动器（BCD 输入，OC）	294	可编程分频/数字定时器（最大 2^{15}）
		295	4 位双向通用移位寄存器（3S）
248	4 线—七段译码器/驱动器（BCD 输入，上拉输出）	297	数字锁相环滤波器
249	4 线—七段译码器/驱动器（BCD 输入，OC）	298	四 2 输入多路转换器（有存储）
250	16 选 1 数据选择器/多路转换器（3S）	299	8 位双向通用移位/存储寄存器
251	8 选 1 数据选择器/多路转换器（3S，原、反码输出）	320	晶体控制振荡器
		321	晶体控制振荡器（附 F/2，F/4 输出端）
253	双 4 选 1 数据选择器/多路转换器（3S）	322	8 位移位寄存器（有信号扩展、3S）
256	8 位寻址锁存器	323	8 位双向移位/存储寄存器（3S）
257	四 2 选 1 数据选择器/多路转换器（3S）	347	BCD—七段译码器/驱动器（OC）
258	四 2 选 1 数据选择器/多路转换器（3S，反相）	348	8 线—3 线优先编码器（3S）
		350	4 位移位器（3S）
259	8 位寻址锁存器	351	双 8 选 1 数据选择器/多路转换器（3S）
260	双 5 输入或非门	352	双 4 选 1 数据选择器/多路转换器（反码输出）
261	2 位×4 位并行二进制乘法器（锁存器输出）	353	双 4 选 1 数据选择器/多路转换器（反码，3S）
264	超前进位发生器		

品种代号	产品名称	品种代号	产品名称
354	8选1数据选择器/多路转换器/透明寄存器（3S）	407	数据地址寄存器
355	8选1数据选择器/多路转换器/透明寄存器（OC）	410	寄存器堆——16×4RAM（3S）
		411	先进先出RAM控制器
356	8选1数据选择器/多路转换器/边沿触发寄存器（3S）	412	多模式8位缓冲锁存器（3S，直接清除）
357	8选1数据选择器/多路转换器/边沿触发寄存器（OC）	422	可重触发单稳态多谐振荡器
		423	双重触发单稳态多谐振荡器
363	八D透明锁存器和边沿触发器（3S，公共控制）	424	2相时钟发生器/驱动器
364	八D透明锁存器和边沿触发器（3S，公共控制、公共时钟）	425	四总线缓冲器（3S，低允许）
		426	四总线缓冲器（3S，高允许）
365	六总线驱动器（同相、3S、公共控制）	432	8位多模式反相缓冲锁存器（3S）
366	六总线驱动器（反相、3S、公共控制）	436	线驱动器/存储器驱动电器—MOS存储器接口电路（内含15Ω）
367	六总线驱动器（3S、两组控制）	437	线驱动器/存储器驱动电器—MOS存储器接口电路
368	六总线驱动器（反相、3S、两组控制）	440	四总线收发器（OC，三方向传输，同相）
373	八D锁存器（3S、公共控制）	441	四总线收发器（OC，三方向传输，反相）
374	八D触发器（3S、公共控制、公共时钟）	442	四总线收发器（3S，三方向传输，同相）
375	4位D（双稳态）锁存器	443	四总线收发器（3S，三方向传输，反相）
376	四JK触发器（公共时钟，公共清除）	444	四总线收发器（3S，三方向传输，反相和同相）
377	八D触发器（Q端输出，公共允许，公共时钟）	445	BCD—十进制译码器/驱动器（OC）
378	六D触发器（Q端输出，公共允许，公共时钟）	446	四总线收发器（3S，双向传输，反码）
379	四D触发器（互补输出，公共允许，公共时钟）	447	BCD—七段译码器/驱动器（OC）
381	4位算术逻辑单元/函数发生器（8个功能）	448	四总线收发器（OC，三方向传输）
382	4位算术逻辑单元/函数发生器（脉动进位、溢出输出）	449	四总线收发器（3S，双向传输，原码）
384	8位×1位补码乘法器	465	八缓冲器（3S，原码）
385	四串行加法器/减法器	466	八缓冲器（3S，反码）
386	四2输入异或门	467	双四缓冲器（3S，原码）
390	双二—五—十进制计数器	468	双四缓冲器（3S，反码）
393	双4位二进制计数器（异步清除）	484	BCD—二进制代码转换器
395	4位可级联移位寄存器（3S，并行存取）	485	二进制—BCD代码转换器
396	八进制存储寄存器	490	双4位十进制计数器
398	四2输入多路转换器（倍乘器）（有存储，互补输出）	518	8位恒等比较器（OC）
399	四2输入多路转换器（倍乘器）（有存储）	519	8位恒等比较器（OC）
400	循环冗余校验产生器/检测器	520	8位恒等比较器（反码）
402	扩展循环冗余校验产生器/检测器	521	8位恒等比较器（反码）
403	16字×4位先进先出（FIEO型）缓冲型存储寄存器	522	8位恒等比较器（反码，OC）
		524	8位可寄存比较器（可编程，3S，I/O，OC输出）

品种代号	产 品 名 称	品种代号	产 品 名 称
525	16 位状态可编程计数器/分频器	583	4 位 BCD 加法器
526	熔断型可编程 16 位恒等比较器（反相输入）	588	八双向收发器（3S，IEEE488）
527	熔断型可编程 8 位恒等比较器和 4 位比较器（反相输出）	589	8 位称位寄存器（输入锁存，3S）
528	熔断型可编程 12 位恒等比较器	590	8 位二进制计数器（有输出寄存器，3S）
533	八 D 透明锁存器	591	8 位二进制计数器（有输出寄存器、OC）
534	八 D 上升沿触发器（3S，反相）	592	8 位二进制计数器（有输入寄存器）
537	4 线—10 线译码器/多路分配器	593	8 位二进制计数器（有输入寄存器、并行三态输入/输出）
538	3 线—8 线译码器/多路分配器	594	8 位移位寄存器（有输出锁存）
539	双 2 线—4 线译码器/多路分配器（3S）	595	8 位移位寄存器（有输出锁存、3S）
540	八缓冲器/驱动器（3S，反相）	596	8 位移位寄存器（有输出锁存、OC）
541	八缓冲器/驱动器（3S）	597	8 位移位寄存器（有输入锁存）
543	八接收发送双向锁存器（3S，原码输入）	598	8 位移位寄存器（有输入锁存、并行三态输入/输出）
544	八接收发送双向锁存器（3S，反码输出）	599	8 位移位寄存器（有输出锁存、OC）
545	八接收发送双向缓冲器（3S）	600	存储器刷新控制器（4K 或 16K）
547	3 线—8 线译码器（输入锁存，有应答功能）	601	存储器刷新控制器（64K）
548	3 线—8 线译码器/多路分配器（有应答功能）	602	存储器刷新控制器（4K 或 16K）
550	八寄存器接收发送器（带状态指示）	603	存储器刷新控制器（64K）
551	八寄存器接收发送器（带状态指示）	604	八 2 输入多路复用寄存器（3S）
552	八寄存器接收发送器（带奇偶及特征指示）	605	八 2 输入多路复用寄存器（OC）
557	8 位×8 位乘法器（3S，带锁存）	606	八 2 输入多路复用寄存器（3S，消除脉冲尖峰）
558	8 位×8 位乘法器	607	八 2 输入多路复用寄存器（OC，消除脉冲尖峰）
560	4 位十进制同步计数器（3S，同步或异步清零）	608	存储器周期控制器
561	4 位二进制同步计数器（3S，同步或异步清零）	610	存储器映像器（有锁存输出，3S 映像输出）
563	八 D 透明锁存器（反相输出，3S）	611	存储器映像器（有锁存输出，映像输出为 OC）
564	八 D 上升沿触发器（反相输出，3S）	612	存储器映像器（3S 映像输出）
568	4 位十进制同步加/减计数器（3S）	613	存储器映像器（OC 映像输出）
569	4 位二进制同步加/减计数器	618	三 4 输入与非门施密特触发器
573	八 D 透明锁存器	619	可逆施密特触发器
574	八 D 上升沿触发器（3S）	620	八总线收发器（3S，反相）
575	八 D 上升沿触发器（3S，有清除）	621	八总线收发器（OC）
576	八 D 上升沿触发器（3S，反相）	622	八总线收发器（OC，反相）
577	八 D 上升沿触发器（3S，反相，有清除）	623	八总线收发器（3S）
579	8 位双向二进制计数器（3S）	624	压控振荡器（有允许、互补输出）
580	八 D 透明锁存器（3S，反相输出）	625	双压控振荡器（互补输出）
582	4 位 BCD 算术逻辑单元		

品种代号	产 品 名 称	品种代号	产 品 名 称
626	双压控振荡器（有允许、互补输出）	666	8 位 D 型透明的重复锁存器（3S）
627	双压控振荡器（反相输出）	667	8 位 D 型透明的重复锁存器（3S，反相）
628	压控振荡器（有允许、互补输出、外接电阻 R_r）	668	4 位十进制可预置加/减同步计数器
		669	4 位二进制可预置加/减同步计数器
629	双压控振荡器（有允许、反相输出）	670	4×4 位寄存器阵（3S）
630	16 位误差检测及校正电路（3S）	671	4 位通用移位寄存器/锁存器（3S，直接清除）
631	16 位误差检测及校正电路（OC）	672	4 位通用移位寄存器/锁存器（3S，同步清除）
632	32 位并行误差检测和校正电路（3S）	673	16 位移位寄存器（串入、串/并出，3S）
633	32 位并行误差检测和校正电路（OC）	674	16 位移位寄存器（并/串入、串出，3S）
634	32 位误差检测及校正电路（3S）	675	16 位移位寄存器（串入、串/并出）
635	32 位误差检测及校正电路（OC）	676	16 位移位寄存器（串/并入、串出）
636	8 位并行误差检测和校正电路（3S）	677	16 位—4 位地址比较器（有允许）
637	8 位并行误差检测和校正电路（OC）	678	16 位—4 位地址比较器（有锁存）
638	八总线收发器（双向，3S，互补）	679	12 位—4 位地址比较器（有允许）
639	八总线收发器（双向，3S）	680	12 位—4 位地址比较器（有锁存）
640	八总线收发器（3S，反码）	681	4 位并行二进制累加器
641	八总线收发器（OC，原码）	682	双 8 位数值比较器（上拉）
642	八总线收发器（OC，反码）	683	双 8 位数值比较器（OC，上拉）
643	八总线收发器（3S，原、反码）	684	双 8 位数值比较器
644	八总线收发器（OC，原、反码）	685	双 8 位数值比较器（OC）
645	八总线收发器（3S，原码）	686	双 8 位数值比较器
646	八双向总线收发器和寄存器（3S，原码）	687	双 8 位数值比较器（OC，有允许）
647	八双向总线收发器和寄存器（OC，原码）	688	双 8 位数值比较器（有允许）
648	八双向总线收发器和寄存器（3S，反码）	689	双 8 位数值比较器（OC，有允许）
649	八双向总线收发器和寄存器（OC，反码）	690	十进制同步计数器（有输出寄存器、3S、直接清除）
651	八双向总线收发器和寄存器（3S，反码）	691	二进制同步计数器（有输出寄存器、3S、直接清除）
652	八双向总线收发器和寄存器（3S，原码）	692	十进制同步计数器（有输出寄存器、3S、同步清除）
653	八总线收发器/寄存器（3S，反向）	693	二进制同步计数器（有输出寄存器、3S、同步清除）
654	八总线收发器/寄存器（正向 3S，反向 OC）	696	十进制同步加/减计数器（有输出寄存器、3S、直接清除）
655	八缓冲器/线驱动器（有奇偶、反相、3S）	697	二进制同步加/减计数器（有输出寄存器、3S、直接清除）
656	八缓冲器/线驱动器（有奇偶、同相、3S）	698	十进制同步加/减计数器（有输出寄存器、3S、同步清除）
657	八双向收发器（8 位奇偶产生/检测，3S 输出）	699	二进制同步加/减计数器（有输出寄存器、3S、同步清除）
658	八总线收发器（有奇偶，反码，3S）		
659	八总线收发器（有奇偶，3S）		
664	八总线收发器（反码，3S，有奇偶）		
665	八总线收发器（原码，3S，有奇偶）		

品种代号	产 品 名 称	品种代号	产 品 名 称
756	双四缓冲器/线驱动器/线接收器（OC、反码）	852	8 位通用收发器/通道控制器（3S，双向）
		856	8 位通用收发器/通道控制器（3S，双向）
757	双四缓冲器/线驱动器/线接收器（OC、原码）	857	六 2 选 1 通用多路转换器（3S）
758	四路总线收发器（OC、反码）	866	8 位数值比较器
759	四路总线收发器（OC、原码）	867	8 位同步加/减计数器（异步清除）
760	双四缓冲器/线驱动器/线接收器（OC、原码）	869	8 位同步加/减计数器（同步清除）
		870	双 16×4 位寄存器阵列（3S）
762	双四缓冲器/线驱动器（OC、原、反码）	871	双 16×4 位寄存器阵列（3S，双向）
763	双四缓冲器/线驱动器（OC、反码）	873	双 4 位 D 锁存器（3S）
779	8 位双向二进制计数器（3S）	874	双 4 位 D 正沿触发器（3S）
784	8 位串并行乘法器（带加/减）	876	双 4 位 D 正沿触发器（3S，反相）
793	八锁存器（有回读、3S）	877	8 位通用收发器/通道控制器（3S）
800	三 4 输入与/与非驱动器	878	双 4 位 D 正沿触发器（3S，同相）
802	三 4 输入或/或非线驱动器	879	双 4 位 D 正沿触发器（3S，反相）
804	六 2 输入与非驱动器	880	双 4 位 D 锁存器（3S，反相）
805	六 2 输入或非驱动器	881	算术逻辑单元/函数发生器
808	六 2 输入与驱动器	882	32 位超前进位发生器
810	四 2 输入异或非门	885	8 位数值比较器
811	四 2 输入异或非门（OC）	1000	四 2 输入与非缓冲/驱动器
821	10 位总线接口触发器（3S）	1002	四 2 输入或非缓冲门
822	10 位总线接口触发器（3S、反码）	1003	四 2 输入与非缓冲门（OC）
823	9 位总线接口触发器（3S）	1004	六驱动器（反码）
824	9 位总线接口触发器（3S、反码）	1641	八总线收发器（OC，原码）
825	8 位并联寄存器（正沿 D 触发器，同相输出）	1642	八总线收发器（OC，反码）
826	8 位并联寄存器（正沿 D 触发器，反相输出）	1643	八总线收发器（3S，反码/原码）
827	10 位缓冲器/线驱动器（3S，同相输出）	1644	八总线收发器（OC，反码/原码）
828	10 位缓冲器/线驱动器（3S，反相输出）	1645	八总线收发器（3S，原码）
832	六 2 输入或驱动器	2620	八总线收发器/MOS 驱动器（3S，反码）
841	10 位并行透明锁存器（3S，同相）	2623	八总线收发器/MOS 驱动器（3S）
842	10 位并行透明锁存器（3S，反相）	2640	八总线收发器/MOS 驱动器（3S，反码）
843	9 位并行透明锁存器（3S，同相）	2643	八总线收发器/MOS 驱动器（3S，原/反码）
844	9 位并行透明锁存器（3S，反相）	2645	八总线收发器/MOS 驱动器（3S，原码）
845	8 位并行透明锁存器（3S，同相）	3037	四 2 输入与非 30Ω 传输线驱动器
846	8 位并行透明锁存器（3S，反相）	3038	四 2 输入与非 30Ω 传输线驱动器（OC）
850	16 选 1 数据选择器/多路分配器（3S）	3040	双 4 输入与非 30Ω 传输线驱动器
851	16 选 1 数据选择器/多路分配器（3S）		

二、CMOS 数字集成电路产品明细表

品种代号	产品名称	品种代号	产品名称
4000	双 3 输入或非门及反相器	4038	三级加法器（负逻辑）
4001	四 2 输入或非门	4040	12 位同步二进制计数器（串行）
4002	双 4 输入正或非门	4041	四原码/反码缓冲器
4006	18 位静态移位寄存器（串入、串出）	4042	四 D 锁存器
4007	双互补对加反相器	4043	四 RS 锁存器（3S，或非）
4008	4 位二进制超前进位全加器	4044	四 RS 锁存器（3S，与非）
4009	六缓冲器/变换器（反相）	4045	21 级计数器
4010	六缓冲器/变换器（同相）	4046	锁相环
4011	四 2 输入与非门	4047	非稳态/单稳态多谐振荡器
4012	双 4 输入与非门	4048	8 输入多功能门（3S，可扩展）
4013	双上升沿 D 触发器	4049	六反相器
4014	8 位移位寄存器（串入/并入，串出）	4050	六同相缓冲器
4015	双 4 位移位寄存器（串入，并出）	4051	模拟多路转换器/分配器（8 选 1 模拟开关）
4016	四双向开关	4052	模拟多路转换器/分配器（双 4 选 1 模拟开关）
4017	十进制计数器/分频器	4053	模拟多路转换器/分配器（三 2 选 1 模拟开关）
4018	可预置 N 分频计数器	4054	4 段液晶显示驱动器
4019	四 2 选 1 数据选择器	4055	4 线—七段译码器（BCD 输入，驱动液晶显示器）
4020	14 位同步二进制计数器	4056	BCD—七段译码器/驱动器（有选通，锁存）
4021	8 位移位寄存器（异步并入，同步串入/串出）	4059	程控 $1/N$ 计数器 BCD 输入
4022	八计数器/分频器	4060	14 位同步二进制计数器和振荡器
4023	三 3 输入与非门	4061	14 位同步二进制计数器和振荡器
4024	7 位同步二进制计数器（串行）	4063	4 位数值比较器
4025	三 3 输入或非门	4066	四双向开关
4026	十进计数器/脉冲分配器（七段译码输出）	4067	16 选 1 模拟开关
4027	双上升沿 JK 触发器	4068	8 输入与非/与门
4028	4 线—10 线译码器（BCD 输入）	4069	六反相器
4029	4 位二进制/十进制加/减计数器（有预置）	4070	四异或门
4030	四异或门	4071	四 2 输入或门
4031	64 位静态移位寄存器	4072	双 4 输入或门
4032	三级加法器（正逻辑）	4073	三 3 输入与门
4033	十进制计数器/脉冲分配器（七段译码输出，行波消隐）	4075	三 3 输入或门
4034	8 位总线寄存器	4076	四 D 寄存器（3S）
4035	4 位移位寄存器（补码输出，并行存取，JK 输入）	4077	四异或非门
		4078	8 输入或/或非门

续表

品种代号	产 品 名 称	品种代号	产 品 名 称
4081	四 2 输入与门	4536	程控定时器
4082	双 4 输入与门	4538	双精密单稳多谐振荡器（可重置）
4085	双 2—2 输入与或非门（带禁止输入）	4541	程控定时器
4086	四路 2—2—2—2 输入与或非门（可扩展）	4543	BCD—七段锁存/译码/LCD 驱动器
4089	4 位二进制比例乘法器	4551	四 2 输入模拟多路开关
4093	四 2 输入与非门（有施密特触发器）	4555	双 2 线—4 线译码器
4094	8 位移位和储存总线寄存器	4556	双 2 线—4 线译码器（反码输出）
4095	上升沿 JK 触发器	4557	1~64 位可变时间移位寄存器
4093	上升沿 JK 触发器（有 JK 输入端）	4583	双施密特触发器
4097	双 8 选 1 模拟开关	4584	六施密特触发器
4098	双可重触发单稳态触发器（有清除）	4585	4 位数值比较器
4316	四双向开关	4724	8 位可寻址锁存器
4351	模拟信号多路转换器/分配器（8 路）（地址锁存）	7001	四路正与门（有施密特触发输入）
4352	模拟信号多路转换器/分配器（双 4 路）（地址锁存）	7002	四路正或非门（有施密特触发输入）
4353	模拟信号多路转换器/分配器（3×2 路）（地址锁存）	7003	四路正与非门（有施密特触发输入和开漏输出）
4502	六反相器/缓冲器（3S，有选通端）	7006	六部分多功能电路
4503	六缓冲器（3S）	7022	八计数器/分频器（有清除功能）
4508	双 4 位锁存器（3S）	7032	四路正或门（施密特触发输入）
4510	十进制同步加/减计数器（有预置端）	7074	六部分多功能电路
4511	BCD—七段译码器/驱动器（锁存输出）	7266	四路 2 输入异或非门
4514	4 线—16 线译码器/多路分配器（有地址锁存）	7340	八总线驱动器（有双向寄存器）
4515	4 线—16 线译码器/多路分配器（反码输出，有地址锁存）	7793	八三态锁存器（有回读）
4516	4 位二进制同步加/减计数器（有预置端）	8003	双 2 输入与非门
4517	双 64 位静态移位寄存器	9000	程控定时器
4518	双十进制同步计数器	9014	九施密特触发器、缓冲器（反相）
4519	四 2 选 1 数据选择器	9015	九施密特触发器、缓冲器
4520	双 4 位二进制同步计数器	9034	九缓冲器（反相）
4521	24 位分频器	14572	六门
4526	二—N—十六进制减计数器	14585	4 位数值比较器
4527	BCD 比例乘法器	14599	8 位双向可寻址锁存器
4529	双 4 通道模拟数据选择器	40097	双 8 选 1 模拟开关
4530	双 5 输入多功能逻辑门	40100	32 位左右移位寄存器
4531	12 输入奇偶校验器/发生器	40101	9 位奇偶校验器
4532	8 线—3 线优先编码器	40102	8 位同步 BCD 减计数器
		40103	8 位同步二进制减计数器
		40104	4 位双向移位寄存器（3S）

续表

品种代号	产 品 名 称	品种代号	产 品 名 称
40105	4 位×16 字先进先出寄存器（3S）	40160	十进制同步计数器（有预置，异步清除）
40106	六反相器（有施密特触发器）	40161	4 位二进制同步计数器（有预置，异步清除）
40107	双 2 输入与非缓冲器/驱动器	40162	十进制同步计数器（同步清除）
40108	4×4 多端口寄存器	40163	4 位二进制同步计数器（同步清除）
40109	四低—高电压电平转换器（3S）	40174	六上升沿 D 触发器
40110	十进制加/减计数/译码/锁存/驱动器	40208	4×4 多端口寄存器阵（3S）
40147	10 线—4 线优先编码器（BCD 输出）	40257	四 2 线—1 线数据选择器

参考文献

1. 康华光. 电子技术基础（数字部分）. 第四版. 北京：高等教育出版社，2000 年

2. 阎石. 数字电子技术基础. 第四版. 北京：高等教育出版社，1998 年

3. 张克农. 数字电子技术基础. 北京：高等教育出版社，2003 年

4. 郑家龙，王小海，章安元. 集成电子技术基础教程. 北京：高等教育出版社，2002 年

5. 徐志军，徐光辉. CPLD/FPGA 的开发与应用. 北京：电子工业出版社，2002 年

6. 杨志忠. 数字电子技术. 北京：高等教育出版社，2000 年

7. 陆坤. 电子设计技术. 成都：电子科技大学出版社，1997 年

8. ［德］克勒斯堡等编. 汪孟嘉译. 电子学基础. 合肥：安徽科学技术出版社，1996 年

9. 唐程山. 电子技术基础. 北京：高等教育出版社，2004 年

10. 吴立新. 实用电子技术手册. 北京：机械工业出版社，2002 年

11. 张惠敏. 数字电子技术. 北京：化学工业出版社，2002 年

12. 《中国集成电路大全》编委会. TTL 集成电路. 北京：国防工业出版社，1985 年

13. 《中国集成电路大全》编委会. CMOS 集成电路. 北京：国防工业出版社，1985 年